高等职业教育 **烹饪工艺与营养专业** 教材

烹饪原料学

主　编　孙传虎　许　磊

副主编　朱银超　董芝杰

　　　　杜艳红　王雅琳

重庆大学出版社

内 容 提 要

本书根据五年制高职烹饪工艺与营养专业学生的特点,采用理论与实际相结合的方式,全面介绍了粮食、蔬菜、家禽、家畜、水产品、果品、调味品、干货以及辅助原料的分类,品种、品质鉴别、烹饪应用及贮存保藏等。

本书的编写以知识性、应用性、发展性为原则,吸收了国内先进的知识和理论,行文简洁明快,注重知识的准确性和科学性。本书可作为高职高专院校烹饪工艺与营养专业教学用书,也可作为各类烹饪培训班、烹饪教师和烹饪工作者的参考用书。

图书在版编目(CIP)数据

烹饪原料学 / 孙传虎, 许磊主编. --重庆:重庆
大学出版社, 2019.8 (2021.9 重印)
高等职业教育烹饪工艺与营养专业教材
ISBN 978-7-5689-1100-9

Ⅰ. ①烹… Ⅱ. ①孙… ②许… Ⅲ. ①烹饪—原料—
高等职业教育—教材 Ⅳ. ①TS972.111

中国版本图书馆 CIP 数据核字(2018)第109530号

高等职业教育烹饪工艺与营养专业教材
烹饪原料学
主 编 孙传虎 许 磊
副主编 朱银超 董芝杰 杜艳红 王雅琳
策划编辑:沈 静
责任编辑:姜 凤 版式设计:沈 静
责任校对:夏 宇 责任印制:张 策
*
重庆大学出版社出版发行
出版人:饶帮华
社址:重庆市沙坪坝区大学城西路21号
邮编:401331
电话:(023)88617190 88617185(中小学)
传真:(023)88617186 88617166
网址:http://www.cqup.com.cn
邮箱:fxk@ cqup.com.cn(营销中心)
全国新华书店经销
重庆华林天美印务有限公司印刷
*
开本:787mm×1092mm 1/16 印张:17 字数:404千
2019 年 8 月第 1 版 2021 年 9 月第 3 次印刷
印数:5 001—8 000
ISBN 978-7-5689-1100-9 定价:49.00 元

本书编委会

主　编：孙传虎　许　磊

副主编：（排名不分先后）
朱银超　董芝杰　杜艳红　王雅琳

参　编：（排名不分先后）
叶　强　蔡　伟　徐　艳　林海明　张程程
魏永丽　夏宝妍

审　稿：（排名不分先后）
陈正荣　扬州大学旅游烹饪学院副教授，中国烹饪大师
侯学庆　扬州海德餐饮公司行政总厨，高级技师，中国烹饪名师
郭家富　扬州顺心楼餐饮集团餐饮总监，高级技师，中国烹饪名师
嵇少峰　扬州大学旅游烹饪学院副教授，中国烹饪大师
唐建华　扬州大学旅游烹饪学院副教授，中国烹饪大师
李顺才　江苏省相城中等专业学校、扬州大学兼职教授，中国烹饪大师
彭旭东　江苏旅游职业学院一级实习指导教师，中国烹饪名师
吴东和　扬州大学旅游烹饪学院副教授，中国烹饪大师
姚庆功　江苏旅游职业学院副教授，中国烹饪大师
杨锦泰　江苏旅游职业学院一级实习指导教师，中国烹饪名师
朱云龙　扬州大学旅游烹饪学院教授，硕士生导师，江苏省烹饪研究院副所长

前 言

烹饪原料学是烹饪工艺与营养专业的核心课程。目前,国内有关烹饪原料学的高职教材已有很多版本,但关于原料的生物学知识的内容较多,而原料的品种、品质鉴别及烹饪应用规律较少;有的篇幅太长,大量的原料知识在有限的课时下形同摆设。因此,重新构建高职"烹饪原料学"课程内容体系,编写具有高职特色的能反映当今烹饪原料发展现状,符合创新创业型人才培养要求的烹饪专业教材,具有非常重要的意义。

为了避免与其他课程内容重复,本书在编写过程中筛除了原料的化学成分、营养价值、食疗保健等内容,而将重点放在烹饪原料的品种特点、产地与产季、品质鉴别、贮存与保藏、烹饪应用等内容上。

本书与同类教材相比,具有以下两个显著特征:

一是简洁明快,理论知识以够用为主。对烹饪原料的生物学知识、生物化学知识、制品原料的加工原理等内容的介绍简明扼要,删除了以往教材中常有的野生畜禽类原料内容、部分已绝迹或濒临绝迹的原料及国家法规保护的原料。

二是点、面结合精选内容。中国烹饪之所以受到世界推崇,种类繁多的烹饪原料是其重要的物质基础。本书在内容的取舍上,立足于餐饮业所用原料的整体范围,注重使学生较为全面地掌握烹饪原料共性知识,对具体原料的选择强调实用性和典型性的结合,力求学生能在有限的课时内掌握必备的知识。

本书由江苏省淮阴商业学校旅游烹饪系孙传虎、江苏旅游职业学院烹饪工艺与营养学院许磊担任主编,江苏省淮阴商业学校旅游烹饪系朱银超、江苏旅游职业学院董芝杰、江苏省太仓中等专业学校杜艳红、西宁城市职业技术学院王雅琳担任副主编,江苏省淮阴商业学校旅游烹饪系叶强、蔡伟、徐艳及江苏省涟水中等专业学校林海明等参与教材编写工作。

由于编者水平有限,书中不足之处在所难免,敬请各位同行、读者批评指正。

编 者

2019 年 1 月

目　录

单元 9　干货制品类原料

单元 10　调味品类原料

单元 11　辅助类烹饪原料

参考文献

单元 1

烹饪原料学基础知识

【知识目标】

- 了解烹饪原料的概念和可食性条件；
- 掌握烹饪原料学课程的学习内容与学习方法；
- 掌握烹饪原料的分类方法；
- 掌握烹饪原料品质鉴别的方法；
- 掌握常用烹饪原料的保藏方法。

【能力目标】

- 能根据可食性条件选择烹饪原料；
- 能在工作中参与野生动物的保护；
- 能在工作中对原料正确地进行品质鉴别；
- 能在工作中对原料正确地进行贮存保藏。

烹饪原料是进行任何烹饪活动的物质基础。本单元将从烹饪原料的概念出发，介绍烹饪原料的可食性条件、烹饪原料的分类和发展、烹饪原料学的学习内容、烹饪原料的品质鉴别及保藏，使读者对烹饪原料有一个概括性的了解。

任务 1　烹饪原料概述

1.1.1　烹饪原料的概念

烹饪原料又称"食物原料""膳食原料"。烹饪原料是指通过烹饪加工可以制作各种主食、菜肴、糕点或小吃的可食性原材料。

烹饪原料是烹饪产品加工的物质基础,从采购、贮存、运输,到原料的选择、粗细加工、烹饪等每一个环节,都是围绕原料展开的。由此可知,烹饪食品最终质量的优劣,主要取决于原材料质量的优劣。要想烹制出美味可口的食物,保证食物的质量,就必须选择品质好的烹饪原料。近年来,市场上的烹饪原料除了常见的鸡、鸭、鱼、猪、牛、羊肉外,各种新品种原料、异地特产原料、反季节原料、绿色食品原料、新培育的上市原料、人工合成的调辅料和一些不常见的新奇原料、国外引进的原料等层出不穷、日益增多,原料的质量规格与档次的差别逐渐扩大,而"可食性"是烹饪原料的先决条件。各种烹饪原料必须同时具备以下 5 个条件才具有可食性。

1)必须确保原料的食用安全

"民以食为天,食以安为先。"20 世纪 80 年代后期至今,毒蔬菜、毒大米、"福寿螺"事件以及后来的"瘦肉精""红心鸭蛋""多宝鱼"事件等,这些食品安全事件严重影响了人们的身体健康和消费信心,造成了恶劣的社会影响和经济影响。2007 年 8 月,国家集中开展了农产品质量安全专项整治行动,但是农产品质量安全隐患仍然存在,粮食、蔬菜、水产原料滥用农药、抗生素、着色剂、防腐剂等现象仍然存在,致使许多动植物原料对人体有害。2008 年发生的三聚氰胺事件引起党中央、国务院的高度重视并启动了国家重大食品安全事故 Ⅰ 级响应机制。因此,凡是含有有毒有害物质且不易去除的原料,都不能用作烹饪原料,如腐败变质的原料、劣质原料、病死动物原料、有毒害性原料、被污染的原料等。

2)必须具有营养价值

作为烹饪的原料,必须具有一定的营养价值,即含有一定的营养素。烹饪原料中营养物质含量的高低是决定烹饪原料食用价值的一个非常重要的方面。不同的原料品种各类营养素的组成和比例差别很大,通过不同品种的选择可以使原料之间的营养得以互相补充,从而满足人体的正常需要,达到膳食平衡。少部分允许食用的化学调辅原料不含营养素,但要严格按规定使用。

3)必须有良好的口感口味

有些原料含有一定量的营养素且对人体无害,但不一定能用于烹饪。有些因组织粗糙无法咀嚼吞咽的原料,或者因本身污秽不洁、恶臭难闻的原料,将直接影响烹制出来的菜肴口感及口味。烹饪原料的口感口味越好,其食用价值也越高。

4）必须遵循法律法规

过去，熊掌是珍贵的烹饪原料，如今已经退出烹饪舞台。熊早已被列为国家一级保护动物。中国科学院动物研究所有关人士指出，食用野生动物可能对食用者身体造成危害。由于多数被食用的野生动物直接或间接来自野外，有的甚至来自受到化学或生物污染的地方，并且在被食用前都未经过卫生检疫，对人体健康有很大威胁。

5）必须杜绝假冒伪劣原料

以粉丝为例，添加"吊白块"的粉丝固然不能作为烹饪原料使用，对人体无害的假冒伪劣"龙口"粉丝同样不能作为烹饪原料使用。笔者通过鉴别发现，真龙口粉丝的丝条匀细、纯净、光亮、洁白晶莹、整齐柔韧，烹饪时入水即软，清凉透明有弹性，耐煮不糊，食之清嫩、爽滑、耐嚼；而假龙口粉丝多以红薯粉、玉米粉等为原料，丝条粗，色泽暗黄，透明度差，加工粗糙，韧性差，煮后泛白，久煮粘锅。用假龙口粉丝代替真龙口粉丝，直接影响就是菜肴的质量无法保证，间接影响是企业的信誉和消费者的权益受到损害。假冒伪劣原料严重扰乱了市场秩序，许多原料还对人体有害，一直是工商管理部门打击的对象。因此，假冒伪劣原料不可进入餐饮企业的厨房。

1.1.2　烹饪原料的应用历史

在历史发展过程中，饮食文化逐渐发达，饮食品种逐渐丰富，这固然与烹饪技艺渐进提高有重要的关系，但也与烹饪原料的不断丰富密不可分。

1）旧石器和新石器时代的烹饪原料

在这两个时代人类像其他动物一样茹毛饮血。经过漫长的实践，人类学会了用火制熟食物，由此诞生了烹饪技术，才真正有了烹饪原料的概念。

旧石器时代，人类主要依靠采集、捕获的方式从自然界寻找并获取食物。在这一时期的生食阶段，获取的食物主要是植物的果实、种子、块状的根茎、幼嫩的芽叶以及小型野生动物等。在这一时期的熟食阶段，人类学会了用火制熟食物，食物范围不断扩大。人们从这一时期的多处遗址中发现了许多野生哺乳动物、鸟类、鱼类，以及软体动物的化石，渔猎生活使野生动物性原料成为这一阶段烹饪原料的主体。

新石器时代，陶器的发明使蒸煮食物成为现实。人类已不限于以野生动、植物为食物，而是尝试将野生动、植物驯化，于是产生了原始的养殖业和种植业，这进一步使栽培的植物性原料变为主体，使野生动、植物原料退居次要的地位。根据考古资料，在距今七八千年前人类已学会了驯养猪、牛（黄牛、水牛）、羊（绵羊、山羊）、马、犬、鸡等畜禽，种植粟（小米）、稷（黄米）、黍、籼稻等粮食，以及白菜、芥菜、芋、薯蓣（山药）等蔬菜。

2）先秦时代的烹饪原料

在先秦时期诸子百家的著作中，尚未发现饮食专著，但《诗经》《礼记》《仪礼》等文献中有反映殷商至战国时期我国中部地区对烹饪原料的认识和运用情况的内容。

先秦时代烹饪原料的种类更加丰富。《诗经》等文献中提到的烹饪原料已有140多种。夏、商、周时,农业生产已占主导地位,种植、养殖提供的烹饪原料已相当丰富,有了所谓的"五谷""六谷""八谷""九谷""五菜""五果""五畜""六畜""六禽"等概念。

谷物:除了旧石器时代已有的粟、稷、黍、稻外,牟(大麦)、麦、粱(一种优质粟)、菽(大豆)、秬(黑黍)、菰等在食物中的比例逐渐加大。

蔬菜:周代已有了专门种植蔬菜的"圃"。当时种植的蔬菜有些现在仍普遍食用,如萝卜、芥、葱、落葵、水芹、茆(莼菜)、瓠瓜、菜瓜等。有的现已较少运用,如冬葵、蜀葵、锦葵、藿(嫩豆叶)、蓼、藜、蘩(白蒿)、荇、苹等。

果品:周代已有了果园。先秦时代的典籍记载的果品已有十余种,如桃、李、梅、杏、樱桃、枣、杞(枸杞子)、桑葚、柿、柚、栗、榛等。

畜禽:从周代起,饲养的动物已在动物性原料中占主要地位,如豚、牛、羊、犬、鸡、鸭等;狩猎也是动物性原料的来源之一,如对野猪、野兔、鹿、麝、野鹅、雁、鹌鹑等的捕猎。

水产品:从周代起,鱼、鳖等已成为民间较为常用的烹饪原料,《诗经》中提到的鱼就有18种之多,如鲂、鲤、鲢、鲫等。

调料:先秦时期调和五味的调料和现在的调料不完全相同,调酸味主要用梅,调甜味主要用饴蜜(麦芽糖和蜂蜜),调辛辣味主要用姜(辣椒尚未传入)。此外,酿酒、制醋、制酱技术已有应用。

油脂:在先秦时期植物油很少运用,主要使用动物脂肪,如牛油、猪油、羊油等。

这一时期,人们对烹饪原料的优品、珍品有了一定的了解。《吕氏春秋·本味篇》中记述了伊尹向商汤陈述的中国各地的美食原料,列举了肉、鱼、蔬菜、果品、谷物、调味料中的珍品。

烹饪原料的质量鉴别、卫生要求、原料选择的时令等方面的内容,在其他典籍中也有反映。

3)秦汉以后的烹饪原料

在秦汉以后的2 000多年中,烹饪原料的发展进入了鼎盛时期。在这一阶段,烹饪原料的种类发生了很大变化,对烹饪原料的研究、著述逐渐增多,对烹饪原料的认识和利用进入新的阶段。

烹饪原料的引进,分为以下3种方式。陆路引进:从汉代通西域到元末为陆路引进时期。在汉代由丝绸之路陆续引进的有胡瓜(黄瓜)、胡豆(蚕豆)、胡桃(核桃)、蒲桃(葡萄)、大蒜、芫荽、石榴等。此外经越南传入中国的有甘蔗、芭蕉、胡椒等。盛唐时期,我国与外国往来频繁,引进的有莴苣、菠菜、无花果、椰枣等。五代时期由非洲绕道西伯利亚引进了西瓜。宋、元间,由印度引进了丝瓜、茄子等。海路引进:元朝覆灭后,东西方陆路的直接贸易越来越困难,明代以后主要通过海路交流。从南洋引进了甘薯、玉米、花生、倭瓜(南瓜)、番石榴等,其中许多是从南美原产地经过东南亚而传入的。同时随海路引进了欧洲产的芦笋(石刁柏)、甘蓝,中亚产的洋葱,中南半岛产的苦瓜等。计划引进:中华人民共和国成立后,积极开展由国外有计划的引种工作。仅以蔬菜为例,从各国引进的有根用芹菜、根用甜菜(红菜头)、美洲防风、美国芹菜、抱子甘蓝、日本南瓜、朝鲜蓟、苦叶生菜、网纹甜瓜等数十种。

总之,在不同的历史时期,由于生产力发展水平和科技水平不同,人们对烹饪原料的认识和利用情况也不尽相同,但总的趋势是,烹饪原料的种类随历史的发展而不断丰富。

1.1.3　烹饪原料资源的利用

随着人口增长,传统食物资源已不能满足人们的需要,于是迫切需要开发各种有前途的食品新资源。

1)烹饪原料的开发利用仍具有较大的潜力

我国是地球上生物多样性最丰富的国家之一,高等植物就有3万多种,约占世界总数的10%,有药用植物11 000多种。许多生物类群具有丰富的种类资源,可作为烹饪原料使用,其具有很大的开发利用潜力。

人类利用最多、年总产量超过1 000万吨的主要粮食农作物只有7种,即小麦、水稻、玉米、大麦、马铃薯、甘薯和木薯。我国已报道的食用菌有981种,仅云南省境内就有850种,但是,目前人工栽培的食用菌仅60余种,形成大规模商业性产业化生产的约有20种;已报道的可食用野菜有400余种,目前已开发利用的仅占蕴藏量的3%左右;豆科植物约有10 000种,是植物性原料中最大的蛋白质来源,我们利用的仅仅是其中的大豆、花生等少数几种。人类进一步开发利用植物,有助于解决世界粮食问题。

2)生物原料的开发利用方法

(1)野生驯化

对野生动、植物原料的人工养殖和栽培,从古至今已取得很大的成功。在距今七八千年前,人类已学会了种植多种粮食和蔬菜,驯养禽畜。现在,对野生动、植物的驯化已成为人类开发食物资源的重要途径之一。

(2)外域引进

古今中外交流中,我国从国外引进了许多烹饪原料,如经汉代丝绸之路引进的有胡瓜、胡豆、胡桃、蒲桃、大蒜等;经越南传入中国的有薏苡、甘蔗、芭蕉、胡椒等;从欧洲和中亚引进的有莴苣、菠菜、无花果、椰枣、芦笋、甘蓝、洋葱等;由印度引进了丝瓜、茄子等;从南洋群岛引进了甘薯、玉米、花生、倭瓜等。近年来,从外国引进的菜有根用芹菜、美洲防风、朝鲜蓟、苦叶生菜、网纹甜瓜等,果品有红毛丹、夏威夷果、腰果等,畜禽类中引进了火鸡、珍珠鸡等,两栖爬行类中引进了牛蛙等,鱼类中引进了非洲鲫鱼、加州鲈鱼等,虾蟹贝类中引进了罗氏沼虾、绿壳贻贝等。此外还有西餐的奶制品,美国的甜玉米和小麦,日本的日式豆腐,东南亚的咖喱等。

(3)良种选育

长期以来,人类致力于对已经运用的烹饪原料进行品种改良,积累了丰富的经验,造就了许多优良品种。特别是20世纪中期以后,生物遗传育种技术的发展与运用,使高产质优的烹饪原料品种更加丰富,常见的小麦、稻、甘蓝、白菜、猪、牛、羊、鸡、鸭、鹅等有了成百上千个优良品种。仅以稻为例,我国已收集到的地方品种就达3 500余种。

（4）再制加工

烹饪原料通过再制加工，不仅丰富了原料的种类，而且提高了原料的贮藏性能，改善了原料的风味特点。加工制品分为粮食制品、蔬菜制品、果品制品、肉制品、蛋制品、奶制品、水产制品等，如内酯豆腐、面筋、粉丝、中式火腿、松花蛋肠、冰鲜海参、即食鱼翅等。

（5）淘汰与替代

一些过去运用的原料已被逐渐淘汰或极少应用，因为质量较差而被质优的原料代替的有先秦时的粮食麻籽、葵等，因为科技的发展用现代的醋代替了古代的梅汁，蔗糖代替了蜂蜜，植物油取代了动物油的主要地位。

3）烹饪原料资源的保护

目前地球上生存的生物种类，仅是地球上繁盛时期的物种遗留下来的极少一部分。其原因除了自然环境的变化以外，更主要的是由人类的破坏、盲目地开发造成的。据统计，16世纪以来地球上灭绝的哺乳动物有150余种、鸟类有150余种、两栖爬行动物有80余种。这些动物的经济用途和科学价值还没被人类完全认识就消失了。目前全世界濒临灭绝的野生动物已达1 700余种，其中哺乳动物300余种、鸟类1 000余种、两栖爬行动物138种、鱼类193种。不仅如此，许多本来资源较丰富的原料，由于人类无节制地利用，超过了自然再生能力，导致资源趋于枯竭。例如，20世纪六七十年代被称为我国"四大经济海产"的大黄鱼和小黄鱼现已比较少见了；民间所说的"长江三鲜"中的鲥鱼，在长江中已趋于绝迹。

对自然资源的保护已成为全球关注的问题，许多国家已制定了野生动物保护条例或法规。我国也颁布了《野生动物保护管理条例》，公布了保护动物名录，建立了野生动物自然保护区，这些都是保护野生动物的重要举措。但在餐饮行业，将珍稀动物或濒危动物作为烹饪原料使用的情况仍时有发生。作为烹饪工作者应增强动物保护意识，坚决杜绝捕杀、销售、烹制国家保护动物的行为。

任务2　烹饪原料学概述

1.2.1　烹饪原料学的研究内容

烹饪原料学的研究内容主要是以原料在烹饪活动中的应用为主线，贯穿烹饪加工活动的始终，贮藏保鲜、品质鉴定、烹饪应用等都属于烹饪原料学的研究内容；另外，烹饪原料的分类体系也属于其研究的主要内容，具体来说，可以归纳为以下几个方面：

1）烹饪原料的分类体系

为了对各类烹饪原料进行科学、充分、系统的认识，以便在烹饪活动中能正确区分和选用，充分发挥原料的最佳性能。

2）烹饪原料的形态结构

烹饪原料的形态结构主要介绍某一类烹饪原料的自然生长形态、生理特征、组织结构以及烹饪分档情况等，以便在烹饪加工过程中能够正确认识烹饪原料、区别烹饪原料和使用烹饪原料，确保发挥烹饪原料的最佳性能。

3）原料的产季与产地

原料的产季与产地主要介绍传统农业结构中某一类烹饪原料的原产地或最佳产地以及使用原料的最佳时令，不包括当今的反季节原料或科技农业原料，为更好地介绍和使用地方特色性原料、特产原料及加工品奠定基础。另外，还为人们根据不同季节或时令来选择适时品种提供基础性资料。

4）烹饪原料的化学组成

烹饪原料的化学组成主要以某类原料或某种原料为例，介绍其化学成分及其理化特点，为人类进一步了解这些原料在烹饪过程中发生的理化变化，选择合理的烹饪方法和科学的烹饪加工控制提供理论依据，从而指导人们如何去保护有益成分，去除不利或有害成分。

5）烹饪原料的质量标准和品质检验

针对不同类别的原料，介绍其国家标准、地方标准或行业标准，并结合实际操作情况介绍不同的品质检验方法，方便人们在选择烹饪原料的同时能够准确判断其品质，或者根据不同的品质选择相应的加工方法，为提高烹饪产品的质量提供依据。

6）烹饪原料的贮藏保鲜

烹饪原料的贮藏保鲜主要介绍影响烹饪原料贮藏保鲜的因素，贮藏保鲜的方法，为烹饪过程中原料的使用、保管以及贮藏保鲜工作提供依据，对延长烹饪原料的使用期、货架期，对减少和避免浪费具有十分重要的意义。

7）原料的烹饪应用

原料的烹饪应用主要根据烹饪原料中各种化学成分的理化性质，总结某一类烹饪原料或某一种烹饪原料的相关成分在烹饪过程中的变化规律，从而指导人们在烹饪活动中合理地选择烹饪方法，最大限度地发挥原料的性能，避免一些营养素的流失或被破坏，同时还要避免产生一些有害物质。

1.2.2　学习烹饪原料学的意义

1）学好烹饪原料学是学习烹饪工艺的基础

烹饪原料学是烹饪工艺与营养专业的基础课程，烹饪原料是烹饪原料学所要研究的重点内容，而烹饪原料又是烹饪活动的物质基础。世界之大，菜系之多，都与烹饪原料繁多的种类密不可分，烹饪原料同时又是决定菜品质量好坏的重要因素，烹饪原料的质量如何，加工方法如何，将直接影响菜品的质量。因此，无论从哪个方面来讲，要学好烹饪工艺首先就必须学好烹饪原料学这门基础性课程。

2)学好烹饪原料学是不断挖掘新菜品的基础

虽然开发新菜品的途径很多,如采用新工艺、新方法、新味型、新材料、新造型等,但是需要特别强调熟悉和开发原料的新品种也是挖掘新菜品的重要途径。世界上如此繁多的物种中真正被人们熟知的只占少数,还有很多不为人知的物种,不熟悉的原料就不能盲目加工。只有通过不断学习,掌握了原料的组织结构、化学成分以及这些成分的理化性质,才能有针对性地采用合理的方法加工出符合人们需要的产品,才能充分地保护烹饪原料的风味物质和营养物质,才能真正开发出色、香、味、形俱佳的新菜品。

1.2.3　烹饪原料学的研究方法

1)理论联系实际的方法

每种烹饪原料都有其特殊的形态、风味和营养物质,学习时应不断提高认知水平,从原料的自然生长和采收着手,从其组织结构、化学组成、品质标准和检验、贮藏方法、理化性质等实际情况着手,必要时还要做大量的调查、实验,充分认识每一种烹饪原料的本质属性,并且还要充分掌握这些属性在烹饪过程中的变化规律,切实把烹饪原料的性能体现出来,为产品的开发和人类的健康做出应有的贡献。

2)挖掘和总结前人已经掌握的烹饪原料知识

通过前面介绍的烹饪原料发展历史不难看出,在几千年的历史发展中,我们的祖先在烹饪原料方面已经总结了很多宝贵的经验,有种植业、养殖业的,也有加工业的,这些知识是我们学习的很好的素材,不仅要牢牢掌握,还要在前人的基础上运用现代科学体系来加深认识和分析,使这部分知识更加系统化、科学化,将这些宝贵的烹饪科学应用于烹饪实践的同时,也为后人留下一笔宝贵的财富。

3)借助相关学科知识来学习烹饪原料学

烹饪原料学是随着烹饪学科的建设和发展而出现的一门新学科,它与很多学科诸如动物学、植物学、烹饪化学、烹饪营养学、烹饪卫生学、烹饪工艺学、饮食保健学、烹饪微生物学等都有着密切的联系,相对于这些学科来讲,烹饪原料学的起步较晚,很多内容的组织方法、学习方法和实验方法还不够完善,因此,学习时不妨多参照一些相关学科的知识和方法,把烹饪原料学的知识体系充分弄清楚,同时还要结合相关知识不断完善和充实烹饪原料学。

4)宏观和微观相结合的方法

随着我国对烹饪原料学控制体系的不断完善,学习烹饪原料学也应与时俱进,从宏观和微观两个角度来学习和研究每一种烹饪原料。宏观主要指国家的法律法规对原料的限制性和规定性、原料的自然形态、商品属性以及一些共性特征等;微观主要指化学组成、微生物指标等。我们要全面系统地学习烹饪原料学,就必须从宏观和微观两个角度分别对不同的烹饪原料进行充分的认识和区别,不但要求在不违反国家法律法规的前提下使用原料,而且还要把各种微观指标与原料性状结合起来,从而形成科学系统的认识体系、鉴别体系和使用体系,发挥原料的优势,烹制出美味佳肴。

1.2.4 烹饪原料学与相关学科的关系

1)烹饪原料学与农学

研究烹饪原料的性状、品质是烹饪原料学课程的重要内容。而对于绝大多数由生物得到的烹饪原料,决定其性状和品质的是它的品种、生育环境和培育方法,因此,农学与烹饪原料有着密切的联系。学习农作物的栽培、畜牧水产的养殖等知识,可以了解影响烹饪原料品质、性状的生产条件方面的因素,同时也为生物生产的育种、农业措施改善、生产环境进步等不断提出指导性要求。

2)烹饪原料学与其他学科

对烹饪原料的品质评价是烹饪原料学课程的重要组成部分,其基础包括烹饪化学、生物学、烹饪卫生学等学科。当然,烹饪原料是烹饪工艺学的重要基础,是烹饪科学的重要组成部分。用作烹饪的农产品,品质不仅与品种有关,还受栽培管理、施肥、灌溉等条件的影响,许多原料的营养、风味、贮藏、加工还与其采摘时间、成熟度和采后处理方法有关。由于现代烹饪与市场、流通的关系越来越密切,因此,烹饪原料学也要涉及经济学、市场学和关于食品流通的法律法规方面的知识。

 ## 任务3 烹饪原料的分类

为了达到系统地认识以及研究烹饪原料的目的,结合烹饪工作的实际需要,将烹饪原料按照一定的性质、特征和标准进行分门别类的方法称为烹饪原料的分类。

1.3.1 烹饪原料的分类意义

我国具有辽阔的疆域,复杂的地形,多变的气候,为各种动植物的生长繁衍提供了良好的自然环境。因此,我国的生物物种种类繁多,由它们加工而成的原料种类也很丰富,我国在烹饪中运用的原料多达数千种,对如此众多的烹饪原料进行分类具有重要的意义。

1)有助于使烹饪原料学的学科体系更加科学化、系统化

烹饪原料学作为一门刚建立起来的学科,同其他新兴学科一样还很不完善。由于目前烹饪原料的几种分类方法差别较大,从高等级类群的划分到低等级类群的划分都存在较大分歧,因此,目前已出版的一些介绍烹饪原料内容的教材和其他书籍在编写体系上差别较大,这说明学界对这门学科的整体体系还缺乏统一的认识。

2）有助于全面深入地认识烹饪原料的性质和特点

每种烹饪原料都具有一定的个性，而每类烹饪原料往往都具有一些共同的性质和特点。通过对烹饪原料的分类，有助于归纳总结烹饪原料的共性和个性，深化对烹饪原料的认识。

3）有助于科学合理地利用烹饪原料

通过对烹饪原料进行分类、编制名录，有利于了解烹饪原料的利用情况和调查烹饪原料的资源状况，进一步开发新的烹饪原料资源。

1.3.2　烹饪原料的分类原则

1）科学性原则

烹饪原料的分类应尽可能做到科学研究，反映出原料的自然属性。

2）合理性原则

烹饪原料的分类应便于检索利用，易于被烹饪工作人员所接受，这就需要兼顾商品流通领域和烹饪行业已有的分类习惯。

3）兼容性原则

烹饪原料采用的分类方法或分类体系，要能够包含并兼容所有的烹饪原料品种。

4）简明性原则

烹饪原料运用的分类方法，要能够使各种原料的划分归属一目了然，层次鲜明，逻辑清楚。

1.3.3　烹饪原料的分类方法

由于中国的烹饪原料种类繁多，分类依据和标准也不尽相同，因此分类方法也多种多样，归纳起来，比较适用的有以下几种：

1）按照烹饪原料的性质分

①动物性烹饪原料：专指动物界中可以被人们用作烹饪的一切动物胴体、副产品以及加工制品的统称。该类烹饪原料涉及面广，主要包括畜类、禽类、水产类等高等动物，也包括软体动物等低等动物。

动物性烹饪原料在人们的饮食活动中占有重要地位，其风味独特，吸收利用率高，可提供人体所必需的多种营养素，在人体的生长发育、细胞组织的再生和修复、增强体质等方面具有重要作用。

②植物性烹饪原料：指植物界中可被人们用作烹饪的一切生鲜原料及其加工制品的统称。该类烹饪原料涉及面比较广，主要包括蔬菜类、粮食类、瓜果类以及它们的加工品。植物性烹饪原料可向人体提供糖类、维生素、矿物质以及植物蛋白等营养素。其中，多糖类的膳食纤维和果胶质在促进胃肠蠕动、维持肠道健康及体内平衡等方面具有重要的作用。

③矿物性烹饪原料：主要包括食盐、食碱、明矾、石膏等。其中，食盐、食碱、明矾在面点工艺、涨发工艺中比较常见，比如石膏可以用于制作松花蛋。它们除了用于特殊的烹饪工艺以外，还可以向人体提供一定量的矿物元素，对于构成肌体组织、维持生理功能、稳定新陈代谢有着非常重要的作用。

④人工合成的烹饪原料：主要包括人工合成色素和人工合成香料等。香气主要来源于香料中所含的醇、酮等挥发性物质，烹饪中主要用来去掉主配料异味，赋予菜品香味，同时还具有杀菌消毒、促进食欲和食疗养生等功效。人工合成色素多以煤焦油中的酚为原料合成，具有色泽鲜艳、调色自然、性质稳定、着色力强等特点，但这种色素与天然色素相比，一般都具有不同程度的毒性，有的甚至会致癌，目前世界各国较普遍准用的只有十余种，而且具有明确的使用限量。

2）按照烹饪原料加工与否分

①生鲜烹饪原料：按照加工程度和保存方式可分为初级生鲜烹饪原料、冷冻冷藏生鲜烹饪原料和加工性生鲜烹饪原料3类。凡是新鲜且未经过热加工处理的蔬菜、水果、家禽、家畜、水产以及经过简单处理以后在冷冻冷藏或常温陈列架上销售的原料都属于初级生鲜烹饪原料。冷冻冷藏生鲜烹饪原料包括冷冻生鲜烹饪原料和冷藏生鲜烹饪原料两种，它们的区别在于控制的温度不一样，冷冻是将原料急速冷冻、严密包装并保存在−18 ℃以下的环境中，而冷藏则是将原料经过加工处理、急速冷却、严密包装以后将温度控制在7 ℃以下进行贮藏或销售；加工性生鲜烹饪原料主要是指将鲜活的烹饪原料经过一些特殊的方法如腌渍、泡制、糟制等加工处理以后得到的生鲜品。

②干货烹饪原料：将鲜活的动植物原料采用晒、晾、烘、熏、腌等方法脱水加工以后所得到的一类烹饪原料，主要包括动物性水生原料，植物性水生原料，动物性陆生原料，植物性陆生原料及陆生菌类、藻类干料等。这类原料与生鲜烹饪原料相比具有干、硬、老、韧、体积小、质量轻、不易腐烂、方便运输等特点。有些干货烹饪原料经脱水加工后，还具有香甜爽脆的浓郁美味，如干贝、虾米、鱿鱼、香菇等，其特殊的鲜香滋味，是鲜活原料所不及的。

③复制品原料：采用各种方法将生鲜烹饪原料加工处理成具有一定色彩、形状、质感、风味的半成品类原料或调味品原料，如灌香肠、五香粉、花椒盐等。这类原料是当今食品和烹饪领域发展的潮流，具有方便、快捷、稳定等特点，适合机械化生产。

3）按照烹饪应用分

①主料：在菜肴或点心制作中所使用的主要原料。主料是构成菜点的核心和主体，是人们食用的主要部分。

②辅助料：在菜肴或点心制作中所使用的配伍原料、辅助原料和添加剂类原料。辅助料虽然不是构成菜点的主体内容，但是它能辅助主料充分彰显风味，帮助菜点成熟、成形、着色、增香、致嫩或滋润等，也是菜点制作中非常重要的物质。

③调料：在烹饪或食用过程中主要用来调味的原料。调料有单一味型的，也有复合味型等。

4)按照商品种类分

①粮食类烹饪原料:包括大米、小麦、玉米、荞麦、高粱、薏米、大豆以及它们的加工品。

②果蔬类烹饪原料:包括果品和蔬菜。其中,果品包括新鲜的水果、干果、蜜饯以及各种水果制品;蔬菜包括根菜类、茎菜类、叶菜类、花菜类、果菜类等,也有人把它分为瓜类、绿叶类、茄果类、白菜类、块茎类、直根类、葱蒜类、甘蓝类、豆荚类、多年生菜类、水生菜类、菌类和其他类。

③肉类烹饪原料:包括禽肉、畜肉以及它们的加工品,如火腿、板鸭等。

④蛋奶类烹饪原料:包括各种蛋、奶及其加工品。

⑤水产类烹饪原料:主要包括各种鱼类、虾蟹贝类、藻类、其他类(如海蜇、墨鱼、鱿鱼、章鱼等)以及它们的加工制品。

⑥干货类烹饪原料:主要包括动物性干货原料(如蹄筋、鱼翅、海参等)、植物性干货原料(如木耳、玉兰片等)和菌藻类干货原料(如香菇、竹荪等)。

⑦调味品类烹饪原料:种类多,分类方法也多种多样,其中比较常用的是按调味品的状态来分,可分为固体类调味品(如砂糖、食盐、味精、豆豉、胡椒等)、味粉类调味品(如胡椒粉、椒盐粉、大蒜粉、鸡粉、排骨粉等)、酱类调味品(如沙茶酱、甜面酱、酸梅酱、XO酱等)、酱油类调味品(如生抽、老抽、豉油皇等)、汁水类调味品(如烧烤汁、各种卤汁等)。

5)按照国外采用的营养成分分

①热量素食品:主要指碳水化合物类食品,又称黄色食品。其品种主要包括粮食、瓜果、块根和块茎。

②构成素食品:主要指蛋白质类食品,又称红色食品。其品种主要包括各种肉及肉制品,水产及加工品,蛋类、奶类、豆类及豆制品。

③保全素类食品:主要指含有维生素、纤维素和叶绿素的食品,又称绿色食品。其品种主要包括各种水果和蔬菜。

以上是烹饪原料在实际工作中常用的一些分类方法。其实,烹饪原料的分类方法还有很多,但不管采用哪一种分类方法都有其弊端,都有一些原料不能涵盖进去。因此,烹饪原料在具体的应用过程中应该综合采用分类方法,尽可能地使其覆盖面广一些。

任务4　烹饪原料的品质鉴别

1.4.1　烹饪原料的品质鉴别概念

烹饪原料的品质鉴别是指依据一定的标准,从原料的用途和使用条件出发,根据原料外部固有的感官特征和内在结构及化学成分的变化,应用一定的检验手段和方法判定原料品质的优劣和变化程度。

通过品质检验,知悉烹饪原料质量的优劣和质量变化的规律,可以扬长避短,因材施艺,制作出优质菜肴;通过品质鉴别,还可避免腐败变质和假冒伪劣原料进入烹制过程,防止有害因素危害食用者健康;通过品质鉴别,有助于针对原料的品质特点,采用合理的烹饪技法,烹制出美味的菜肴。

1.4.2　影响烹饪原料品质的因素

1)原料的种类对原料品质的影响

各类原料都有自身的结构特点和化学组成,其品质也各不相同,品质上的差异决定了其在烹饪中的不同用途。植物性原料有细胞壁、质体和液泡,所以植物性原料比较硬,水分含量高,色彩比较丰富。动物性原料没有细胞壁、质体和液泡,所以动物性原料往往比较柔软,韧性较强,但色泽比较单调。同一原料的不同品种之间也存在质量的差异。如鸡中的九斤黄、鸭中的北京鸭、苹果中的红富士、猪中的两头乌等都是同类原料中的优良品种。

2)原料的产季对原料品质的影响

原料的生长受季节因素的影响较大,因而不同的季节,其质量有较大的差异。生物在一年之中,有其生长的旺盛期,也有生长的停滞期;有肥壮期,也有瘦弱期;有生长期,也有繁殖期;有幼嫩期,也有成熟期等。处于不同时期的生物,其状态差异较大。生长期较短,其水分含量高,质地细嫩,但风味较差。生长期太长,虽风味醇厚,但质地粗老,不易消化吸收。不同的季节,相同的原料也有较大的质量差异。比如,韭菜有"六月韭,驴不瞅;九月韭,佛开口"之说。

3)原料的产地对原料品质的影响

由于各地区自然环境不同,加上气候条件差异,所产的原料品质也有差异。因此在各地形成了具有不同特点的烹饪原料,其中一些优良品种还成为地方名特产品,如重庆的涪陵榨菜、山东的寿光鸡、太湖的莼菜、淮安的蒲菜等。

4)原料的部位对原料品质的影响

同一种原料的不同部位,其质地、结构、风味都不相同,适宜采用的烹饪方法也不尽相同,如家禽肉是由肌肉组织、结缔组织、脂肪组织、骨骼组织等组成,由于不同部位的肉中这些组织的含量和结构不同,因此各个部位的肉有肥、瘦、老、嫩之别。比如,鸡脯肉细嫩,适宜爆炒;鸡腿肉味鲜,适宜烧、炖;鸡翅膀、脖子肉韧香鲜,适宜酱、卤;鸡骨架肉少味鲜,适宜吊汤。

5)原料的卫生状况对原料品质的影响

部分烹饪原料在生长、加工、运输、贮存的过程中极易变质,从而影响其卫生指标,使原料品质下降。原料品质不仅直接关系到菜肴的质量,而且关系到人体健康,如带有病菌的原料、含有毒物质的原料、受微生物污染而腐败变质的原料、受化学物质污染的原料等。因此,卫生状况不佳的原料,其品质较差,甚至失去食用价值。

6)原料的加工与贮存方法对原料品质的影响

原料的加工与贮存方法也直接影响原料的品质,加工不当或贮存不好,都将使原料的质量下降,如营养价值降低,感官性状发生劣变,甚至影响原料的食用价值。

1.4.3　烹饪原料品质鉴别的依据和标准

烹饪原料品质鉴别的内容主要包括烹饪原料外观质量和内在质量的检验,其依据和标准主要有以下几个方面:

1)原料的固有品质

烹饪原料的固有品质是指原料本身所具有的食用价值和使用价值,包括原料固有的营养、口味、质地等指标。一般来说,原料的食用价值越高,其品质就越好;原料的使用价值越高,其适合的烹饪方法就越多。烹饪原料的固有品质是由原料的品种和产地所决定的,它对菜点制作有直接影响,尤其是在烹饪传统地方名菜时,显得更加重要。

2)原料的纯度和成熟度

原料的纯度和成熟度是反映原料品质重要的感官标准。原料的纯度是指含杂质、污染物的多少和加工精度等,纯度越高品质越好。原料的成熟度与原料的生长年龄、生长时间和上市季节有关。不同的生长年龄、生长时间和上市季节,原料的成熟度有差异,其品质也不同。不同品种的原料成熟度的要求是不同的。原料的成熟度应恰到好处,其品质才好。人们对菜点的要求,是随着社会的发展在不断提高的。这些在一定程度上提高了对原料的纯度和成熟度的要求。

3)原料的新鲜度

烹饪原料的新鲜度是指原料的组织结构、营养物质、风味物质等的变化程度。新鲜度越高的烹饪原料品质就越好。因此,新鲜度是鉴别原料品质优劣最重要、最基本的标准。存放时间过长或保管不当会使烹饪原料新鲜度下降,甚至引起变质。鉴别烹饪原料的新鲜度,一般都从原料的形态、色泽、水分、质量、质地和气味等感官指标来判断。

①形态的变化:烹饪原料都有一定的形态,越是新鲜就越能保持原有的形态,否则,就会变形、走样。例如,不新鲜的蔬菜会干缩发蔫,不新鲜的鱼会变形脱刺。

②色泽的变化:烹饪原料都有天然的色彩和光泽。新鲜猪肉一般呈淡红色,新鲜牛肉呈紫红色,新鲜鱼的鳃呈鲜红色,新鲜虾呈青绿色等,在受到外界条件的影响后,它们就会逐渐变色或失去固有的光泽。凡是原料固有的色彩和光泽变为灰、暗、黑或其他色泽时,说明新鲜度已下降。

③水分的变化:新鲜原料都有正常含水量,含水量减少或增加说明原料品质发生了变化。如含水量丰富的蔬菜和水果,水分损失越多,新鲜度就越低。

④质量的变化:就鲜活原料而言,质量的变化也能说明原料新鲜程度改变,因为原料通过外部的影响和内部的分解、水分蒸发,会减轻质量。质量越小新鲜度就越低。但干货原料则相反,质量增加说明已吸湿受潮,品质也会随之下降。

⑤质地的变化:新鲜原料的质地大都坚实饱满或富有弹性和韧性。如果原料的质地变得松软而无弹性,说明新鲜度降低。

⑥气味的变化:各种新鲜原料一般都有其特有的气味,凡是不能保持其特有的气味,而出

现一些异味、怪味、臭味等不正常的气味,都说明原料新鲜度已经降低或变质。

4)原料的清洁卫生

原料的清洁卫生也是反映原料品质的外感标准。原料必须符合食用卫生的要求,凡是腐败变质或受到污染或有污秽物质、虫卵、致病菌等的原料,其卫生质量均已下降,不适于食用。

1.4.4　烹饪原料品质鉴别的方法

烹饪原料品质鉴别的方法主要有理化鉴别和感官鉴别两大类。

1)理化鉴别

理化鉴别是利用仪器设备或化学药剂鉴别烹饪原料的化学组成,以确定其品质好坏的检验方法。理化鉴别包括理化检验和生物检验两个方面。其鉴别方法比较科学、准确,能具体且深刻地分析原料的成分,做出原料品质和新鲜度的科学结论,还能查清其变质的原因。生物检验主要是测定原料或食物有无毒害,此外,还可用显微镜进行微生物检验。这种方法可鉴别原料中的污染细菌、寄生虫等。理化鉴别对烹饪原料品质的检测是科学而有效的,但进行理化鉴别必须有试验场所、设备和专业人员。专业人员必须掌握熟练的技术并具有一定的科学知识。过去理化鉴别仅限于国家设立的专门检验机构,进行原料和食品的理化鉴别。而在烹饪行业中很少有专业人员从事这项工作。随着我国改革开放的深入,全国各地的涉外宾馆饭店如雨后春笋般拔地而起,为确保原料、食品的质量,在宾馆饭店中应设立专职的检验人员和设备场所,做到防患于未然,杜绝劣质原料和食品的流入。

2)感官鉴别

感官鉴别是指用人的眼、耳、鼻、舌、手等各种感官了解原料的外部特征、气味和质地的变化程度,从而判断其品质优劣的检验方法。感官鉴别是鉴别烹饪原料品质优劣的最实用、最简便而又有效的检验方法,在烹饪行业中被广泛应用。感官鉴别的方法主要有以下几种:

①嗅觉检验:它是利用人的嗅觉器官来鉴别原料的气味,进而判断其品质优劣的方法。新鲜原料本身都有一种正常的气味,而原料气味的变化恰恰是原料中各种化学物质变化的结果。最终产生的异味往往与微生物的生长繁殖有关,如肉类有正常的肉香味,新鲜的蔬菜有正常的清香味。如果出现异味,则说明品质已发生变化。

②视觉检验:它是利用人的视觉器官鉴别原料的形态、色泽、清洁度、成熟度等品质优劣的方法。这是判断原料质量时运用范围最广的一个重要手段。

③听觉检验:它是利用人的听觉器官鉴别原料的振动声音来检验其品质优劣的方法。如用于摇鸡蛋、听蛋中是否有声音,来确定蛋的好坏;挑西瓜时,用于拍击西瓜听其发出的声音,来检验西瓜的成熟度等。

④味觉检验:它是利用人的味觉器官来检验原料的滋味,从而判断原料品质优劣的方法。味觉检验对辨别原料品质的优劣是很重要的,尤其是对调味品和水果等。味觉检验不但能品尝到原料的滋味如何,而且对食品原料中极细微的变化也能敏感地察觉到。

⑤触觉检验:它是通过对原料的触摸来检验原料组织的粗细、弹性、硬度及干湿度等,以判断原料品质优劣的方法。肉类、鱼类、蔬菜、水果都能用这个方法鉴别其品质的好坏程度。

在实践应用中,有时需要几种方法同时使用。如鉴别对虾时,可观察其体表颜色是否正常,肢体是否完整,触摸其肉质是否有弹性,闻其气味是否正常等。根据鉴别结果综合分析,判断其品质好坏。感官检验有着重要的实用价值,但感官鉴别主要是对原料的外部特征进行鉴别,而对内部品质变化的程度检验不如理化鉴别精确。

任务5　烹饪原料的保藏

烹饪原料绝大部分来自动、植物等生鲜原料,这些生鲜原料在收获、运输、贮存、加工等过程中,仍在进行新陈代谢,从而影响原料的品质。尤其在原料的储存保管过程中,如果保管不善,将直接影响原料的质量,进而影响菜点的质量。因此,必须采取一些措施,尽可能地控制原料在储存过程中的质量变化。

1.5.1　影响烹饪原料质量变化的外界因素

烹饪原料在贮存保管中发生的质量变化,除了原料自身新陈代谢特别是组织分解酶的分解作用的原因以外,外界不良因素对原料质量也有很大的影响。主要有以下几个方面:

1)物理学方面

物理学方面的因素包括温度、湿度、阳光、空气等。

①温度的影响:过低的温度会使某些原料冻坏、变软甚至腐烂崩解;而过高的温度又会使原料的水分蒸发,引起干枯变质,促进生化作用的加速进行,也有利于害虫、细菌的生长和繁殖,使原料虫蚀、霉烂或腐败。例如,温度高会使马铃薯等蔬菜发芽速度加快,引起变质。

②湿度的影响:空气的湿度过大会导致一些原料因吸湿发潮而发霉变质,有些原料还会结块、变色,如面粉等。

③阳光的影响:阳光的照射会加速原料的变化,如脂肪在阳光的照射下会加速氧化使之酸败分解。有的原料因阳光照射而变色,营养成分受损或滋味变坏,某些谷物、蔬菜在阳光照射下因温度升高而发芽。

2)化学方面

化学方面的因素主要是指一些金属化学物质对原料的污染。原料盛装器皿混有如铅、铜、锌等金属元素,可起催化剂的作用,加速原料的变质,而且会对人体健康产生危害。

3)生物学方面

生物学方面的因素包括微生物和鼠虫的作用,其中微生物的危害较大。

微生物主要指霉菌、细菌和酵母菌,它们的活动与温度、湿度、酸碱度有很大的关系。霉菌在温度较高的潮湿环境中和中性或弱酸的情况下,容易繁殖,活动性很强。原料受潮后,由于含水量增加会被霉菌侵袭而发霉,在内部或外部出现斑点、变色并产生霉味,如花生米被黄曲霉污染后因产生黄曲霉毒素而失去食用价值。

细菌适应能力很强,能在高温、低温、盐溶液或无氧等环境中活动。细菌最宜生活的温度是25~30℃。自然界有很多细菌会使原料腐败变质,如牛奶感染了乳酸杆菌,会使其原有的糖分解而产生乳酸,使牛奶产生酸味;肉品类感染了变形杆菌、芽孢杆菌等就会使蛋白质分解而引起腐败变质,产生腐败臭味。

酵母菌有引起发酵的特性,它普遍存在于自然界中。天然酵母菌可使一些原料或食物表面上生长白毛,有的酵母菌会使泡菜变红,有的还能使水果中的糖发酵,有的会使黄酒和啤酒浑浊发酸,最终导致质量下降。

1.5.2 烹饪原料常用的保藏方法

烹饪原料的保藏方法较多,有传统的方法,也有现代科学的方法。其基本原理主要是创造不适于微生物生长繁殖的环境,以抑制及杀灭微生物,同时抑制和破坏原料中的分解酶的活性,延长原料的保藏时间,达到保藏原料的目的。烹饪原料常见的保管方法有以下几种:

1)低温保藏法

低温保藏法是指低于常温、在15℃以下环境中保藏原料的方法。因为低温可以有效地抑制原料中酶的活性,能减弱鲜活原料的新陈代谢强度和生鲜原料的生化变化,还能抑制微生物的生长繁殖或杀灭微生物,降低原料中水分蒸发的速度,所以一般烹饪原料都可以用低温的方法保藏。

根据保藏时采用温度的高低,低温保藏又可分为冷却保藏和冷冻保藏两类。

①冷却保藏:简称冷藏,是指将原料置于0~10℃尚不能结冰的环境中保藏。主要适合于蔬菜、水果、鲜蛋、牛奶等原料的保藏以及鲜肉、鲜鱼的短时间保藏。冷藏的原料一般不发生冻结现象,因而能较好地保持原料的风味品质。但采用这种方法的原料保管期较短,一般为数天至数周不等。冷藏过程中,由于原料的品种不同,它们各自所需要的冷藏温度也有差异。动物性原料,如畜、禽、鱼、蛋、乳等适宜的温度,一般都在0~4℃;植物性原料,如蔬菜、水果等冷藏温度的要求也不一致。大白菜、菠菜等适宜的冷藏温度为0℃左右,番茄为10~12℃,青椒为7~9℃,黄瓜为10~13℃。

②冷冻保藏:又称冷结保藏,是将原料置于冰点以下的低温中,使原料中大部分水冷结成冰后再以0℃以下的低温进行储存保藏。它适用于肉类、禽类、鱼类等原料的保藏。冷冻保藏的原料有较长的储存期。在原料冷冻保藏时,采取低温快速冷冻的方法,可较好地保持原料的品质,因为这种方法可使细胞膜受损极少。当原料解冻使用时,水分仍保留在细胞组织内,使原料中的营养物质损失较少。

冷冻保藏的原料在烹饪加工前应先解冻,使其恢复到原来的新鲜状态。烹饪中最常用的解冻方法是常温流水解冻法。原料在水中解冻时表面层被浸胀,质量可增加 2% ~ 3%,其营养素的损失较小,而且在水的浸洗下,还能将原料表面的污染物和微生物洗掉,恢复原有的品质。

在采用低温保藏法时,为保证原料的质量,首先应根据各种不同性质原料的临界温度保持足够的冷度;其次也应注意保藏的湿度,湿度过高原料容易发霉,湿度过低易造成原料的冻干而变质。此外,还要防止冰块及冰水污染原料,原料与它们不直接接触。另外,原料保藏时互相隔离,特别是在原料已有轻度变质时更要注意,否则会互相污染,影响质量。

2)高温保藏法

高温保藏法是通过加热对原料进行保藏的方法。经过加热处理,原料中的酶被破坏失去活性,可防止原料因自身的呼吸作用自体分解等引起变质。同时,当温度超过 80 ℃时,微生物的生理机能减弱并逐渐死亡,减少微生物对原料的影响,从而达到原料保藏的目的。采用高温加热后的原料应立即降温,否则原料或食品内部的温度不能迅速散发,也会引起变质。高温处理后的原料还要注意防止重新污染,不然仍会变质。高温保藏法常采用高温杀菌法和巴氏消毒法两种方法。

3)脱水保藏法

脱水保藏法是通过一定的干燥手段,使原料降低含水量,从而抑制微生物生长繁殖达到保藏原料目的的一种方法,又称干燥保藏法。

脱水保藏法根据其干燥的方法不同,又可分为自然干燥法和人工干燥法。

自然干燥法是指利用自然界的能量除去原料中的水分,如利用阳光或风力将原料晒干或风干。

人工干燥法是指在人为控制下除去原料中的水分,如利用热风、蒸汽、减压、冻结等方法脱去原料中的水分。自然干燥法在我国普遍应用,如谷物、干菜、干果、水产品及山珍的干制等均可采用此方法,而奶粉、豆奶粉、蛋黄粉等的干制则采用人工干燥法。

脱水保藏法的原料在保管中应注意空气湿度不可过高,以防止原料回潮、变质发霉。水分较低的干制品要注意轻拿轻放,以免破损影响品质。

4)密封保藏法

密封保藏法是将原料严密封闭在一定的容器内,使其和阳光、空气隔绝,以防止原料被污染和氧化的方法。这种方法可以使原料久藏不坏,如罐装的蘑菇、冬笋、芦笋等。有些原料经过一定时间的封闭,还可使其风味更佳,如陈酒、酱菜等。在酱油中注入少许麻油,霉菌就不易生长;火腿表面涂上油脂即可长期保存而不变质。这些都是利用隔绝空气原理的密封保藏法。

5)腌渍保藏法

腌渍是加工制作食品的一种方法,既可增加食品的风味特色,又可达到较长时间保藏的目的。常见的腌渍方法有以下几种:

①盐腌保藏法:利用在盐腌原料的过程中所产生的高渗透压使原料中的水分析出,同时使

微生物细胞原生质水分渗出,蛋白质成分变性,从而杀死微生物或抑制其活力,达到保藏原料的目的。一般盐腌保藏法使用的食盐浓度在10% ~15% 就可抑制微生物的生长。原料经盐腌后具有特殊的风味,加工烹制后香味浓郁、口感鲜咸。由于此法简单易行,因此被广泛运用。

②糖渍保藏法:其原理、方法与盐腌保藏法相似,就是把原料浸入糖溶液中,利用糖溶液的渗透压作用抑制微生物的生长繁殖,达到保藏原料的目的。这种方法适用于蜜饯、果脯、果酱等的制作。用糖渍原料,糖的浓度应为60% ~65% ,才能使原料保藏较长时间,同时具有较好的风味。

③酸渍保藏法:利用提高原料贮存环境中的氢离子浓度,从而抑制微生物生长繁殖,达到保藏原料的目的。此法多用于蔬菜的保藏。酸渍保藏法又可分为两种:一种是在原料中加入适量的醋,利用其中的醋酸降低 pH 值,如醋黄瓜、醋蒜等;另一种是利用乳酸菌的发酵而生成乳酸来降低 pH 值,如泡菜等。

④酒渍保藏法:利用酒精所具有的杀菌能力保藏食品原料的方法,即利用酒或酒精浸渍原料,既可达到较长的保管时间,还能增强食品原料的特殊风味,如醉蟹、醉虾等。酒渍保藏法用酒很讲究,白酒酒精含量高、杀菌能力强,适用于鲜活的水产原料;黄酒酒精含量少,具有香味,适用于焯水后酒渍的原料,如醉鸡等。

6)烟熏保藏法

烟熏保藏法是在腌制的基础上,利用木柴不完全燃烧时产生的烟气来熏制原料达到保藏食品原料的方法,主要适用于动物性原料的加工,如熏鱼、熏鸡等。少数植物性原料也可用此法,如乌枣等。烟熏时,由于加热减少了原料内部的水分,同时温度升高也能有效地杀死细菌,降低微生物的数量。烟熏时产生的烟气中含有醛类、甲醛等具有防腐作用的化学物质,故烟熏具有较好的保藏原料的效果。但烟气中也含有一些有毒物质,所以要防止有毒物质的污染。

7)气调保藏法

气调保藏法是通过改变原料贮存环境中的气体组成成分而达到保藏原料的目的的方法。该方法目前已被广泛使用,其基本原理:在适宜的低温下,改变原料储藏库或包装袋中正常空气的组成,降低氧气的含量,增加二氧化碳或氮气的含量,从而减弱鲜活原料中化学成分的变化,达到延长原料的保藏期和提高保藏效果的目的。此法多用于水果、蔬菜、粮食的保藏。近年来,也开始用于肉类、鱼类、鲜蛋等多种原料的保藏。

气调保藏法常用的方式有机械气调库、塑料帐幕、塑料薄膜袋、硅橡胶气调袋等。烹饪中运用最多的是用塑料薄膜袋对原料进行密封,利用原料的呼吸作用来自动调节袋中氧气和二氧化碳的比例。气调保藏法也称为"气调小包装"或"塑料小包装"。

8)辐射保藏法

辐射保藏法是利用一定剂量的放射线照射原料而延长保藏期的一种方法。常用的射线有α射线、γ射线等。放射线照射原料后,可以杀灭原料上的微生物和昆虫,抑制蔬菜、水果的发芽或后熟,而对原料本身的营养价值没有明显的影响。该法适合于粮食、水果、蔬菜、畜禽鱼肉

及调味品的保藏。

辐射保藏法与其他保藏法相比,具有许多优点。原料经辐射处理后,射线可以穿过包装和冻结层,杀死原料表面及内部的微生物和昆虫。在辐射过程中,温度几乎没有升高,故辐射保藏法有"冷杀菌"之称。此外该法具有良好的保鲜效果,处理后的原料与新鲜原料在外观形态、组织结构及风味上并没有很大区别。

9)保鲜剂保藏法

保鲜剂保藏法是在原料中添加具有保鲜作用的化学试剂来增加原料保藏时间的方法。保鲜剂有防腐剂、杀菌剂、抗氧化剂、脱氧剂等。

10)活养保藏法

活养保藏法是对一些动物性原料的特殊保藏方法,主要用于水产品。这些原料在购进时是活的,可在一段时间内活养,在烹饪时宰杀加工。这样既可保持其鲜活状态,也可除去其消化管及鳃部的污物和泥土,使其味道更鲜美。

任务评价

学生本人	量化标准(20分)	自评得分
成果	学习目标达成,侧重于"应知""应会" 优秀:16~20分;良好:12~15分	
学生个人	量化标准(30分)	互评得分
成果	协助组长开展活动,合作完成任务,代表小组汇报	
学习小组	量化标准(50分)	师评得分
成果	完成任务的质量,成果展示的内容与表达 优秀:40~50分;良好:30~39分	
总分		

练习实践

1.原料具备什么条件才能被称为烹饪原料?

2.烹饪原料学的研究内容有哪些?

3.烹饪原料的品质鉴别方法有哪些?

4.烹饪原料的保藏方法有哪些?

单元 2

粮食类原料

【知识目标】
- 了解粮食的分类、结构与烹饪应用；
- 掌握谷类、豆类、薯类、粮食制品的常用品种及其烹饪应用；
- 掌握粮食类原料的品质检验与保藏方法。

【能力目标】
- 能识别、利用各种杂粮；
- 能鉴别大米、面粉的品质。

　　粮食是人类维持生存最基本的物质基础，是烹饪活动中一类重要的烹饪原料。本单元将对主要粮食种类及其制品的品质特点和烹饪应用等方面进行介绍，从而使读者能够正确地认识和使用。

任务1　粮食类原料概述

2.1.1　粮食类原料的分类

粮食是指粮食作物的种子、果实或块根、块茎及其加工产品的统称。我国粮食的概念包括谷类、豆类和薯类。本任务重点介绍谷类、豆类以及常用粮食制品原料。

1）谷类及其制品

谷类是以收获成熟果实为目的,经去壳、碾磨等加工程序而成为人类基本食物的一类原料。谷类包括稻谷、小麦、玉米、大麦、燕麦、黑麦、粟、高粱、薏仁等植物的种子。谷类为食物中热量的主要来源,且易于种植、运输和贮存,是当前栽培面积最大的作物。谷类制品有米线、糯米粉、锅巴、通心粉、面筋、挂面等。

2）豆类及其制品

豆类常用品种有大豆、花生、蚕豆、绿豆、赤豆、豇豆、菜豆、扁豆等,我国是栽培豆类最丰富的国家之一。豆制品如豆腐、百叶、腐竹、豆干等。

3）薯类及其制品

薯类有马铃薯、甘薯、木薯、山药、芋头、魔芋等,这类原料的地下根茎膨大,通常多当粮食食用。

2.1.2　谷物类原料的组织结构及烹饪应用

1）组织结构

（1）谷皮

谷皮包括果皮和种皮两个部分,也称为表皮或糠皮,位于谷粒的外部,由坚实的木质化细胞组成,对胚和胚乳起保护作用。

（2）糊化层

糊化层由大型多角形细胞组成,除含有较多纤维素外,还有蛋白质、脂肪、维生素等。

（3）胚乳

胚乳由许多淀粉细胞构成,位于谷粒的中部,一般占谷粒全重的80%左右,含大量的淀粉和少量的蛋白质。

（4）胚

胚位于谷粒的下部,主要由胚根、胚轴、胚芽和子叶4部分组成。

2）烹饪应用

（1）制作主食

全国各地所产粮食品种不同,制作主食使用的粮食原料也有所不同。长江流域及其以南地区主产稻谷,故主食的制作主要以大米为原料,如米饭、菜饭、粥等。黄河流域及其以北地区主产小麦,故主食的制作主要以面粉为原料,如面条、馒馒、饼等。

（2）制作糕点、小吃

以谷物制作的糕点、小吃很多,风味各异。米制品有米线、元宵、年糕、粽子等;面制品有油条、馄饨、烧卖、煎饼等。

（3）制作菜肴

制作菜肴时谷物主要作为辅料,如珍珠丸子、米粉肉、年糕菜、锅巴菜等;也有作为主料的,如八宝饭、蜜汁葫芦等。

（4）调料和辅助料

由谷物类原料加工的淀粉、面粉、米粉都是菜肴制作中挂糊、上浆、拍粉、勾芡等必不可少的原料。谷物类原料也是加工生产各种调味品的主要原料,如酒、醋等。

任务2　粮食类原料

2.2.1　谷类

1）大米（稻米）

（1）品种

稻谷经脱壳制成大米,我国是稻谷种植大国,按其生长环境可分为水稻和旱稻;按生长期可分为早稻、中稻和晚稻;按米粒性质可分为籼稻、粳稻和糯稻。这3种稻谷加工后分别得到籼米、粳米和糯米。

①籼米:我国籼米的产量居世界首位,四川、湖南、广东是籼米的主要产区。籼米的米粒一般呈长椭圆形或细长形,横切面为扁圆形。色泽灰白,半透明,腹白较大。质地较疏松,硬度小,加工时易产生碎米。涨性大,黏性小,口感干而粗糙。籼米主要做米饭或粥等主食,也可用于糕点、小吃、菜肴的制作,或制成米粉作粉蒸类的辅助原料。由于粉质较硬,因此比较适合做发酵性的糕点,如四川的白蜂糕等。

②粳米:粳米的产量仅次于籼米,主要产于华北、东北和江苏等地。粳米呈椭圆形,横切面接近圆形,色泽蜡白,透明度高,腹白小,俗称"珍珠米"。米粒坚实,硬度高,加工时不易破碎。涨性小,黏性大,口感滋润柔软。其用途和籼米相同,但一般不适合做发酵性糕点。

③糯米:糯米又称江米、酒米。其产量低,主要产于江苏南部及浙江等地。米粒一般呈椭圆形,粳糯短胖,又称圆糯米;籼糯稍长,又称长糯米。糯米呈乳白色,不透明。米粒硬度较低,涨性最小,黏性最大,煮熟后透明度高。一般不作主食,主要用于制作糕点、小吃、菜肴和发酵制品,如八宝饭、粽子、糍粑、油糕、元宵、糯米藕、醪糟等。单独使用也不适合做发酵性糕点。

④特种米:在各种大米中,都有一些品质较优,富有特色的特种大米。特种米是指具有特

殊遗传性或特殊用途的大米,主要以其用途的特殊性区别于普通大米。其主要包括香米、有色米、专用米等。虽然其数量仅占稻米种植资源的10%,但由于其特殊的营养、保健和加工利用等特点,受到国内外的广泛重视。

⑤香米:香米因煮熟后香气浓郁,质地滋润细腻而得名。著名的有四川岳池黄龙香米、四川宣汉桃花米、河南凤台大米、陕西洋县香米、山西晋祠大米、山东章丘明水香米、广东曲江马坝油粘米等。

⑥有色米:有色米主要包括黑米、紫米、红米、绿米等品种。有色米由于遗传特性和加工方法的不同,具有较高的营养价值,享有"神仙米""补血米""药米""长寿米"的美称,历史上曾作为贡品。

⑦黑米:在籼稻、糯稻中都有黑色品种,我国黑米品种多达300种,著名的有陕西洋县黑米、云南墨江紫米、广西东兰墨米、贵州惠水黑糯米等。但黑米质感粗糙,尤其是黑籼米,常与糯米配合使用。

⑧红米:红米是一种优质稻米,米粒细长稍微带有红色,煮熟后色红如胭脂。江苏的胭脂赤,又称胭脂米,古时为御用胭脂米,经过康、雍、乾三朝,已传至大江南北。常熟的鸭血糯为红稻佳品,煮粥亦佳。

⑨绿米:绿米最初产于河北省玉田县,叫作玉田碧粳米,米粒细长,微带绿色,烹煮时香气浓郁。

⑩强化米:强化米是指外加营养成分的米。糙米随着碾白精度的提高,其蛋白质、维生素、无机盐等营养成分逐渐减少。为了弥补上述损失或给予加强,就要进行强化加工,方法是在抛光了的大米上涂强化混合物。

(2)品质鉴别

①稻谷的品质鉴别:优质稻谷外壳呈黄色、浅黄色或金黄色,色泽鲜艳一致,具有光泽,无黄粒米;颗粒饱满完整,大小均匀,无虫害及霉变,无杂质;具有纯正的稻香味,无其他任何异味。

②大米的品质鉴别:我国稻谷根据加工深度的不同,可以将大米分为4个等级,即特等米、标准一等米、标准二等米和标准三等米。

特等米的背沟有皮,米粒表面的皮层被除掉85%以上,由于特等米基本除净了糙米的皮层和糊化层,粗纤维和灰分含量很低,因此,米的涨性大,出饭率高,食用品质好。

标准一等米的背沟有皮,米粒面留皮不超过1/5的占80%以上,加工精度低于特等米。食用品质、出饭率和消化吸收率略低于特等米。

标准二等米的背沟有皮,米粒面留皮不超过1/3的占75%以上。米中的灰分和粗纤维较高,出饭率和消化吸收率均低于特等米和标准一等米。

标准三等米的背沟有皮,米粒面留皮不超过1/3的占70%以上,由于米中保留了大量的皮层和糊化层,从而使米中的粗纤维和灰分增多。虽然出饭率没有特等米、标准一等米和标准二等米高,但所含的大量纤维素对人体有很多益处。

2)面粉

面粉是用普通小麦的种子碾磨加工而成的粉状原料,是我国北方的主要粮食品种,是制作主食、小吃、糕点的主要原料之一。普通小麦主要产于长江流域及其以北的地区。面粉的性质特点不同源于小麦的品种以及产地、生产季节等的不同。小麦按生长季节分为冬小麦和春小麦;按麦粒颜色分为红麦、白麦和黑麦;按麦粒的性质分为硬质小麦和软质小麦。硬质小麦又称角质小麦,主要产于北方地区,出粉率低,面筋性强,多适合做面包、馒头、面条等要求筋力性强的面食。软质小麦又称粉质小麦,主要产于南方地区,出粉率高,面筋性差,适合制作蛋糕、酥点等筋力性要求不高的面食。

(1)品种

由于不同品种的小麦,以及不同地区出产的小麦在性质上都有一定的差别,所以我国面粉加工厂生产面粉时一般都将不同的小麦搭配制粉,使面粉的品质达到一定的质量要求,通常有等级粉、专用粉等。

①等级粉:普通面粉的等级是按加工精度的高低,即主要从色泽和含麸量的高低来确定。

特制粉又称特粉、精白粉、富强粉。加工精度高,色白,含麸量低,面筋性好,是面粉中的上品。还可分为特一粉和特二粉。在面点中作为精细点心或要求色白、筋力性强的高级品种所用的面粉,如小笼汤包、口蘑鲜包、烧卖、荷花酥、鲜花酥等,且多用于筵席中。

标准粉又称八五粉,是面粉中常用的一类,色稍黄,面筋性稍差。标准粉是兼顾营养价值和面粉品质两个方面要求的粉,所以可制作多种面食品种,既可用于大众便餐,又可用于筵席品种,是一些甜菜的主要原料,如玫瑰锅炸、高丽雪球等。

普通粉色较黄,面筋性差,一般用于大众化面食及带色的油酥品种的制作,如油条、牛肉煎饼、锅盔、麻花、馓子等。

全麦粉是由整个籽粒磨成的面粉。色较黄,口感粗糙,烹饪中可直接用于制作面食,更多的是与其他粉掺和制作面包、馒头、面条等面制品,既增加营养,又改善口感。

②专用粉:利用特殊品种小麦磨制而成的,或在等级粉的基础上加入脂肪、糖、发粉、香料以及其他成分混合均匀而制成的。

面包粉是用硬质小麦和部分中硬小麦混合加工而成的,蛋白质含量较高,面包粉具有强度高、发气性好、吸水量大等特点。

饼干、糕点粉一般是用含淀粉多的软质小麦加工而成,具有细、酥、松脆的口感。

面条粉大部分用蛋白质含量高的硬质小麦磨制而成,其劲力强,弹性好,制出的面条耐煮、不断条。

③筋力粉:主要根据其面筋质的高低来分类,有高筋粉、中筋粉、低筋粉和无筋粉。前三者可分别对应特粉、标准粉和普通粉;无筋粉称为澄粉。澄粉又称麦粉和小粉,是将面粉中的面粉蛋白去除后的一种面粉,干粉色白细腻,其主要成分是淀粉和可溶性蛋白质。以澄粉制成的面团色泽洁白,无筋力,可塑性强,熟制后色泽白而光亮,略透明,韧性强,口感细腻柔软,入口易化。因此,通常用来制作象形面点或用于装饰的面花、面果等,易染色和造型。

(2)品质鉴别

①小麦的品质鉴别:优质小麦去壳后小麦皮色呈白色、黄白色、金黄色、红色、深红色、红褐色,有光泽;颗粒饱满、完整、大小均匀,组织紧密,无害虫和杂质;具有小麦正常的气味,无任何其他异味;味佳微甜,无异味。

②面粉的品质鉴别:优质面粉色泽呈白色或微黄色,不发暗;呈细粉末状,不含杂质,手指捻捏时无粗粒感,无虫子和结块,置于手中紧捏后放开不成团;具有面粉的正常气味,无其他异味;味道可口,淡而微甜,没有发酸、刺喉、发苦、发甜以及外来滋味,咀嚼时没有砂声。

3) 玉米

玉米又称苞米、苞谷、棒子、玉蜀黍等,是重要的谷类粮食作物之一,种植面积和总产量仅次于小麦和水稻,居世界第三位,单位面积产量居谷类作物的首位。我国玉米种植面积和总产量仅次于美国,居世界第二位。玉米原产中南美洲,美国、巴西等许多国家大规模种植。大约在 16 世纪传入我国,主要产于东北、华北、西北、西南等地。

(1) 品种

玉米按颜色不同分为黄玉米、白玉米和杂色玉米。按粒质可分为硬粒型、马齿型、半马齿型、粉质型、糯质型、甜质型、爆裂型、有稃型、甜粉型 9 种。其中,糯质型是在我国形成的,又称中国蜡质种。按特殊用途与籽粒组成,可分为特用玉米和普通玉米。特用玉米是指具有较高经济价值的玉米,有特殊用途和加工要求,一般指高赖氨酸玉米、糯玉米、甜玉米、爆裂玉米、高油玉米等。

(2) 品质鉴别

优质玉米具有各种玉米的正常颜色,色泽鲜艳,有光泽;颗粒饱满完整,均匀一致,质地紧密,无杂质;具有玉米固有的气味,无其他异味;具有玉米的固有滋味,微甜。

(3) 烹饪应用

玉米籽粒和大豆混合磨粉可做成多种食品,我国各地农村都有玉米粗粮细做的习惯。用玉米掺和其他食物,制成玉米烤饼、蒸饼、金银花卷、发糕等,品种繁多,味美可口,颇受群众欢迎。玉米除做主食外,也是小吃、糕点、汤羹的原料,如丝糕、白粉糕、玉米饼、玉米烙、玫瑰玉米羹等。在菜肴中的运用形式多为嫩玉米,如松仁玉米、青椒玉米、翡翠珍珠、三丁炒苞谷等。籽粒味甜者多为糯玉米,用于煮食和制作罐头;爆裂型玉米适合制作爆米花,除硬粒型、马齿型外,均适合于制作玉米片,美洲国家多用作谷类早餐食物。此外广泛用于制取淀粉、玉米胚芽油、酒精、饲料以及提取玉米色素。

4) 小米

小米也称粟米、谷子、粟谷。小米是粟的种子脱壳后的种仁,原产于中国北方黄河流域,现主要分布在华北、西北和东北各地。

(1) 品种

按照小米的性质可分为粳性小米、糯性小米。

粳性小米由非糯性粟加工制成,米粒有光泽,黏性小,通常黄色、白色、橘色、红色、褐色的多为粳性小米。粳性小米多作为主食。

糯性小米由糯性粟加工制成,米粒略有光泽,黏性大。糯性小米多用于制作各种糕点及粥类。

我国有名的小米品种有:山西阳曲县的太后香小米、山西沁县的檀山皇小米、山西广灵县的东方亮米、山东金乡县的金米、山东济南市章丘区的龙山米、河北蔚县的桃花米、陕西米脂县的米脂小米等。

①广灵小米：山西省广灵县特产，是由具有当地特色的优良谷子品种"大白谷"和"东方亮"加工而成。广灵小米颗粒光洁，色泽鲜黄明亮，颗粒均匀圆润，绵软可口，清香甜美，富有弹性。广灵小米含有丰富的碳水化合物、蛋白质、维生素，尤其还含有 B 族维生素。广灵小米从明代起即成岁贡，清康熙时曾经作为朝廷贡米晋京，遂有"御米"之称。在烹饪中，常被做成米饭、稀粥，口感黏稠滑润，香甜可口。自 2007 年 8 月起，国家对广灵小米实施地理标志产品保护。

②金乡金米：仅产于山东金乡县马庙镇的马坡，位居中华"四大名米"之首。当地的土壤条件和生长环境，赋予了金米米色金黄，性黏味香，米质优异等特点。金乡小米营养丰富，淀粉、蛋白质、脂肪含量均比普通小米高 1% ～ 3%，蛋白质、脂肪含量均高于大米、面粉，人体必需的 8 种氨基酸含量丰富且比例协调。金米常被做成稀饭，性黏汤浓，悬而不浮，油而不腻，闻之清香，食之甘美，具有热补、润肠功能，是滋补的佳品，在清康熙年间就被列为贡品。

③龙山小米：山东济南章丘的著名特产，全国"四大名米"之一，龙山"三珍"之首，曾被选为历代皇室贡品，被誉为"龙米"。龙山小米籽大粒圆，色泽金黄，性黏味香，米香味浓郁，营养丰富。用龙山小米煮成的稀饭，表面有一层黄亮的米油，醇香可口，滋补养生。还可将龙山小米磨面做粥，济南市有名的"八宝粥""王家甜沫"等，均选用龙山小米做原料。

④太后香小米：又称旱地小米。山西太原市的阳曲县，盛产各种小杂粮，是历史上远近闻名的"小杂粮王国"。经国家农业部门检测认定，当地生产的小米富含人体所需的 5 种维生素。相传，清光绪年间，慈禧太后与光绪皇帝因躲避八国联军逃往西安，一日行至山西阳曲地界，正值午时，便寻得一家客栈用膳。因太后不喜膻腥，掌柜便熬制了小米粥，奉于太后。太后见小米粥色泽莹润，黄澄澄金灿灿，问毕得知该地小米粥性凉味甘，食益丹田，补虚损，开肠胃，又有护颜之功效，实为晋地佳物。膳毕，太后大悦，将当地小米列为贡品，代代耕种，每岁进贡，于是便有了"太后香小米"的美名。诗句"晋地粟米香，太后曾亲尝。粒粒珠圆润，颗颗放霞光"就是指这个故事。

（2）品质鉴别

优质小米色黄，表皮较薄，大小均匀，无小碎米，气味、口味均醇正。

（3）烹饪应用

小米在烹饪中主要作为主食原料，可制成小米饭、小米粥；磨制成粉后，可制成窝窝头、丝糕，与面粉、糯米粉掺和发酵后，可以制成多种点心。小米是五粮液、汾酒、山西陈醋、小米黄酒的主要原料。

5）高粱

高粱古称蜀黍，为我国蜀地最先种植，是中国最早栽培的禾谷类作物之一。有关高粱的出土文物及农书史籍证明，高粱至少有 5 000 年的历史。高粱碾去皮后的颗粒作为高粱米，供食用、酿酒、制糖浆。

（1）品种

高粱秆为实心,中心有髓。高粱的叶片似玉米叶,厚而窄,披蜡粉,平滑,中脉呈白色。穗形有带状和锤状两类。颖果呈褐、橙、白或淡黄等色。种子卵圆形,微扁,质黏或不黏。

高粱按不同的分类方法可以分成很多类,具体如下：

按成熟时间可分为早熟品种、中熟品种、晚熟品种;又可分为常规品种、杂交品种。

按口感可分为常规的、甜的、黏的。

按性状及用途可分为食用高粱、糖用高粱、帚用高粱等。食用高粱穗密而短,籽粒大而裸露,脱粒容易,品质优良。

按穗形可分为直穗、弯穗和散穗三大类。按外观色泽可分为白高粱、红高粱、黄高粱等。

按品种和性质可分为糯高粱和粳高粱。

按胚乳的结构可分为粉质、角质、蜡质、爆粒等;按胚乳的颜色可分为白胚乳和黄胚乳。

高粱米其籽粒是卵圆形、倒卵形或者圆形,大小不一,籽粒色泽有黄色、红色、黑色、白色或灰白色、淡褐色5种。质量以白壳高粱最好,黄壳高粱次之。

高粱的品种很多,如杂高粱、甜高粱、光高粱、硬秆高粱、拟高粱、石茅、弯头高粱、多脉高粱等。

①甜高粱:也称"二代甘蔗"。因为它上边长粮食,下边高粱秆即甘蔗,因此又称"雅津高粱甘蔗"。雅津甜高粱株高5 m,最粗的茎秆直径为4~5 cm,茎秆含糖量很高,因而甘甜可口。颖果成熟时顶端或两侧裸露,呈椭圆形至椭圆状长圆形,为粒用高粱的一个变种。甜高粱可以用于生食、制糖、制酒,也可以加工成优质饲料、酒精燃料、纸等。巴西的芦粟酒就是用甜高粱酿造而成的。

②弯头高粱:秆粗壮,汁液少。叶鞘无毛;叶舌硬膜质,近半圆形,顶端具短纤毛;圆锥花序紧密,椭圆形或卵状椭圆形,分枝粗糙,斜升,基部坚硬,具粗糙纤毛;花序总梗弯曲呈鹅颈状,或直立;无柄小穗宽卵形至倒卵形,顶端钝或微尖。

③光高粱:须根较细而坚韧。产于山东、江苏、安徽、浙江、江西、福建、台湾、湖北、广东、广西、云南。全株可作牧草,高粱米常提取淀粉,可食用。光高粱有无芒和具芒两种类型。叶可作家畜饲料;种子含淀粉,可磨粉或酿酒。

（2）烹饪应用

①作为主食:原粮经清理、脱壳、碾去皮层（多道碾白）、成品整理后得到高粱米成品。由于加工除去了皮层,并含有碎米、糠粉等,极易吸湿发热,不耐久储。在历史上曾是东北地区的主要食粮之一。食用方法主要是炊饭或磨制成粉后,再做成其他各种食品,如面条、面鱼、面卷、煎饼、蒸糕、黏糕等。腊八粥是家家户户在腊八节用多种食材熬制的粥,也称作七宝五味粥。做腊八粥常选用大米、糯米、高粱米、绿豆、薏米等食材熬制而成。高粱米还可以制成红豆饭、杂粮粽。高粱米做米饭显得略粗糙,但是磨成高粱面粉做成点心,既细腻又营养。高粱粑是在高粱面粉中加入泡打粉、白糖、鸡蛋和适量水调至黏稠状,揉成面团,按平,蒸熟,下油锅稍炸,撒上芝麻而成。外脆内软,香酥可口。

②制作菜肴:高粱米也可用于菜肴制作。一般是与其他食材混合炖制汤品,营养美味。如高粱猪肚粥,是将高粱米炒至褐黄色有香味,除掉余壳,把猪肚、莲子肉、胡椒、高粱米放入瓦

锅,加水武火煮沸后,文火煮至高粱米熟烂为度,调味即可。

6)大麦

大麦又称牟、牟麦、芒粟、饭麦等。大麦籽粒扁平,中间宽、两端较尖,呈纺锤形。

(1)品种

大麦可分为有稃大麦和裸大麦两类。有稃大麦即麦粒外包颖壳,裸大麦即无稃壳的麦粒。按播种期的不同,大麦又可分为冬大麦和春大麦两类。我国的大麦现多产于淮河流域及其以北地区。

(2)品质鉴别

优质大麦粒形饱满,质地较硬,呈淡灰至黄灰色,味道新鲜有麦香味,无发霉现象。

(3)烹饪应用

大麦较小麦黏滑,既可用于煮饭,又可磨成粗碎粒用于煮粥。大麦磨粉后,色较灰暗,和面较黏滑,口味香甜筋柔,可用于制作各类饼、馍或糊糊等;有些高档面点也掺入了部分大麦粉,以改善面团性质,增进成品风味。因为大麦含谷蛋白量少,所以不能作多孔面包,但可作不发酵食物。

7)荞麦

荞麦又称麦乔、乌麦、甜荞、三角米等。荞麦籽粒为三棱形卵圆形瘦果,棱角锐;皮黑色或银灰色,表面和边缘平滑光亮,内部种仁为白色,主要是发达的胚乳。荞麦生长期短,春秋均可播种,适应性强。我国南北各地均种植荞麦,主产于东北、西北及西南一带高寒地区。

(1)品种

荞麦有甜荞、米荞、翅荞和苦荞等品种,其中以甜荞品质最好。

(2)品质鉴别

优质荞麦形状呈棱角形,籽粒大小匀称,有明显光泽度,呈黑色、褐色,表皮较薄,种仁白色。

(3)烹饪应用

荞麦多磨成粉供煮饭熬粥食用,其粉易熟,有特殊香味,可单独使用或与面粉掺和制作扒糕、烙饼、煎饼、蒸卷、面条、水饺等。荞麦嫩叶可作蔬菜食用。荞麦还作为麦片和糖果的原料。以荞麦制作的面食有:荞麦饺子、荞面坨子、荞面碗托等。

8)燕麦

燕麦又称雀麦、爵麦、野麦、牛星草、迟燕麦等。燕麦颖果腹面有纵沟,籽粒瘦长,布稀疏茸毛,成熟时内外稃紧抱,籽粒不易分离。燕麦主要分布于我国西北、内蒙古、东北一带的牧区或半牧区。

(1)品种

燕麦有筒形和圆卵形两种,颜色有白、黄、灰、褐、黑色等。

(2)品质鉴别

优质燕麦粒形饱满、均匀,淡黄或灰白色,味道芳香,色泽油亮,无发霉现象。

（3）烹饪应用

燕麦常作煮粥用,可用于制作玉米燕麦粥、燕麦南瓜粥、草莓牛奶燕麦等;又可蒸熟后磨粉,用作小吃、点心、面条等。燕麦经过精细加工制成麦片,使其食用更加方便,口感也得到改善,可用于制作苹果麦片粥、豆浆麦片粥、麦片百合粥等,燕麦还可用于发酵后制作啤酒等。

9）莜麦

莜麦又称油麦、玉麦、铃铛麦、乌麦、番麦、早燕麦、夏燕麦等。籽粒瘦长,有腹沟,无稃,表面有茸毛。莜麦主产于西北、东北、西南等高寒地区,以内蒙古及河北张家口以北等地种植面积大、产量高。

（1）品种

莜麦有筒形、圆卵形、纺锤形等,颜色有黄、白、褐等色。

（2）品质鉴别

优质莜麦粒形饱满,色淡灰至黄灰色,味道微甜、新鲜有莜麦味,色泽油亮,无发霉现象。

（3）烹饪应用

莜麦磨成粉可加工成许多独具风味的莜麦食品,食法多样,可蒸、炒、烩、烙等。食用前应经过"三熟",即加工时要炒熟,和面时要烫熟,制坯后要蒸熟,否则不易消化。以莜麦制作的面食有豆芽炒莜面、羊肉汤浇莜面栲栳栳、猫耳朵窝窝、莜面花卷、莜面条条、莜麦疙瘩汤等。

2.2.2　豆类

1）大豆

大豆,中国古称菽,现又称青仁乌豆、黄豆、泥豆、马料豆、秣食豆。大豆原产于我国,在东北、黄淮流域、江南各省南部、广西、长江下游地区种植,以东北豆质量最优。大豆含有丰富的蛋白质,营养价值高,被称为豆中之王、田中之肉等。大豆常用来做各种豆制品,还用于榨取豆油、酿造酱油和提取蛋白质。

（1）品种

根据大豆的种皮颜色和粒形分为4类:黄大豆、黑大豆、青大豆、褐大豆。

黄大豆:别名黄豆。黄大豆可分为白黄、淡黄、暗黄、深黄4种。黄大豆是中国大豆的主要种类,著名品种有辽宁的大粒黄,黑龙江的小黄粒、大金鞭等。

黑大豆:有黑皮青仁大豆、黑皮黄仁大豆。主要品种有山西太谷五寨的小黑豆,广西柳江、灵川的黑豆。

青大豆:有青皮青仁大豆、青皮黄仁大豆。主要品种有广西产的小青豆,其他地区产的大青豆。

褐大豆:还可细分为茶色、淡褐色、褐色、深褐色、紫红色。典型品种有广西、四川的小粒褐色泥豆,云南的酱色豆、马科豆,湖南的褐泥豆。

①黑豆:豆科植物大豆的黑色种子,又称乌豆,味甘性平。黑豆呈椭圆形或类球形,形状稍扁,一般长度为6～12 mm,直径为5～9 mm,皮光滑或有皱纹,具光泽,一侧有淡黄白色长椭圆形种脐,质地坚硬,嚼之有腥味。黑豆的蛋白质、维生素含量丰富,可以打浆做成黑豆乳、黑豆豆浆,也可以和其他食材烹制做成菜品,如黑豆炖鸡爪、黑豆乌鸡汤、黑豆薏仁茶、黑豆枸杞粥等。

②泥豆:秋大豆的一种类型,种子外皮无光泽而有泥膜,像泥土的颜色,因此得名。泥豆的皮色多为褐色。泥豆主要分布在浙江、安徽、江西三省南部及福建省北部。在南方稻区,泥豆主要用于制作豆酱、豆豉等。

③青豆:种皮为青绿色的大豆。青大豆,个大、形圆、纤维丰富、甜香油润,全国各地均有栽培,以东北最著名。按其子叶的颜色,又可分为青皮青仁大豆和绿皮黄仁大豆两种。青大豆含丰富的蛋白质和人体必需的多种氨基酸,尤其是赖氨酸含量高。青豆可磨浆制成豆浆,还可与其他原料制成美味菜肴,如青豆虾仁、鱼香酥青豆、青豆排骨汤等。

(2)烹饪应用

大豆是重要的烹饪原料,可以整粒运用制作菜肴、休闲食品或者做成粥品;可以磨成豆粉,与面粉、米粉调和,制成各种面点;可以加工成各种豆制品,如豆腐、豆干、豆浆、豆芽、豆豉等;可以运用大豆,制作主食,如豆饭、豆粥;可以用大豆压榨豆油,酿制酱油、豆酱,提取植物蛋白等。

2)蚕豆

蚕豆又称罗汉豆、胡豆、南豆、竖豆、佛豆。我国以四川、云南、江苏、湖北等地种植为主。蚕豆入口软酥,沙中带糯,柔腻适宜,美味可口。蚕豆为粮食、蔬菜和饲料、绿肥兼用作物。

(1)品种

蚕豆荚果呈扁平筒形,未成熟的豆荚为绿色,荚壳肥厚多汁,荚内有丝绒状茸毛,因含有丰富的赖氨酸酶,成熟的豆荚为黑色。蚕豆按照种皮颜色,可分为青皮蚕豆、白皮蚕豆和红皮蚕豆等。按照籽粒的大小,可分为大粒蚕豆、中粒蚕豆、小粒蚕豆3种类型。

大粒蚕豆:宽而扁平,千粒重800 g以上,如四川、青海产的大白蚕豆,通常作为粮食或者蔬菜食用。

中粒蚕豆:扁椭圆形,千粒重为600～800 g。

小粒蚕豆:接近圆形或者椭圆形,千粒重为400～650 g,产量很高,但品质较差,通常只作为饲料和绿肥作物。

①大青皮蚕豆:籽粒扁宽,皮薄,百粒重115 g左右,新鲜蚕豆皮色青绿,晒干后的大青皮蚕豆皮色发黄,呈黄绿色。大青皮蚕豆是一种营养价值比较高的豆类,也是重要的副食品,可以鲜食,也可以做成风味小食品,用途很多,适口性好。

②临夏马牙:春播蚕豆品种,是甘肃省临夏州的优良地方品种,因籽粒大,形似马齿而得名。种皮为乳白色,百粒重170 g,籽粒蛋白质含量为25.6%。临夏马牙是中国重要的蚕豆出口商品。

③日本大白皮蚕豆:鲜豆种皮呈淡青白色,干豆种皮为青白色,通过日晒与贮藏后渐呈褐色,每荚3粒左右,颗粒大,口感好,营养丰富,可鲜售,也可速冻加工远销国外市场,是一种效益较高的经济作物,其种植面积逐年增加。

(2)烹饪应用

①制作菜肴:蚕豆的食用方法很多,可煮、炒、油炸,也可浸泡后剥去种皮,炒菜或做汤。嫩蚕豆可作为主料做酸菜蚕豆、焖蚕豆,也可作为配料制成翡翠虾仁、蚕豆炖排骨、韭菜蚕豆等菜肴,老蚕豆去壳后,可以熬制蚕豆浓汤。

②蚕豆制品:蚕豆可以制成蚕豆芽,其味鲜美。干制蚕豆磨成粉后,可以制作粉丝、粉皮制品,也可加工成豆沙,制作糕点。蚕豆可蒸熟加工制成罐头,或经过油炸或者烘烤后,调味,制成休闲风味小食品。

③发酵制品:蚕豆含有丰富的淀粉质,可以制造酱油、豆瓣酱、甜酱等。郫县豆瓣酱制作时,常选用川东、云南一带的蚕豆,经清洁、去壳、焯水、沥干工序后,拌入面粉,在40 ℃的高温天气下摊放发酵7天,长出黄霉后转入陶缸内,加入食盐、清水混合均匀,进行翻晒。白天要翻缸,晚上露放。40～50天后,豆瓣变为红褐色,加进碾碎的辣椒末和盐,混合均匀,再经3～5个月的贮存发酵,酿制而成。

蚕豆含有致过敏的物质,过敏体质的人吃了会引发不同程度的过敏,如急性溶血等中毒症状,即"蚕豆病"。

3)绿豆

绿豆别名青小豆、菉豆、植豆等。原产于印度、缅甸,中国、缅甸等国是绿豆的主要出口国。

(1)品种

绿豆大多数呈短圆柱形,长2.5～4 mm,宽2.5～3 mm,种子外皮被蜡质层包裹,较为坚硬。绿豆的种皮呈翠绿色,有的为淡绿色或黄褐色,种脐突出呈白色。绿豆的最佳品质为色泽浓绿、富有光泽、粒大整齐、形状圆整,经煮制后酥软化渣。绿豆的主要产区在华北及黄河平原地区。

绿豆的主要品种有明光绿豆、大明绿豆、宣化绿豆、嘉兴绿豆等。

①明光绿豆:产于安徽省明光市明东、石坝、涧溪、卞庄、管店及横山等乡,因其色泽晶亮碧绿,被人们称为明亮有光的绿豆,简称"明绿"。明光绿豆色泽碧绿、粒大皮薄、汤清易烂、味香爽口,其品质为全国之冠,享有"绿色明珠"之美誉,在国内外市场都享有很高的声誉。

②天山大明绿豆:内蒙古自治区阿鲁科尔沁旗特产。阿鲁科尔沁旗位于赤峰市东北部,是中国绿豆生产区,地理位置和自然环境得天独厚,日照充足,无霜期长,加之科学种植,因此,天山大明绿豆粒大饱满,色泽鲜艳,营养丰富,曾荣获"全国最具综合价值地理标志产品"。天山大明绿豆含蛋白质27.18%(比其他绿豆高3%),脂肪0.97%,淀粉49.39%,明显高于其他粮食作物。

(2)烹饪应用

绿豆可以煮制成绿豆汤,或者与大米混合制作绿豆粥,是夏季最佳的清凉防暑食物。绿豆是优质的淀粉原料,可以磨制成粉末,制成绿豆粉丝、绿豆粉皮,或者制成绿豆淀粉,用于烹制菜肴。绿豆经煮制后擦沙去皮可精制成各种绿豆沙糕点,如绿豆糕、绿豆饼。绿豆浸水发芽称绿豆芽,为菜中佳品。绿豆酿造的明绿液曲酒,风味独特。

4)赤豆

赤豆,又称猪肝赤、杜赤豆、米赤豆、毛柴赤、米赤。夏、秋季分批采摘成熟荚果,晒干,打出种子,除去杂质,再晒干制成。赤豆起源于我国,目前主要产于华北、东北、黄河流域、长江流域及华南地区。

(1)品种

赤豆通常籽粒短圆或呈圆柱形,长5~6 mm,宽4~5 mm,截面近圆形,种脐不凹陷。赤豆种皮的颜色多为赤褐色,有的品种为黑色、白色、浅黄色以及杂色,种皮平滑有光泽,种脐位于侧缘上端,白色,不显著突出,也不凹陷。

赤豆易与其他豆类混杂,根据其纯度分为纯赤豆和杂赤豆两类。纯赤豆是指混杂的各色小豆不超过总量的10%,杂赤豆则超过了10%。

野生赤豆的种皮为淡紫色,平滑,微有光泽,种脐呈白线,质地坚硬,不易破碎,除去种皮,可见两瓣乳白色种仁。口嚼有豆腥味。

(2)品质鉴别

赤豆以豆体干燥,颗粒饱满,颜色赤红发暗者为佳。

(3)烹饪应用

赤豆和红豆易混淆。赤豆的外形呈细长形,颗粒比红豆小,红豆呈圆柱状,表面为暗棕红色。在熬煮时,赤豆比较难煮烂,一般适合煮汤,而红豆久煮会黏稠,一般适合熬粥。

在中西烹饪中,赤豆多用于制作汤羹、粥品,如赤豆汤、赤豆糯米饭、赤豆红枣汤;也可将其煮制后,用擀面杖压制成赤豆泥,做馅制成红豆包;还可与面粉、糯米粉掺和做成红豆饼、红豆糯米糕;若将煮熟的红豆用工具擦制去皮后,可以制成赤豆沙,香甜可口,广泛应用于面点的馅心,如红豆沙月饼、豆沙面包、赤豆糯米糍、赤豆沙小圆子、各种层酥制品的馅心等。赤豆在菜肴制作中,可作为甜味夹酿菜的馅料,如有名的龙眼甜烧白、高丽肉、酿枇杷等。“龙眼甜烧白”是四川乡土风味“三蒸九扣”的著名甜菜之一,又称夹沙肉,是在煮熟的猪肥膘肉片上抹上赤豆沙,再放一颗红枣,将其卷成筒状,立放于蒸碗中,蒸熟的糯米加入红糖、猪油调味,装入放有肉卷的蒸碗中作底,上笼蒸30 min,然后将蒸好的烧白翻扣于圆盘中,油润光亮,沙甜香酥适口,肉片甜香酥软,肥而不腻。

5)豌豆

豌豆又称荷兰豆、小寒豆、淮豆、麻豆、青小豆。古时候称毕豆、留豆,属豆科植物。豌豆原产于亚洲西部,我国在汉朝时引入小粒豌豆。《尔雅》中的“戎菽豆”,即豌豆。16世纪后期明代高濂著《遵生八笺》中有“寒豆芽”的制作方法和豌豆做菜用的记述(寒豆即豌豆)。豌豆在我国主要分布于中部、东北部等地区,主要有四川、河南、湖北、江苏、青海、江西等多个省区。

(1)品种

豌豆的荚果呈长椭圆形,荚果肿胀,长5~10 cm,宽0.1~1.4 cm,顶端斜尖,背部近于伸直,内侧有坚硬纸质的内皮。种子2~10颗,大多数为圆球形、椭圆、扁圆、凹圆形、皱缩等形状。颜色青绿色,也有黄白、红、玫瑰、褐、黑等颜色的品种。

豌豆按株形分为软荚豌豆、谷实豌豆、矮生豌豆3个变种;或按豆荚壳内层革质膜的有无和薄膜分为软荚豌豆、硬荚豌豆;也可按花色分为白色豌豆、紫色豌豆、红色豌豆。

豌豆的品种很多,如陇豌豆、小青荚、杭州白花、莲阳双花、大荚豌豆、成都冬豌豆、大荚荷兰豆等。

①陇豌豆1号:甘肃省选育成功的半无叶、干籽粒型豌豆新品种。半矮茎,直立生长,花白色,每株着生6~10荚,双荚率达75%以上,不易裂荚,每荚5~7粒,粒大,种皮白色,粒型光圆,百粒重25 g。干籽粒粗蛋白含量25.6%,淀粉51.32%。

②陇豌豆5号:甘肃省农业科学院作物所选育而成的高抗豌豆白粉病,半无叶型、甜脆豌豆品种。单株荚数5~8个,单荚粒数4~9个,籽粒柱形、皱粒、黄皮、黄子叶,百粒重22 g。籽粒含蛋白质30.7%,脂肪1.54%,嫩荚含糖量达10.8%,无豆腥味,甘甜可口,品质优良。主要在甘肃、四川、云南等地种植。该品种是目前最为理想的矮秆甜脆豆品种。

陇豌豆5号系列品种繁多,如小青荚、杭州白花、大荚豌豆、成都冬豌豆、莲阳双花、大荚荷兰豆等。

小青荚:从阿拉斯加引入,硬荚种,种子小,绿色,每荚种子4~7粒,圆形,嫩种子供食。种皮皱缩,品质好,为制罐头和冷冻优良品种,适于上海、南京、杭州等地栽培。

杭州白花:它是白花豌豆中的一个品种。花白色,每荚含种子4~6粒,嫩豆粒品质佳,种子圆而光滑,淡黄色,以嫩豆粒供食。

大荚豌豆:大荚荷兰豆,软荚种。荚特大,长12~14 cm,宽3 cm,浅绿色,荚稍弯,凹凸不平,每荚种子5~7粒,每500 g嫩荚约40个。荚脆、清甜、纤维少,种皮皱缩,呈褐色,鲜荚和豆粒均可供菜用。荚粒特大,品质极佳,适于广东一带栽培。

成都冬豌豆:硬荚种,本种既耐热又耐寒,花白色,荚长7 cm,宽1.5 cm。每荚种子4~6粒,圆形光滑,嫩粒绿色,味美,品质佳,以嫩豆粒供食为主。适于成都等地栽培,7—9月播种,9—12月采收。

(2)烹饪应用

①制作菜肴:嫩豌豆在菜肴中主要以整粒使用,如焖豌豆、清炒豌豆。因豌豆豆粒圆润,色泽清脆碧绿,也常被用作配菜,诱人食欲。"豆汤饭"是成都传统小吃,是选用淀粉含量很高的老豌豆与米饭在鸡汤中煮制,豌豆中的淀粉和米混合,饭稠,味道香浓,在成都湿寒的冬日,是暖身排湿的佳肴。

②制作糕点和馅心:将老豌豆磨粉,面甚白细腻,除了熬粥煮饭、制曲酿酒、制作凉粉外,还可包馅制糕。"豌豆糕"又称豆沙糕、澄沙糕,是山西太原特色糕类小吃。它是用上等豌豆脱皮磨粉,加入白糖、柿饼、柿糕,传入北京改名叫作豌豆黄,成为北京著名小吃,故有"从来食物属燕京,豌豆黄儿久著名;红枣都嵌金居里,十文一块买黄琼"之说。

③制作豌豆淀粉:豌豆中含有丰富的淀粉,可干燥去皮后,提取淀粉,制取豌豆淀粉。豌豆淀粉常用于菜肴的制作中,用于上浆、勾芡。豌豆淀粉还可制成豌豆粉丝、豌豆凉粉。

豌豆粉丝晶莹爽滑,美味可口,烹饪中与其他食材共同烹制,以吸收其他食材的味道,如蚂蚁上树、肥牛粉丝煲、蒜蓉粉丝蒸扇贝等都是经典名菜。此外,煲汤、涮火锅也都少不了豌豆粉丝。

豌豆凉粉是一道美味可口的川菜。四川的凉粉大多是用豌豆淀粉和绿豆粉做成的,与5倍水混合调成稀糊状,在锅里加热成透明糊状,冷却成块后,切块调味食用。

2.2.3 薯类

1)甘薯

甘薯(黄皮甘薯和红皮甘薯),又称山芋、红芋、番薯、红薯、白薯、地瓜、红苕等,因地区不同而有不同的名称。甘薯原产于南美洲热带地区。甘薯系16世纪末,从南洋引入中国福建、广东,而后向长江、黄河流域及台湾等地传播。目前中国的甘薯种植面积和总产量均占世界首位。

甘薯中含有丰富的糖分、蛋白质、纤维素和多种维生素,尤其含有大米、面粉中缺乏的赖氨酸。甘薯是重要的粮食作物,也是一种高级保健食品。杨孚《异物志》中记载:"甘薯似芋,亦有巨魁,剥去皮,肌肉正白如脂肪,南人专食以当米谷。"《南方草木状》中也这样描述:甘薯,盖薯蓣之类,或曰芋之类,根叶亦如芋,实如拳,有大如瓯者。皮紫而肉白,蒸鬻食之,味如薯蓣,性不甚冷。旧珠崖之地,海中之人,皆不业耕稼,惟掘地种甘薯,秋熟收之,蒸晒,切如米粒,仓储之,以充粮糗,是名薯粮。

欧美人称赞甘薯为第二面包,在世界卫生组织(WHO)评出的六大最健康食品中,甘薯被列为"最佳蔬菜"冠军。

甘薯地下根顶端通常有4~10个分枝,各分枝末端膨大成卵球形的块根,甘薯主要以肥大的块根供食用。块根的形状、大小、皮肉颜色等因品种、土壤和栽培条件不同而有差异,分为纺锤形、圆筒形、球形和块形等,皮色有白、黄、红、淡红、紫红等色,肉色可分为白、黄、淡黄、橘红或带有紫晕等。

薯肉为白色的甘薯,淀粉含量多,水分较少,适宜于提取淀粉;薯肉为红色的甘薯,含有丰富的胡萝卜素,糖分、水分较多,常供新鲜食用,味道香甜;薯肉为紫色的甘薯,营养丰富,糖分适中,水分较多,易于消化。

(1)品种

①紫薯:正名为参薯。紫薯的薯肉呈紫色至深紫色,薯皮薄,淡紫色。紫薯除了具有普通红薯的营养成分外,还富含硒元素和花青素,因此,紫薯还作为提取花青素的主要原料之一。野生紫薯的块根,多为圆柱形或棒状,经人工栽培的形状变化很大,个体较大,呈掌状、棒状或圆锥形,表面薯皮呈棕色或黑色,断面白色、黄色或紫色。典型的优秀品种有京薯6号、紫薯王、日本凌紫、浙紫薯1号、徐紫薯1号、广紫薯1号、群紫1号黑薯等。

京薯6号:该品种是由巴西红薯与中国红薯杂交而成,薯皮薯肉均为紫色,甜度高,品质好,主要用于深加工和提取色素。

紫薯王:种植产量高,品质超群,皮色紫黑,肉色紫、富含硒元素。味香甜糯,肉质细腻,是极佳的鲜食保健用品种,尤其适合制作薯酱、甘薯泥、油炸薯片等,是制作系列紫薯休闲保健食品的首选品种。

日本凌紫:引自日本的黑薯新品种。薯块呈长纺锤形,皮色紫红光亮,肉色紫黑,成熟后近黑色,香甜面沙,富含抗癌物质硒、碘等元素,营养成分高出其他甘薯几倍,是当前黑薯系列中最黑的品种,也是鲜食保健和提取色素等深加工的好品种。

紫薯可以蒸煮后鲜食,口感绵软,香甜可口;可将紫薯切片或切块后与大米或者糯米煮制成紫薯粥;还可将紫薯蒸熟后压制成泥状,加入面粉、糯米粉中,制成各种面食、点心,如玫瑰(紫薯)花卷、紫薯蛋糕、紫薯面包等;紫薯还可制成菜肴,如紫薯烧五花肉、拔丝紫薯、蜜汁紫薯等。

②黄心甘薯:外皮颜色为淡黄色、红色,薯肉有润黄色和润红色。黄心甘薯口感香甜,红心甘薯香味较浓。熟食味甜,香味浓郁,纤维细,是鲜食、蒸煮、烘烤的最佳品种,还可加工成薯脯、薯干。黄心甘薯是"烤红薯"的最佳原料,传统烤红薯是将黄心甘薯放在炭火里烤,直到表面发硬有一层黑黄的炭状,烤透即可。"粉蒸肉"是汉族传统名菜之一,广泛流行于四川、陕西、安徽、湖北、湖南、浙江、福建、江西等地,黄心甘薯是其重要的辅料。"粉蒸肉"是将拌上米粉的五花肉调味腌制放在碗底,黄心甘薯切块后拌上米粉后码在肉上,蒸制两小时,蒸熟即可。

③白心甘薯:薯肉为白色的甘薯有白皮白心甘薯、红皮白心甘薯两种。白皮白心甘薯的薯皮、薯肉均为白色,肉质比较面,但水分较少,口感较粗,纤维含量大;红皮白心甘薯的甜度比白皮白肉甘薯的高,水分含量略高于白皮白肉甘薯。民间常在伏天制作"白番薯大芥菜汤",选用白皮白心甘薯洗净、削皮、切形,与芥菜、生姜在瓦罐中文火煲制 30 min,调味后食用,可起到清热祛暑的作用。

(2)烹饪应用

①鲜食:甘薯可以直接煮、蒸、烤熟后鲜食,如甘薯稀饭、紫薯奶酪、烤红薯等。

②制作面食:甘薯可以在熟制后,捣制成泥,与米粉、面粉等混合制成各种糕点,如红薯饼、薯包、薯团、薯糕等;将红薯干制,磨成粉后,可与面粉掺匀,做成馒头、面条、饺子等。

③制取红薯淀粉:因红薯中含有丰富的淀粉,可制取红薯淀粉。红薯淀粉色泽暗白,糊化温度低,广泛运用在菜肴烹制中,如原料的上浆、拍粉,菜肴的勾芡等。湖南、福建等地还用其做成红薯粉,为灰色细长条状,晶莹剔透,与粉丝相似,经凉拌或煮制,调味后食用,口感爽滑、筋道。

④制作菜肴:甘薯可作为甜菜用料或者蒸菜菜肴的垫底,如粉蒸牛肉、粉蒸排骨。甘薯叶也可作为新鲜蔬菜食用,如清炒红薯尖。

在食用甘薯时要注意,甘薯中含有一种氧化酶,俗称"气化酶",这种酶容易在人的胃肠中产生大量的二氧化碳气体。因此,如红薯吃得过多,会使人腹胀、打嗝等。

2)木薯

木薯又称树薯、木番薯、槐薯等,呈椭圆形、圆柱形或纺锤形,块根的皮色呈白、灰白、浅黄、紫红色等,薯肉呈白色,肉质,富含淀粉。

木薯是世界三大薯类(木薯、甘薯、马铃薯)之一。制熟的木薯可放心食用,不会对人体造成伤害,因加工中已将有毒物质去除了。

（1）品种

木薯主要有苦木薯和甜木薯两种。苦木薯淀粉含量高于甜味品种,但氯酸较多,专门用作生产木薯粉;甜木薯可以食用,食用方法类似马铃薯。重要的品种有广东的青皮木薯、海南韶关的面包木薯。

木薯原产于热带美洲,全世界热带地区广为栽培。木薯于19世纪20年代引入中国,首先在广东省高州一带栽培,随后引入海南岛,现已广泛分布于华南地区,以广西、广东和海南栽培最多。

（2）烹饪应用

木薯可直接煮、蒸、烤食用,或煮熟捣泥,与米粉、面粉等混合,制成点心和小吃。

由于鲜薯易腐烂变质,一般在收获后尽快加工成木薯淀粉、木薯干等。木薯淀粉是将木薯干制后,从中提取淀粉类物质。具体做法是将木薯清洗、粉碎后进行淀粉提取、渣浆分离,细滤除沙、脱汁,浓缩精制后,干燥而制成。木薯淀粉的特性为色泽洁白、细腻,口味平淡,无味道,无余味(不同于玉米,食用后有余味),因此,较之普通淀粉更适合于需精调味道的产品,例如,布丁、蛋糕和西饼馅心等。

木薯的各部位均含氰苷,有毒。鲜薯的肉质部分须先去掉皮,并切成片,经水泡,使氰苷溶解,一般泡6天左右就可去除70%的氰苷,再通过烘烤、蒸煮等方法煮熟后,便可食用。制成的木薯粉,是干燥去毒加工处理后的,可食用。

2.2.4　粮食类原料的保藏

粮食是有生命的活体,储存过程中会进行新陈代谢。有效地抑制新陈代谢和防止病虫害等的污染,是粮食保管的目的。餐饮业的粮食保管是短时间的。一般来说,在保管中应注意调节温度、控制湿度、避免感染等几个问题。

1）调节温度

粮食本身在代谢中会放出热量,积聚在粮堆的热量,会引起粮食温度的升高。因此,粮食在保管中不要堆积过大,应通风,温度在20 ℃以下较为适宜。

2）控制湿度

粮食具有吸水性,在潮湿环境中易吸收水分,会发生结块或霉变。因此,在保管中除注意温度的影响外,堆放时要用高架,并有铺垫物。

3）避免感染

粮食中的蛋白质、淀粉具有吸收各种气味的特性。保管粮食不能与有异味的物质(如咸鱼、熏肉、香料等)堆放在一起,否则会感染异味,影响粮食的品质。

因此,根据粮食的特性,保管粮食时要做到:存放地点必须干燥、通风,切忌高温、潮湿;要避免异味、异物的污染,堆放时要保持一定的空间,与墙壁保持一定的距离;还要注意鼠害、虫害等。

任务3 粮食制品

2.3.1 概述

1）粮食制品的概念

粮食制品是我国人民广泛食用的粮食类原料之一，在我国烹饪原料中占有一定的比重，是中华民族以植物类原料为主的饮食结构的重要组成部分。粮食制品主要是根据粮食类原料中的谷类、薯类淀粉糊化和老化原理，制成不溶于水、吸水性强、黏性强、富有延伸性的食品；豆制品则是根据豆类原料中的蛋白质凝固的特点而制成的再制品。随着科技的突飞猛进，我国粮食制品的生产加工已基本实现机械化，粮食制品的品种和数量有了飞速发展。

2）粮食制品的分类

粮食制品可分为谷类制品、薯类制品、豆制品3类。其中，谷类制品主要分为面制品和米制品两大类。面制品主要有挂面、通心粉、面筋等。米制品品种较多，主要有糯米粉、年糕、米线、锅巴、糍粑、米豆腐等；薯类制品有薯条、薯片等；豆制品品种更多，主要为大豆制品，可分为以下几类：

①豆浆和豆浆制品：用未凝固的豆浆制成，如豆浆、豆腐皮、腐竹等。

②豆腐脑制品：用点卤凝固的豆腐脑制成，如豆腐、豆干、百叶等。

③豆芽制品：如黄豆芽、绿豆芽等。

2.3.2 常用品种

1）米粉

米粉是指大米经加工磨碎而成的粉末状原料，是制作各类糕团、点心、小吃等的主要原料。米粉是一种色泽洁白，干燥松散，均匀无结块，非常细腻的粉末状固体，经温开水冲泡或煮熟后，呈润滑的糊状。

（1）品种

米粉分为生米粉和熟米粉两类。按大米的粒形及粒质的不同，所磨出的米粉有籼米粉、粳米粉、糯米粉之分；按米粉的加工方法不同，又可分为干磨粉、湿磨粉和水磨粉。米粉以我国广东、湖南、四川等省为主要产区。

①干磨粉：用干燥的大米直接磨制而成，其特点是质地干燥、松香，易于保存，使用方便。炒熟后的大米也可进行干磨，称为炒粉或干磨熟米粉。

②湿磨粉：先将大米用冷水浸泡透，捞出晾干，再磨成粉，称为湿磨粉。其特点是粉质细

腻,口感较滑,但贮存性较差。

③水磨粉:将大米用冷水泡透,连水带米一起磨成粉浆,然后装入布袋,将水挤出即为水磨粉,其特点是粉质细腻,口感软滑,色泽洁白,品质较好。

（2）品质鉴别

优质米粉色泽洁白,均匀一致,有米粉的香味,无异味。

（3）烹饪应用

在菜肴制作中,粗米粉可参与制作荷叶粉蒸鸡、粉蒸肉等菜肴;细米粉可煮粥或参与制作鸡粥、鱼粥、虾粥等菜品。籼米粉一般以制作糕点、粉条、粉卷等居多,质地松软滑爽;粳米粉一般制作糕点或与糯米粉掺和使用;糯米粉使用最广,可制作各种糕团。

2）米线

米线是以大米为原料,经洗米、浸泡、磨浆、搅拌、压条、干燥等一系列工序制成的粉丝状米制品,又称米粉、粉干等。

（1）品种

云南所产米线独具特色,为我国代表品种,其制法有二:一是取大米发酵后磨制而成,俗称"酸浆米线",具有筋骨好,滑爽回甜,滋味清香等特点,为传统制法;二是取大米磨粉后直接放入机器中挤压,靠摩擦的热度使其糊化成形,称为"干浆米线",制品具有筋骨硬、有咬口、线绵长等特点,以红河州蒙自市所产最具特色,但香味不及酸浆米线。

（2）品质鉴别

优质米线洁白如玉、有光亮和透明度,质地干燥、片形均匀、平直、松散,无结疤,无并条;无霉味,无酸味,无异味,具有米线本身新鲜味,煮熟后不糊汤、不粘条、不断条,吃起来有韧性,清香爽口,色、香、味、形俱佳。

（3）烹饪应用

米线具有熟透迅速、均匀,耐煮不烂,爽口滑嫩,煮后汤水不浊,易于消化等特点,多作主食或小吃,以炒、煮、烩、炖等方法居多,也适合火锅和休闲快餐使用。以米线制作的菜点、小吃有云南过桥米线、玉溪小锅米线、贵州牛肉米线、广东炒沙河、大锅肠旺米线、香菇炖鸡米线、麻辣米线、三鲜米线、砂锅米线、凉米线、卤米线等。

3）面筋

面筋为小麦粉加水调制成面团,静置后入水中揉洗去淀粉和麸皮,最后剩下一种浅灰色、软而有弹性的胶体状物质,又称生面筋、生筋、百搭菜、面根等。面筋色泽暗淡、黏性强、富有延伸性,但容易发酵变质,不易贮存。

（1）品种

按不同的加工方法,面筋可制成如下品种:

①水面筋:将生面筋制成块或条状后用清水煮熟,色灰白,有弹性。

②素肠:将面筋捏成扁平长条缠绕在筷子上,煮熟后抽去筷子,成为管状熟面筋,其质地、色泽均同水面筋。

③烤麸:将大块生面筋经保温发酵后,放在盘中蒸制成的大块饼状。色橙黄,质地多孔呈

海绵状,松软有弹性。

④油面筋:将生面筋摘成小团,经油炸后成圆球状,色金黄,中间多孔而酥脆,以江苏无锡所产最具特色。

(2)品质鉴别

优质面筋质呈白色,稍带灰色,具有轻微的面粉香味,有弹性,变形后可以复原,不粘手,拉伸时,具有很大的延伸性。

(3)烹饪应用

面筋是重要的素菜原料之一,广泛应用于冷菜、热菜、汤羹、小吃中。面筋可处理成卷筒状,或切成块、条、片、丝、丁、末等形状;既可作菜肴主料单用,又可与多种原料组配;适合多种味型。以面筋为主料的菜肴有炒糖醋面筋、香菇面筋、三鲜素鱼肚、双冬素大肠、红烧素肉丸、油面筋塞肉、香辣素牛肉、罗汉烧面筋等。面筋还可以熏制、干制以供久贮;面筋经发酵制成臭面筋,别有风味。

4)油皮

油皮为大豆磨浆烧煮后,豆浆表面凝结成薄膜,经揭膜晾干而成的制品,又称豆油皮、豆腐皮、豆腐衣、挑皮等。油皮为双层半圆形薄片,具有皮薄透明,半圆而不破,黄色有光泽,柔软不黏,表面光滑、色泽乳白微黄光亮等特点,我国浙江富阳、云南石屏、河北怀安所产的油皮久负盛名。

(1)品质鉴别

优质油皮颜色奶黄,薄而透明,表面平整,完整不破。

(2)烹饪应用

油皮为半干性制品,是素菜中的上等原料,泡发后质地柔软,味清淡,可单独烹制,也可与其他原料配用,切丝后经烫或煮,可供拌、炝、糟、卤等方法食用,还可用炒、炸、烧、烩、焖等方法烹制;在配制花色菜时,油皮常作卷裹料的外皮使用。用油皮制作的菜肴有素鸡、素火腿、豆油皮菇卷、腐包鸭块、海带烧豆油皮结、烩鸭丁油皮、豆腐皮包子、豆腐皮春卷等。

5)腐竹

腐竹为豆浆烧煮后,其脂肪和蛋白质上浮凝结成薄膜后经挑皮、捋直,卷成杆状,再经充分干燥而成的制品,又称油腐条、豆笋、皮棍、豆棒、豆筋棍等。

(1)品种

我国的腐竹名产有广西桂林腐竹、广东三边腐竹、河南长葛腐竹、湖南金鸡腐竹、河南陈留豆腐棍。

(2)品质鉴别

腐竹以豆浆煮后最初上浮结膜揭起并干燥者品质最好,其中,结膜的腐衣越薄越好,半透明而油亮,以淡黄色、手感柔软为佳。腐竹以每100 g结膜腐衣卷起达40根以上者质量较优。优质腐竹支条挺拔,色淡黄而有油光,外形整齐不碎,粗细均匀,质地干燥,无异味。

(3)烹饪应用

腐竹是制作素菜的上好原料,经泡发后既可单独成菜,又可与其他原料配合成菜,别有风味;腐竹可用拌、炝、卤、糟等方法制成冷菜,又可用炒、炸、烧、烩、煮等方法制成热菜,且适用于多种味型,应用广泛。用腐竹制作的菜肴有芹菜拌腐竹、卤腐竹、鸡汁腐竹、腐竹烧肉、鲜蘑腐竹、青菜烧腐竹等。

6)豆腐

豆腐是以大豆为原料,经浸泡磨浆,滤浆、煮浆、点卤等工序,使豆浆中的蛋白质凝固后压制而成。

(1)品种

豆腐色泽白嫩,质地细腻,呈长方形或正方形。按豆腐制作过程中所用的凝固剂不同,豆腐可分为南豆腐、北豆腐和内酯豆腐三大类。

南豆腐多以石膏点制,将豆腐脑倒入布包,经软压后制成,色雪白,质细嫩,味略甜而鲜。北豆腐多以盐卤点制,将豆腐脑倒入模具,经紧压制成,色乳白,味微甜略苦。内酯豆腐质地细腻有弹性,但微有酸味。另外,还有红、黄、绿等多种色彩的彩色豆腐也占据着我国的豆腐市场。

(2)品质鉴别

优质豆腐颜色乳白,有豆香味,不酸、不脱皮、不坍,切口光滑,不糊、不碎。

(3)烹饪应用

豆腐适用于多种刀工成形,如块、片、丝、条、丁、末、蓉、泥等;烹饪方法应用也较为广泛;其中,南豆腐适合拌、炒、烩、烧、制羹及汆汤等;北豆腐适合煎、炸、烧、焖、扒或用于制馅;内酯豆腐适合做凉拌菜。豆腐因自身无味,可通过鲜味原料、鲜味汤汁及多种味型赋味。以豆腐制作的菜肴有香椿拌豆腐、麻婆豆腐、平桥豆腐、镜箱豆腐、豆腐饺子、八宝豆腐、豆腐丸子等。

7)豆干

豆干是将豆腐用页面布包成小方块,或盛入模具,压去大部分水分制成半干性豆制品。其加工原料和方法与豆腐基本相同,只是含水量较少而已,豆干通常呈乳白色,质地细腻,有光泽。

(1)品种

豆干经过加入香料、酱油等调味料卤煮后称为茶干、五香茶干、酱干或卤干;经过臭卤泡制的称臭干。我国著名的豆干品种有贵州江口豆腐干、湖北柏杨豆干、广东普宁豆干、山西广灵豆腐干、安徽石矶茶干、江西会昌酱干、江苏苏州卤干等。

(2)品质鉴别

优质豆干质地细腻,有光泽,边角整齐,有一定的弹性,切开处挤压不出水,无杂质。

(3)烹饪应用

豆干可剞刀加工成兰花干,又可批片、切丝或加工成丁、粒等形状,既可作主料应用,又可与其他原料配合成菜,广泛应用于冷菜、热菜、汤羹、火锅及风味小吃中。用豆干制作的菜肴有烫干丝、芹菜拌茶干、卤兰花干、青椒炒干丝、大煮干丝、炒三丁等。

8)百叶

百叶为大豆磨浆、煮沸、点卤后,将豆腐脑舀到纱布上分批折叠压制而成的片状豆制品,百叶呈大片状,质地细腻、味道醇正,又称千张、豆腐皮、豆腐片、豆片、皮子等。

（1）品种

我国百叶的著名品种有安徽芜湖千张、江苏徐州百叶、河南永城豆腐皮、河北遵化旧寨豆片、浙江上虞霉千张、湖北红安永和皮子(分鲜皮、臭皮)等。

（2）品质鉴别

优质百叶色泽淡黄有光泽,薄而均匀,质地细腻,味道醇正。

（3）烹饪应用

百叶韧而不硬,嫩而不糯,是常用的素食烹饪原料。百叶切细丝,经烫制后既可以拌、炝,又可用于煮、烩、煲,或用于炒食;百叶切条、打百叶结可用于烧、炖;还可用极薄的百叶切大方片用于包裹炒熟的京酱肉丝等;或用百叶包裹油条作主食。运用百叶的包卷特性,也可制作素鸡、素香肠、素火腿等。以百叶制作的菜肴有香菜百叶丝、豉椒百叶、三鲜炖铺盖、千层百叶等。

9）腐乳

腐乳是用大豆或豆饼先制成腐乳白坯,然后接入培养的菌种进行发酵、腌制,加汤料、装坛、封盖而成,又称豆腐乳、酱豆腐、南乳、猫乳等,有"东方奶酪"之称。

（1）品种

腐乳根据生产工艺不同,有毛霉腐乳、根霉腐乳、腌制腐乳、细菌腐乳4种发酵类型。根据外观颜色不同可分为红色、白色、青色3种。红腐乳为腐乳坯加红曲米参与酿制而成,其特点是色红,质细嫩,有芳香味;白腐乳为腐乳坯直接加酒装坛发酵而成,表面有层米黄色皮,有酒香味,味道鲜美;青色腐乳是指臭腐乳,它在腌制过程加入了苦浆水、盐水,呈豆青色,又称青方,其特点是青白色,质细嫩,鲜而微有臭味;香糟腐乳为腐乳坯加较多的糯米酒糟入坛发酵而成,其特点是色白而带黄,上盖糯米酒糟,酒味较浓,并稍带甜味。

（2）品质鉴别

优质腐乳块形整齐均匀,质地细腻,具有腐乳特有的香气,滋味鲜美,咸淡适口,无异味、无杂质。

（3）烹饪应用

一般用作菜肴的调味料,也可作为佐餐小菜。炒生菜时用腐乳调味即成腐乳生菜;用红腐乳压制成泥,可用于腐乳扣肉等菜肴的上色、调味料;用腐乳凉拌皮蛋、香椿芽、嫩笋等,更是别具风味,回味无穷。

10）豆芽

豆芽是将豆类的种子在一定的湿度、温度条件下,无土培养的芽菜的统称。豆芽又称巧芽、豆芽菜、如意菜、掐菜、银芽、银针、银苗、芽心、大豆芽、清水豆芽、芽苗菜等。豆芽无季节限制,全国各地都有种植,特别是在北方地区,一到寒冷季节就成了主要蔬菜。

（1）品种

常见的有黄豆芽、绿豆芽、豌豆芽3种。黄豆芽胚根较粗,白色;绿豆芽、豌豆芽子叶淡绿,胚根较细。

（2）烹饪应用

绿豆芽既可直接做菜肴的主料,焯水后采用拌、炝、糟或快速爆炒成菜外,也可做菜肴的辅料或用作部分肉类菜肴的垫底料。绿豆芽烹饪时,宜大火快炒,适量放醋以保持豆芽的脆嫩,并有保护维生素 C 的作用。黄豆芽常用于炒、烧、煮、氽等烹饪方法制作热菜。用豆芽制作的菜肴有油泼银芽、芹菜拌银芽、银芽鸡丝、糖醋豆芽、豆芽炒粉丝、豆芽海带汤等。

11）粉丝

粉丝是以豆类或薯类原料经过磨粉后利用淀粉糊化和老化的原理加工成的丝线状制品,又称水粉、粉条、线粉、粉干、索粉等。

（1）品种

粉丝有干、湿两大类。刚制成的粉丝浸泡在水中出售者为湿粉,古称索粉、水粉;晒干后为干粉丝。

粉丝按原料的不同,可分为绿豆粉丝、薯粉丝和混合粉丝 3 类。绿豆粉丝是粉丝中质量最好的一种,如山东龙口粉丝;薯粉丝是以甘薯、马铃薯、木薯、蕉薯等淀粉制成的,有的掺入玉米粉或高粱粉,成品短粗,不透明,易断碎;混合粉丝是以蚕豆、玉米、甘薯等淀粉混合制成,品质优于薯类粉丝。

（2）品质鉴别

优质粉丝细长而均匀,呈半透明状,韧性强,不断条。

（3）烹饪应用

粉丝是素菜的主要原料,可制作多种菜肴、点心、小吃。干粉丝炸制后呈松泡状,可以配入菜肴,也可作为菜肴的垫衬、装饰料。用粉丝制作的菜肴有蚂蚁上树、软兜带粉、芥末拌粉丝、黄花菜烧粉丝等。

12）粉皮

粉皮在不同地区以大米、绿豆、红薯淀粉、马铃薯淀粉等原料制作,一般是磨浆后,摊平在容器或蒸具上锅蒸熟,得薄平整软皮状食品,色泽银白光洁,半透明,有弹性韧性,人们把这种皮状食品称为粉皮。

（1）品种

粉皮以纯绿豆粉制作为好,有干、湿两种;湿粉皮可就地销售,干粉皮可贮藏。我国粉皮名品有河北邯郸粉皮、河南汝州粉皮、安徽寿县粉皮等。

（2）品质鉴别

优质粉皮片薄平整,色泽亮中透绿,质地干燥,韧性较强,久煮不溶。

（3）烹饪应用

粉皮经泡发、改刀成形后,常与调味料拌和制成冷菜,也可作热菜的辅料或用作部分菜肴的垫底料。粉皮的质感和外形很像鱼皮、鳖裙,烹饪中常用粉皮代替。用粉皮制作的菜肴有鸡丝拉皮、红油拉皮、黄瓜拌粉皮、火腿蛋粉皮、汤卷、砂锅鱼头粉皮等。

任务评价

学生本人	量化标准(20分)	自评得分
成果	学习目标达成,侧重于"应知""应会" 优秀:16~20分;良好:12~15分	
学生个人	量化标准(30分)	互评得分
成果	协助组长开展活动,合作完成任务,代表小组汇报	
学习小组	量化标准(50分)	师评得分
成果	完成任务的质量,成果展示的内容与表达 优秀:40~50分;良好:30~39分	
总分		

练习实践

1. 粮食可分为哪几类? 请举例说明。

2. 粮食类原料的贮藏需要注意哪些问题?

3. 粮食制品有哪些? 请举例说明其烹饪应用。

4. 针对当地粮食种类进行调查,并写出调查报告。

单元 3

蔬菜类原料

【知识目标】

- 了解蔬菜的分类方法及烹饪应用的特点；
- 掌握各类蔬菜典型品种的特性及烹饪应用；
- 掌握蔬菜的感官检验方法。

【能力目标】

- 能识别和合理应用各种蔬菜；
- 能检验常见蔬菜的品质。

蔬菜种类繁多，富含维生素、无机盐等营养素，是维持人体健康不可或缺的一类重要烹饪原料。本单元将对主要蔬菜种类及其制品的品质特点和烹饪应用等方面进行介绍，以达到使读者能够正确认识和应用原料的目的。

任务1　蔬菜类原料概述

3.1.1　蔬菜类原料的概念

蔬菜是指可以用来制作菜肴或面点及馅心的草本植物,包括少数木本植物和部分菌藻类。

3.1.2　蔬菜类原料分类方法

植物学分类法:根据蔬菜的亲缘关系,从生理、遗传、形态特征等方面进行分类。

农业生物学分类法:根据蔬菜生长发育的习性和栽培方法,取其相似的各种蔬菜,归纳成类。

食用部位分类法:根据人们食用蔬菜的不同部位归纳分类,可分为叶菜类、茎菜类、根菜类、果菜类、花菜类、芽苗类等。

叶菜类蔬菜:以叶片和叶柄为主要食用部分的蔬菜,包括白菜类、香辛类及其他叶菜类蔬菜,如大白菜、小白菜、油菜、卷心菜、芹菜、芫荽、韭菜、葱、菠菜、生菜、苋菜、蕹菜等。

茎菜类蔬菜:以植物的嫩茎或变态茎为食用部分的蔬菜,包括地上茎类蔬菜、地下茎类蔬菜,如竹笋、芦笋、茭白、马铃薯、山药、荸荠、藕、姜、洋葱、大蒜等。

根菜类蔬菜:以植物粗大的具有食用价值的根部的一类蔬菜,如萝卜、胡萝卜等。

果菜类蔬菜:以植物的果实或幼嫩的种子为食用部分的蔬菜,包括瓠果类、茄果类、荚果类蔬菜。瓠果类蔬菜是指食用部分为瓠果,在植物学分类上属葫芦科的一类蔬菜,如黄瓜、冬瓜等;茄果类蔬菜是指以浆果供食用的茄科蔬菜,如茄子、番茄等;荚果类蔬菜主要是指幼嫩的荚为食用部分的蔬菜,如扁豆、四季豆、荷兰豆、菜豆等。

花菜类蔬菜:以植物的花部为食用部分的蔬菜,如花椰菜、青花菜等。

芽苗类蔬菜:以植物的嫩芽为食用部分的蔬菜,如香椿芽、豌豆苗、萝卜苗、绿豆芽等。

3.1.3　蔬菜类原料的烹饪应用

蔬菜类原料是烹饪原料的重要部分,在烹饪行业中有着非常广泛的应用。蔬菜类原料在菜肴中既可作主料又可作辅料,应用极广。绝大多数蔬菜可作为主料制作菜肴,如山东的奶汤菜心、拔丝山药,江苏的烧二冬,四川的开水白菜,广东的炒空心菜等。蔬菜作辅料,可以和肉、鸡、鱼、鸭等动物性原料搭配制作菜肴,如芹菜炒肉丝、鸡丝银芽、瓜姜鱼丝、紫芽姜爆仔鸭、萝卜丝鲫鱼汤等。

1)部分蔬菜类原料是重要的调味蔬菜

部分蔬菜有着重要的调味作用,能除去异味,增加风味,如葱、姜、蒜等。有很大一部分菜肴都需要用它们作矫味,如在炖羊肉时适量加入胡萝卜和萝卜,能起到去膻味的功效。另外,葱、姜、蒜、辣椒等还能起到重要的调味作用,如葱、姜、蒜在某些菜肴中有特殊的芳香气味,辣椒则是菜肴中产生辣味的重要原料。

2)部分蔬菜类原料是面点中重要的馅心原料

很多蔬菜可以在面点中制作馅心,如韭菜、白菜、荠菜、萝卜等,可以制作水饺、蒸包、花色蒸饺等面点的馅心。蔬菜可作素馅的原料,也可和动物性原料搭配作为荤馅制作面点,如韭菜猪肉水饺、白菜猪肉蒸包、春卷等。

3)某些蔬菜是食品雕刻的重要原料

食品雕刻的原料大部分是蔬菜,特别是瓜果类、块根类等,如萝卜、黄瓜等可以雕刻成花、鸟、虫、草等,用来装饰菜肴。

另外,有些蔬菜还可代替粮食作主食,如马铃薯、南瓜、芋头等。

 任务2　叶菜类蔬菜

3.2.1　白菜类蔬菜

1)大白菜

大白菜又称结球白菜、黄芽菜。

(1)品种

大白菜原产地为地中海沿岸和中国。长江以南为主要产区,种植面积占秋、冬、春菜播种面积的40%～60%。20世纪70年代后,中国北方栽培面积也迅速扩大,各地普遍栽培。其栽培面积和消费量在中国居各类蔬菜之首,主要产于山东、河北等地。大白菜主要品种有山东胶州大白菜、北京青白、东北大矮白菜、天津青麻叶、山西阳城大毛边等。大白菜上市季节是9—11月。

(2)品质鉴别

优质大白菜包心紧实,外形整齐,无老帮、黄叶、烂叶、病虫害和机械损伤。

(3)烹饪应用

大白菜烹饪,即可作主料用泡、腌、糟、拌、炝等烹饪方法制作冷菜,又可用炒、煸、熘、蒸、煮、烧、扒、焖、炖、煨等烹饪方法制作热菜。大白菜也是良好的配料,既可与多种原料配伍后烹制菜肴,又可经焯水后包裹其他原料成菜,大白菜斩碎后可用于制馅包包子、水饺,或用于煮菜饭、菜粥等。大白菜除供制作熟食外,还可加工为菜干或制成腌制品。以大白菜制作的菜肴有酸辣白菜、鲜橘拌菜心、芥末墩儿、醋熘白菜、白菜炒肉丝、烂糊白菜、蟹粉扒白菜、奶油扒白菜、大白菜煨火腿、开水白菜等。

2)小白菜

小白菜又称青菜,生长期较短,适应性强,质地脆嫩,原产中国,在南方广泛栽培。

（1）品种

根据形态特征、生物学特性及栽培特点,白菜可分为秋冬白菜、春白菜和夏白菜,各包括不同类型的品种。

秋冬白菜:中国南方广泛栽培,品种多。株形直立或束腰,以秋冬栽培为主,依叶柄色泽不同分为白梗类型和青梗类型。白梗类型的代表品种有南京矮脚黄、常州长白梗、广东矮脚乌叶、合肥小叶菜等。青梗类型的代表品种有上海矮箕、杭州早油冬、常州青梗菜等。

春白菜:植株多开展,少数直立或微束腰。冬性强、耐寒、丰产。按抽薹早晚和供应期又分为早春菜和晚春菜。早春菜的代表品种有白梗的南京亮白叶、无锡三月白及青梗的杭州晚油冬、上海三月慢等。晚春菜的代表品种有白梗的南京四月白、杭州蚕白菜等及青梗的上海四月慢、五月慢等。

夏白菜:夏秋高温季节栽培,又称"火白菜""伏菜",代表品种有上海火白菜、广州马耳白菜、南京矮杂一号等。

（2）品质鉴别

优质小白菜无黄叶、烂叶,不带根,外形整齐。

（3）烹饪应用

小白菜既可作主料用炒、炸、煮、烧、炖、烩等烹饪方法制作菜肴,又可与其他原料配伍成菜,还可切碎腌制后调拌做开胃小菜。小白菜心经过修整并烹饪成熟后可用于多种菜肴的装饰、围边;小白菜叶切细丝油炸可制成菜松,可用于花式冷盘及部分面点的配色、装饰料;小白菜切碎后还可用于制馅或烹制小白菜焖饭、小白菜烫饭、小白菜粥等。用小白菜制作的菜肴有香菇炒小白菜、干贝烧菜心、扒瓢菜心、翡翠烧卖、小白菜焖饭等。

3）乌塌菜

乌塌菜又称瓢儿菜、油塌菜、太古菜、塌棵菜,叶成椭圆形或倒卵形,叶色浓绿至墨绿,叶面平滑或皱缩,主产于长江流域,以上海、南京一带栽培较多,为冬季的主要蔬菜之一。

（1）品种

按叶形及颜色可分为乌塌菜和油塌菜两类。乌塌菜叶片小,色深绿,叶多皱缩。代表品种有小八叶、大八叶。油塌类是乌塌菜与油菜的天然杂交品种,叶片较大,浅绿色,叶面平滑。代表品种有黑叶油塌菜。按乌塌菜植株的塌地程度可分为塌地类型和半塌地类型。塌地型植株塌地与地面紧贴,代表品种有常州乌塌菜,叶椭圆形或倒卵形,墨绿色,叶面微皱,有光泽,全缘,四周向外翻卷,叶柄浅绿色,扁平,生长期较长,品质优良。半塌地型植株不完全塌地,代表品种有南京瓢菜,叶片半直立,叶圆形、墨绿色,叶有皱褶,叶脉细稀,叶全缘,叶柄扁平微凹,白色,叶尖外翻,有菊花心之称。

（2）品质鉴别

优质乌塌菜叶色深绿,呈卵圆形,外形整洁,质嫩清香,无黄叶、烂叶。

（3）烹饪应用

乌塌菜可作主料单独成菜,也可配豆制品、面筋及诸多原料制作菜肴。烹饪乌塌菜用油较多,一般切成片状,适宜烧、煮、焖、炖、熬等长时间加热的烹饪方法,从而使其滋味完全释放出来,而且口感柔软糯烂,也可用于炒制或氽汤。调味时忌加酱油,以保持其清淡特色。用乌塌菜制作的菜肴有冬笋炒乌塌菜、羊肚菌烧乌金白、塌菜鲜菇、塌菜冻豆腐、乌塌菜炒豆干。

3.2.2　香辛类蔬菜

1)芹菜

芹菜又称旱芹、药芹,叶柄发达,中空或实心,色绿白或绿黄,有特殊香味。我国南北各地均有栽培,四季生产。

(1)品种

芹菜按照叶柄颜色有白芹、青芹之分。白芹比较细小,淡绿色叶柄细长呈黄白色,植株较矮小柔弱,香味浓,品质好,易软滑。其主要品种有贵阳白芹、昆明白芹和广州白芹。青芹叶片较大,绿色,叶柄粗,植株高而强健,香味浓,软化后品质较好。

(2)品质鉴别

芹菜按其呈柄组织结构,可分为空心芹菜和实心芹菜。空心芹菜根大,空心,叶细长,柄呈绿色,香味浓,纤维较粗,品质较差,一般作馅心或菜码;实心芹菜根小,叶柄宽,实心,香味较淡,纤维较细小,质地脆嫩,一般多作炒、拌用。

(3)烹饪应用

芹菜以其嫩茎叶供烹饪使用。芹菜可做主料,也可与其他原料配用;刀工成形以成段较多。芹菜经水烫、刀工处理后既可与配料、调料一同拌、炝制成冷菜,又可制成馅心使用。热菜方面,芹菜多采用爆、炒、熘等烹饪方法与其他原料烹制成菜,也可作为部分肉类菜肴的垫底料。用芹菜制作的菜肴有芹菜炒肉丝、干丝拌芹菜、虾米炝芹菜、牛柳炒芹菜、芹菜炒干贝等。

2)西芹

西芹又称西洋芹菜,是芹菜的一个变种,其外形与芹菜相似,株形较芹菜大,纤维比芹菜少,故更脆嫩。西芹叶柄发达,色翠绿,有特殊香味,脆嫩爽口。原产于地中海沿岸的沼泽地带,是欧美各国主要蔬菜之一,我国自20世纪80年代中后期引入,沿海及大中城市都引种栽培。一般秋冬季收获较多。

(1)品种

西芹分黄色种、绿色种和杂色种3种。

(2)烹饪应用

西芹食用方法较多,可生食凉拌,可荤素炒食、做汤、做馅、做菜汁、腌渍等。其汁可直接和面制成面条或饺子皮,极有特色。

3)荷兰芹

荷兰芹又称洋芹菜、香芹,羽状复叶,叶面卷曲,呈鸡冠状,叶缘有深锯齿,叶色浓绿,叶味辛香软嫩,风味独特。荷兰芹原产欧洲南部地中海沿岸,产季一般在1—5月。

(1)品种

普通香芹或称板叶香芹:主根肉质,呈长圆锥形。平直,叶缘缺刻粗大而尖,主根可食或作药用。叶片适用于做调味汁和酱汁。

芹叶香芹或称那不勒斯的香芹:这类型品种与普通香芹相似,区别在于其植株较大型,叶片和叶柄比之粗厚。食用方法类似芹菜。

皱叶香芹和矮生皱叶:香芹叶缘缺刻细、深裂而卷曲,并成三回卷皱,如重瓣鸡冠状。矮生皱叶香芹的基生叶成簇平展生长,叶片呈宽厚的羽毛状。外观雅致,用于作"青枝绿叶"装饰菜肴或沙拉。

蕨叶香芹:叶片不卷皱,但深裂成许多分离的细线状,外观轻而优美,主要用作盘菜的装饰。

(2)烹饪应用

荷兰芹是西餐中不可缺少的辛香菜,现中餐的应用越来越多,一般作为菜品装饰、生食和制汤。

4)芫荽

芫荽又称香菜,叶小茎细,色泽浓绿,质地脆嫩,具有浓烈的芳香气味。芫荽原产欧洲地中海地区,中国西汉时张骞从西域带回,现我国各地均有栽培。芫荽四季均产,但以秋冬季应用较多。

(1)品种

优质芫荽色泽青绿,香气浓郁,质地脆嫩,无黄叶、烂叶。

(2)烹饪应用

芫荽烹饪,多见生食,最宜以幼株焯水后凉拌,清香扑鼻,或取嫩茎叶配以其他原料爆炒,还可用作部分熟菜的点缀和冷盘的装饰。因为芫荽的叶子和种子具有挥发性的芫荽油,所以烹饪中多取芫荽调味,以起到去腥味和增进食欲的作用。牛、羊肉菜肴中加芫荽,可以去腥增味,别有风味。另外,芫荽还可腌制或晾干,供长年食用。用香菜制作的菜肴有芫荽拌干丝、芫荽拌生仁、芫荽爆肚片等。

5)葱

葱又称青葱、大葱、汉葱、直葱、四季葱,主要产于淮河、秦岭以北黄河中下游地区。分葱和细香葱则以南方栽培较多。韭葱我国只有少数地方栽培。大葱11月初上市。葱可以四季常生,终年不断,但主要是以冬、春两季较多。

(1)品种

普通大葱:植株较高,假茎粗长,可做蔬菜食用或调味。

分葱:又称小葱。菜葱为大葱的变种。假茎细而短,主要用于调味。

香葱:又称细香葱、北葱等。植株小,叶极细,质地柔嫩,味清香,微辣,主要用于调味。

楼葱:又称观音葱,为大葱的变种。鳞茎叠生如楼,葱叶短小,质量较差。

我国著名的大葱品种有山东的章丘大葱、鸡腿葱等。章丘大葱白长而粗,纤维少,肥大脆嫩多汁,辣味淡,稍有清甜之味,称为"大梧桐"。鸡腿葱形似鸡腿,茎洁白粗厚,品质致密,味道辣香浓郁,葱白短。

（2）品质鉴别

优质鲜葱植株粗细均匀,葱叶翠绿,葱白肥厚,气味芳香,无烂叶、黄叶。

（3）烹饪应用

葱可以加工成丝、段、末、马蹄葱、灯笼葱等。葱甘甜脆嫩,既可生食,又是烹饪中常见的调味料,可起到去腥解腻调和多种口味的作用,很多较油腻的菜肴都要配生大葱同食。无论是爆、炒、熘、煎,还是烧、烩、蒸、煮或者调制汤汁,都可用葱花、葱丝、葱末炝锅,使其呈现出浓郁的葱香味。凉拌菜也常利用葱制作葱油、葱油泥、葱椒油等增香提味。葱也是一种很好的配料,可与其他原料烹制多种风味菜肴。另外,葱在主食和面点中的应用也很广泛。用大葱制作的菜肴有葱扒海参、葱烧蹄筋、葱爆羊肉、葱扒鸭、葱炖猪蹄、大葱卷煎饼、葱油饼、葱油卷等。

6）韭菜

韭菜为多年生宿根草本植物,分蘖力强,"一种而久,故谓之'韭菜'",又称起阳草、壮阳草、懒人菜、山韭、扁菜等。韭菜叶细长扁平而柔软,翠绿色,原产亚洲东部,现我国各地已普遍栽培,韭菜四季均有,但因韭菜喜凉冷天气,故以春、秋为佳。

（1）品种

韭菜按其食用部位的不同分为叶韭、花韭、叶花兼用韭。叶韭的叶片较宽而柔软,抽薹少,以食叶为主。叶韭可分为宽叶韭和细叶韭两种。宽叶韭叶面宽而柔软,叶色淡绿,纤维少,但香味不及细叶韭,性耐寒,在北方有较多栽培;细叶韭叶面狭小而长,色深绿,纤维较多,香味浓,性耐热,在南方有较多栽培。

韭菜按栽培方法的不同可分为盖韭、冷韭、敞韭、青韭、黄韭。其多为冬春在保护地里栽培,其质地鲜嫩,含水量大,但怕风、怕热、怕晒、怕冷。我国著名的品种有陕西汉中的冬韭,山东寿光九巷的马蔺韭,甘肃兰州的小韭等。

（2）品质鉴别

优质韭菜植株粗壮,叶肉肥厚,无烂叶、黄叶。

（3）烹饪应用

韭菜既可生食也可熟食。既可做主料炒食,又可与其他原料(如肉丝、鳝丝、螺蛳、绿豆芽、土豆丝、百叶丝、粉丝、干丝等)配菜;还可切碎后用于制馅。韭菜花还可腌制韭花酱等开胃调味料等。用韭菜制作的菜点有韭菜炒肉丝、韭菜炒螺蛳、韭菜炒鳝丝、韭菜炒绿豆芽、韭菜饺子、韭菜饼、韭菜春卷等。

7）茼蒿

茼蒿又称同蒿、蓬蒿,叶呈倒卵状,叶狭小而薄。茼蒿的品种根据叶片大小分为大叶茼蒿和小叶茼蒿两类。茼蒿的茎和叶可以同食,质地柔软,纤维少,我国大部分地区均有栽培。冬、春及夏初采食。

（1）品质鉴别

优质茼蒿叶色嫩绿且厚、纤维少、香味浓者为佳;其中,大叶茼蒿嫩枝短而粗,小叶茼蒿嫩枝细。

（2）烹饪应用

茼蒿的嫩茎叶最宜氽汤，但不耐烧煮，应在汤接近做成时氽入并及时起锅。

茼蒿焯水后可拌食，也可用于炒、烧（加热时间不宜长）等烹饪方法成菜，也可将茼蒿炒熟后用于部分肉类菜肴的围边装饰。茼蒿嫩茎可作主料炒食，又是多种菜肴的良好配料，还可用于制馅，应用广泛。用茼蒿制作的菜肴有茼蒿拌香干、蒜蓉茼蒿、清炒茼蒿、茼蒿秆炒腊肉、鱿鱼炒茼蒿、海蛎子茼蒿炖豆腐、文蛤茼蒿汤、茼蒿菜饭、茼蒿烧卖等。

3.2.3　其他叶菜类蔬菜

1）卷心菜

卷心菜又称结球甘蓝、包心菜、圆白菜、洋白菜，叶片厚，卵圆形，叶柄短，叶心包合成球。卷心菜原产地中海沿岸，现我国各地均有栽培。

（1）品种

卷心菜按颜色可分为两种：一种是淡绿色，在我国产量最多；另一种为紫色。按叶球形状的不同，可分为尖头形、圆头形、平头形。

尖头形卷心菜叶球较小，呈牛心形，叶球内茎高，结球不太紧实，成熟于5—6月。圆头形卷心菜叶球中等，叶球内茎较短，结球结实，品质较好，耐存放，6月上市。平头形卷心菜叶球大而扁，叶球内茎短，结球紧实，品质佳，7月或10月上市。

（2）品质鉴别

优质卷心菜新鲜清洁、叶球紧实、形状端正、不带烂叶、无病虫害。

（3）烹饪应用

卷心菜适用于炒、拌、炝及制汤，可利用其叶片大的特点卷上馅，做菜卷。可将生的卷心菜切碎，加入蛋黄酱、色拉调料、酸性稀奶油、醋等做成菜丝色拉；也可加工成酸泡菜食用；还可与多种肉类、其他蔬菜一起煮、炒、煎和烤。需要注意的是，烹饪过度会使香味丢失而产生不良的味道，也会大大减少其营养价值，因此，在烤、炒、煮时，应在最后加入卷心菜。用卷心菜制作的菜肴有卷心菜泡菜、芝麻拌卷心菜、卷心菜炒肉丝、醋熘卷心菜等。

2）菠菜

菠菜又称菠薐菜、赤根菜，原产于伊朗，现我国各地已普遍栽培，我国北方以秋季栽培和冬播春收为主，南方则春、秋、冬均可栽培。

（1）品种

菠菜按种子形态可分为有刺种和无刺种两个变种。有刺种（尖叶类型），果实菱形有刺，叶较小而薄，因质地柔软，涩味小，适合食用。无刺种（圆叶类型），果实为不规则的圆形，无刺，叶片肥大，多皱褶，卵圆形、椭圆形或不规则形，叶柄短。

尖叶菠菜品种有黑龙江的双城尖叶、北京尖叶、绍兴尖叶等。圆叶菠菜品种有广东圆叶、春不老菠菜、美国大圆叶等。

绍兴尖叶菠菜叶片宽，呈三角形，叶肉厚，质柔嫩，食味鲜，霜后更加鲜甜可口。叶片光滑无毛,色浓绿,霜冻后转紫红色,主根发达粗大,圆锥形,可食用,侧根稀而小。

大圆叶菠菜从美国引入,叶片卵圆形或三角形,叶片肥大,叶面多皱褶,色浓绿。品质甜嫩,春季抽薹晚,产量高,品质好。东北、华北、西北均有栽培。

(2)品质鉴别

优质菠菜色泽浓绿,根为红色,不着水,茎叶不老,无抽薹开花,不带黄叶、烂叶。

(3)烹饪应用

菠菜软嫩翠绿,在烹饪中应用广泛,适合锅塌、凉拌、炒、制汤等烹饪方法。可作主料制作菜肴,还可作辅料,制作菠菜松用于垫底或围边,因其色泽翠绿,在辅料中可起点缀菜肴的作用。菠菜不可加热过度,以防其不鲜嫩或色泽不佳。菠菜含有较多草酸,烹制前应先在开水中焯一下以去掉大部分草酸。菠菜切碎后还可用于制馅、做菜汁。菠菜因其不显味且不抢味,因此适合味型较广。用菠菜制作的菜肴有姜汁菠菜、芝麻菠菜、菠菜松、椒盐菠菜心、炒菠菜粉丝、菠菜猪肝汤等。

3)苋菜

苋菜又称米苋,在我国南北各地均可生产,有人工栽培,也有野生。产季:苋菜性耐热,北方产于夏季,南方春、夏、秋季皆产。

(1)品种

苋菜按其叶片颜色的不同,可以分为绿苋叶、红苋叶和彩苋叶3种类型。

绿苋叶:片绿色,耐热性强,质地较硬。品种有上海的白米苋、广州的柳叶苋及南京的木耳苋等。

红苋叶:片紫红色,耐热性中等,质地较软。品种有重庆的大红袍、广州的红苋及昆明的红苋菜等。

彩苋叶:片边缘绿色,叶脉附近紫红色,耐热性较差,质地软。品种有上海的尖叶红米苋、广州的尖叶花红等。

(2)品质鉴别

优质苋菜叶片肥嫩,无病斑、虫害、干叶、烂叶。

(3)烹饪应用

苋菜烹饪时,以其嫩茎叶配蒜瓣清炒见多,也可将苋菜焯水后用调味料拌食,或用于肉类菜肴的垫底、围边等。苋菜还可制作汤羹,或做火锅类的涮料。老熟后的苋菜茎粗而中实,可供腌食。腌存久后,具独特的臭味,汁成糊状,为江苏、浙江等地民间所常用,除了可直接做小菜外,还可用于蒸鸡蛋、豆腐等,生臭熟香;苋菜也可用于煮制菜粥、菜饭,或下入汤面,用于制馅等。用苋菜制作的菜点有蒜蓉炝苋菜、清炒苋菜、鱼蓉苋菜羹、蟹蓉烩苋菜、紫苋粥等。

4)生菜

生菜又称叶用莴苣,原产地中海沿岸,现我国各地均有栽培,以南方种植较多。生菜一般四季均可生长。

(1)品种

生菜可分为结球生菜、散叶生菜和皱叶生菜3种类型。结球生菜叶卷成球形的,又分为青口、白口、青白口3种。青口叶球呈扁圆形,个较大而结球较结实,深绿色、品质较粗糙;白口叶片较薄,结球较松散,品质细嫩;青白口为青口和白口的杂交品种,品质特点介于两者之间。散叶生菜又称花叶生菜,叶散生,不结球,叶长薄,呈淡绿色。皱叶生菜又称玻璃生菜,叶面皱缩有松散叶球。

(2)品质鉴别

优质生菜不带老帮,茎色带白,无黄叶、烂叶,不抽薹,无病虫害,不带根和泥土者为佳。不新鲜的生菜会因为空气氧化的作用而变得好像生了锈斑一样,不能食用。

(3)烹饪应用

生菜脆嫩爽口宜生食,可直接蘸酱食用,既可将洗净的生菜叶切片或丝、粒用于调拌沙拉酱生食,又可与熟肉、红肠、奶油等原料夹入面包中食用,还常将生菜作为部分热菜的垫底装饰原料。生菜又可熟食,烹饪方法以炒、煎、汆、涮、蒸为多;生菜烫熟后,既可用于凉拌,又可作为外皮来包裹其他原料后用于蒸食或煎炸;生菜汆汤,宜在汤料接近出锅时放入并及时出锅;在诸多的火锅菜肴中,用生菜做素食涮料也独具特色。用生菜制作的菜肴有蚝油生菜、清炒生菜、油泡生菜等。

5)莼菜

莼菜又称水葵、浮菜、湖菜、水荷叶等,为多年水生草本植物。叶片椭圆形、深红色,因细长的叶柄上升而浮于水面,叶背与茎上有胶状透明物质,以其嫩梢和初生卷叶供食。

莼菜适宜于在清水池中生长。莼菜原产我国,现分布于亚洲东部和南部、非洲、北美各国,我国主要分布于长江以南的太湖、西湖、洞庭湖等地,以浙江萧山湘湖产量最大。

莼菜性喜温暖,春、夏两季,采摘嫩叶作蔬菜。现已有罐头产品,四季皆可供应。秋季植株老衰时,叶小而微苦,可作猪饲料。

(1)品质鉴别

优质莼菜无污泥、无杂质、嫩梢短而粗壮、嫩叶新鲜、卷叶包紧、外层有较多的黏胶质包裹。

(2)烹饪应用

莼菜由于有黏液,所以食用时口感滑润、风味淡雅,适合拌、炝、烩、炒等烹饪方法,也可作多种菜肴的辅料。烹饪时不宜加热过度,可先焯水后再放入汤中或菜中。莼菜最宜做汤,如西湖莼菜汤、莼菜汆塘鳢鱼、鸡丝莼菜汤、湖米拌莼菜、莼菜黄鱼羹等。

6)荠菜

荠菜又称荠、净肠草、血压草、清明草等。荠菜在我国各地均有栽培,主要长于荒野山地,原为野菜,其人工栽培历史短,20世纪50年代在上海开始推广,栽培品种有板叶荠菜、散叶荠菜。荠菜一直被视为春季野菜佳品。

(1)品质鉴别

优质荠菜颜色为深绿色,根粗、须长、无开花。

(2)烹饪应用

荠菜的烹饪方法包括炒、拌和制汤、作馅心等,用荠菜制作的菜肴有荠菜丸子、荠菜鱼卷、荠菜鸡片、荠菜春卷、荠菜饺子等。

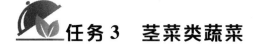

任务3 茎菜类蔬菜

3.3.1 地上茎类蔬菜

1)竹笋

竹笋又称笋,即竹类的嫩茎。竹笋主要分布在珠江流域和长江流域。

(1)品种

以竹笋供食用的竹子有毛竹、桂竹、慈竹、淡竹等十多个品种。按竹笋的收获季节可分为冬笋、春笋和夏末秋初的笋鞭。冬笋为冬季竹在地下的嫩茎,色嫩黄、肉厚质脆、味清鲜,质量最佳;春笋为春季竹子破土而出的毛笋,色黄、质嫩味美,质量次于冬笋;笋鞭为夏秋间芽横向生长成的鞭前端幼嫩部分,笋体瘦长、色白质脆、味鲜,质量次于冬笋。

(2)品质鉴别

鲜竹笋细嫩、肉厚质脆、味清鲜、无异味。

(3)烹饪应用

刀工成形时可加工成块、片、丝、丁、条等,适宜焖、卤、烧、炖、蒸、煨等多种烹饪方法。竹笋可作主料制作油焖冬笋、虾子烧冬笋、火腿蒸笋鞭、红烧冬笋、干烧冬笋、炝冬笋、番茄笋尖、糟烩春笋等多种菜肴,上至山珍海味,下至普通原料,均可用笋作辅料制作菜肴。

2)芦笋

芦笋学名石刁柏,又称龙须菜。芦笋多年生宿根草本植物。芦笋的根状上有鳞芽,鳞芽春季自地下茎抽生嫩茎,白色,经软化后可供食用。芦笋在春季收获。

芦笋原产欧洲、地中海、亚洲西部和小亚细亚周边,现世界各地均有栽培,其中以美国和我国台湾地区最多。近年来,我国内地栽培量逐渐增多。

(1)品种

芦笋的品种按嫩茎抽生分早熟型、中熟型、晚熟型3种。芦笋在未出土前采收的幼茎色白,称为白芦笋,适宜加工罐头;出土后见阳光变成绿色,称为绿芦笋,适宜鲜食。绿芦笋虽不如白芦笋柔嫩,但香味浓、栽培省工、收获方便,可以密植、产量高。芦笋的鲜品多在产地供应,但加工成罐头,既便于储存,又便于运输,故现在芦笋罐头应用较多。

(2)品质鉴别

鲜芦笋尖端紧实、无空心、不开裂,清洁卫生。

(3)烹饪应用

芦笋在烹饪中刀工成形较少,一般是整条或切段使用,适合炝、扒、烩、锅塌等烹饪方法。芦笋作主料时可以制作白扒芦笋、锅塌芦笋、炝芦笋、鸡蓉芦笋等菜肴,也可作辅料,用芦笋制作菜肴时不宜加热过度。

3）莴苣

莴苣又称茎用莴苣,其茎肥大如笋,故又称莴笋。莴苣在我国除华南栽培较少外,遍及南北各地。莴苣秋、冬、春季皆产。

（1）品种

莴苣分尖叶莴苣和圆叶莴苣。尖叶莴苣为披针形,前端尖、叶簇较小,茎似上细下粗的棒状;圆叶莴苣叶片呈长倒卵形,顶部稍圆,叶面多皱,叶簇大,茎粗大,中下部较粗,品质较好。

（2）品质鉴别

优质莴苣外形直、粗长、皮薄肉质脆嫩、水分多、不蔫萎、不空心、无泥土。

（3）烹饪应用

莴苣肉质脆嫩、色翠绿,在烹饪中应用广泛,刀工成形时可加工成块、片、条、丝、丁等。莴苣适宜于生拌、炝、炒等烹饪方法,既可作主料,如海米拌莴苣、炝莴苣、珊瑚莴苣等,又可作多种菜肴的辅料,如可与鸡、鱼、虾、肉等多种原料搭配制作菜肴。莴苣肉质呈淡绿色,在菜肴中还能起到改善色泽的作用。

4）茭白

茭白又称茭笋、菰等。茭白为多年生水生宿根草本植物,根际有白色匍匐茎,春季萌生新株。初夏或秋季抽生花茎,经蔬黑粉菌侵入寄生后,不能正常抽薹开花而刺激其细胞增生,形成肥大的嫩茎,即食用的茭白。茭白外披绿色叶鞘、顶部尖、中下部粗,略呈纺锤形。茭白原产我国,主要分布在长江以南的水泽地区,特别是江浙一带较多;北方黄河中下游流域,如山东济南等地也有少量出产。

（1）品种

茭白按照采收季节茭白可分为单季茭和双季茭两种。单季茭春夏栽培,每年一熟,可连续收获2~3年,主要品种有杭州象牙茭、常熟寒头茭、广州大苗茭和软尾茭。双季茭一年可收两次,主要品种有无锡刘潭茭、广益茭、苏州小蜡茭、中秋茭和杭州梭子茭等。

（2）品质鉴别

优质茭白嫩茎肥大、肉洁白。

（3）烹饪应用

茭白肉质爽口柔嫩、色泽洁白、纤维少、味清香,可刀工成形为块、片、丁、条、丝等多种形状,适宜于拌、炝、烧等多种烹饪方法。又因其无特殊口味,所以可以和鸡、鱼、肉等多种原料搭配制作菜肴。作主料时可制作虾子炝茭白、海米烧茭白、糟煎茭白、奶汤茭白等菜肴。茭白也可制作面点馅心。

5）蒲菜

蒲菜又称香蒲、蒲草、甘蒲、蒲笋、蒲儿根、蒲儿菜等。食用部分:一是叶鞘互相抱合而成的假茎;二是地下根状茎前端的嫩芽;三是花茎。蒲菜生于水边或池沼内,主产于我国淮河流域,以江苏淮安天妃宫湖区所产质量最好;黄河流域的山东大明湖产的质量次之;我国其他一些地区也有零星栽培。

（1）品质鉴别

优质蒲菜根茎色泽牙白，新鲜脆嫩，略带甘甜。

（2）烹饪应用

蒲菜酥脆，清香可口，既可作主料用大火爆炒成菜以保持脆嫩，又可焯水后以鲜汤赋味用于烧、扒、蒸、烩等烹饪方法制作菜肴；还可辅助肉类原料用于炖、焖、煮、煨等烹饪方法。蒲菜还可与猪肉一同制馅。用蒲菜制作的菜肴有火腿炒蒲菜、口蘑炒蒲菜、开洋扒蒲菜、蒲菜炖斩肉、奶汤蒲菜等。

6）水芹

水芹又称水葵、刀芹、蒲芹、蜀芹、路路通等。水芹一般在冬、春季采收应市，我国以江西、浙江、广东、云南和贵州栽培面积较大。

（1）品种

水芹分尖叶芹和圆叶芹两种。尖叶芹纤维较多，香味淡，品质较差；圆叶芹纤维少，香味浓，如无锡的圆叶芹、常熟白芹等。

（2）品质鉴别

优质水芹叶柄组织较致密，纤维少，香味浓。

（3）烹饪应用

水芹清香鲜嫩，最宜炒食。水芹既可清炒，又可与其他原料配用，还可焯水后切碎，与其他原料拌食，也可制馅，风味别致。用水芹制作的菜肴有开洋拌水芹、水芹炝香干、水芹炒肉丝、水芹炒肉皮丝、水芹炒干子等。

3.3.2　地下茎类蔬菜

1）马铃薯

马铃薯又称土豆、地蛋、山药蛋等。马铃薯为多年生草本植物，地下块茎呈圆、卵、椭圆等形，有芽眼，皮有红、黄、白或紫色。马铃薯原产南美洲，现我国各地均有栽培。马铃薯产于初夏，耐贮存，故全年均有供应。

（1）品种

马铃薯按块茎的皮色分为白、黄、红、紫皮4种；按薯块的颜色分为黄肉种和白肉种；按形状分为圆、椭圆、长圆和卵圆；按块茎的成熟期分为早熟、中熟、晚熟。

（2）品质鉴别

优质马铃薯皮薄、体大、表面光滑、芽眼浅、肉质细密，握在手中稍沉甸。

（3）烹饪应用

马铃薯便于成形，本身滋味清淡，呈淡黄色，在烹饪中有着广泛的应用。它适宜多种刀工成形，无论丁、丝、条、片、块、蓉、泥皆可，适用于炸、炒、炖、烧、拔丝等多种烹饪方法。马铃薯作主料时可制作炸土豆片、炒土豆丝、土豆烧牛肉、拔丝土豆等菜肴，还可作辅料和鸡、肉、鱼等搭配制作菜肴。

马铃薯含有多酚类的鞣酸,切制后在氧化酶的作用下会变成褐色,故切制后应放入水中浸泡一会儿并及时烹制。发芽的马铃薯含有对人体有毒的物质龙葵素,所以发芽的马铃薯不能食用。

2)山药

山药又称薯蓣、淮山药等。山药为多年生缠绕藤本植物,地下茎是呈圆柱形肉质的块茎。山药块茎周皮褐色、肉白色,表面多生须根。山药产于秋季,耐贮藏。

(1)品种

山药可分为普通山药(也称家山药)和甜薯两大类。普通山药在我国中部和北部栽培较多,块茎圆较小。甜薯在台湾、广东、广西、江西等地栽培较多,块茎特大,有的重5 kg以上。山药按形状可分为扁形、块形、长柱形。扁形其块茎形扁似掌,块形其茎呈不规则的团块,长柱形其茎块呈柱形。我国南北各地均有栽培,以河南沁阳、博爱、武陟、温县一带的怀山药最为著名。

①铁棍山药:历史悠久,《本草纲目》已有记载,自古就有“山药家族之王”的称号。铁棍山药的生长对气候和环境的要求很高,国内唯有河南省温县出产。铁棍山药粗细均匀,毛须略稀,表皮颜色微深,并可见特有的暗红色“锈斑”,粉性足,质腻,折断后横断面呈白色或略显牙黄色,入水久煮不散。手持两根撞击,铿锵作响而不易折断,故名“铁棍山药”。

②怀山药:河南省沁阳市种植的山药,产量大,品质优,全国驰名,被医家称为“怀山药”,自明清以来形成地道药材,是著名的“四大怀药”之一。怀山药根茎肉质肥厚,略呈圆柱形,垂直生长,外皮灰褐色,生有须根。茎细长,蔓性,通常带紫色,有棱,光滑无毛。

③脚板薯:又称脚板薯,为四川省盐边县地方品种。块茎呈不规则的脚板形,外皮浅黑褐色,肉白色。块茎脆嫩细滑,淀粉含量高,煮食汁浓味甜带粉,风味颇佳,品质好。

(2)品质鉴别

优质山药身干坚实、粗壮肥厚、粉性足、色洁白、没有腐烂及枯干情形、无损伤。

(3)烹饪应用

山药肉质脆嫩,易折断、多黏液,在烹饪中作辅料,用旺火速成的烹饪方法其质地仍很脆嫩,作主料时一般应较长时间加热,煮熟后软糯适口。刀工成形时可加工成块、片、条、蓉、泥等。山药作主料时,主要以甜菜为主,可制成拔丝山药、蜜汁山药等。山药还可作辅料,也是制作素菜的重要原料,可制成素排骨、素鱼等。

3)芋头

芋头又称芋艿、毛芋头等。

(1)品种

我国各地均有栽培,以南方栽培较多,著名的品种有广西荔浦芋头、台湾槟榔芋头、浙江奉化芋头等。

(2)品质鉴别

优质芋头外观肥大且呈圆形或椭圆形、节上有棕色鳞片毛、顶端切口处摸起来干且呈粉状、没有黏稠液体流出。

(3)烹饪应用

芋头熟后质地细软糯滑,既可作粮食又可作蔬菜。芋头制作菜肴时最宜烧、烩,成菜口味咸甜皆可,且荤素皆宜。芋头可制成香芋扣肉、芋头鸭子、蜜汁芋片等,还是制作素菜的原料,我国南方应用较多。

4)姜

姜又称生姜,为多年生草本植物,一年生栽培,其根茎肥大,呈不规则的块状,色黄或灰白,有辛辣味。姜在我国南北各地均有栽培,其中以安徽、江苏、浙江、广东、山东、四川、陕西为主要产区。

(1)品种

姜以地区品种来分,北方品种姜球小、辣味浓、姜肉蜡黄、分支多;南方品种姜球大、水分多、姜肉灰白、辣味淡;中部品种的特点介于北方和南方之间。一般每年8—11月收获。在烹饪时一般把姜分为嫩姜和老姜两类。嫩姜又称芽姜、子姜、紫姜等,一般在8月收获,质地脆嫩、含水分多、纤维少、辛辣味较轻。老姜多在11月收获,质地老、纤维多、有渣、味较辣。

山东莱芜生姜,姜块黄、皮黄、姜肉质地细嫩、色泽鲜亮、辣味较浓、纤维素含量少、姜丝细少,是姜中佳品。湖北的来凤姜,浙江的红爪姜、黄爪姜等也很著名。

(2)品质鉴别

优质姜不烂、不蔫萎、无虫伤、无受冻受热现象、不带泥土和毛根。

(3)烹饪应用

姜是烹饪时重要的调味蔬菜,有很大一部分菜肴必须用姜来矫味。特别是老姜主要用于矫味,起去腥除异味的作用,常切成片或拍松使用。姜在烹饪中可根据不同的菜品切成米、丝、片、块等状使用。嫩姜也可作为主要原料制作菜肴,如姜丝肉、嫩姜炒鸡脯、瓜姜鱼丝、紫芽姜爆仔鸭等。

5)荸荠

荸荠又称南荠、马蹄、地栗等,为多年生浅水性草本植物。其地下有匍匐茎,前端膨大为球茎,球茎呈扁圆球状,表面光滑,老熟后呈深栗壳色或枣红色,有3~5圈环节,并有短鸟嘴状顶芽及侧芽。荸荠原产印度和我国南部,现我国主产于江苏、安徽、浙江、广西、广东、福建等地的水泽地区。荸荠每年冬、春季上市。

(1)品种

荸荠品种较多,按产期有早熟、晚熟之分;按产地有南荠、北荠之别。通常按球茎中淀粉含量分为两类:一是水马蹄,脐平,球茎顶芽尖含淀粉多,肉质粗,适合熟食或加工淀粉;主要品种有苏荠、高邮荸荠、广州水马蹄等。二是红马蹄,球茎顶芽钝,脐凹,含水分多,淀粉少,肉质甜嫩,渣少,适合生食及加工罐头;品种有杭荠、桂林马蹄等。

(2)品质鉴别

优质荸荠个大、洁净、皮薄、肉细嫩无渣、甘甜爽口、多汁。

（3）烹饪应用

荸荠质地细嫩无渣、甘甜爽口,无其他异味。在初加工时刀工较少,一般切成片、丁,也有制成蓉泥应用在某些菜品中,适宜于拌、拔丝蜜汁等烹饪方法。在烹饪中作主料,可制作如拔丝马蹄、蜜汁马蹄等,作辅料可与鸡、鱼、肉等原料搭配在一起制作菜肴,如荸荠炒鸡丁、荸荠肉等;也可切成米粒状加入肉丸、虾饼中,以改善口感。

6）藕

藕又称莲菜、玉节、玲珑玉、雪藕、藕菜等,为多年水生草本植物。莲鞭在夏秋末期生长,其前端数节入土后膨大而形成的根茎称藕。藕基本分为3～4节,每节呈短圆形,外表光滑,皮色白或褐黄,内部白色,节中央膨大,内有大小不同的孔道,呈对称分布。藕主要产于池沼湖塘中,我国中、南部栽培较多。藕在秋、冬及初春均可采挖。

（1）品种

我国的食用藕大体可分为白花藕、红花藕、麻花藕。白花藕的鲜藕表皮白色,老藕黄白色,全藕一般2～4节,个别5～6节,皮薄、内质脆嫩、纤维少、味甜,熟食脆而不绵,品质较好。红花藕的鲜藕表皮褐黄色,全藕共3节,个别4～5节,藕形瘦长,皮较厚而粗糙,老藕含淀粉多、水分少、藕丝较多,熟食质地绵,品质中等。麻花藕的外表略呈粉红色、粗糙、藕丝多、含淀粉多、质量差。

①苏州花藕:原产江苏省苏州市。藕身一般为4节,粗细均匀,横切面近圆形,切面有大孔9个,小孔数个,表皮黄白色,肉白色,肉质脆嫩,味甜,水分多,渣少,宜生食,品质优良。极早熟,以早闻名,生长期90天左右。

②杭州白花藕:原产于杭州,属于早熟品种。花白色,藕节粗短,横断面稍带扁圆形,外皮带褐色。肉厚,质脆,孔大,水分多,宜生食。生长期120天。

③宝应荷藕:又称宝应莲藕,为江苏省宝应县特产,中国国家地理标志产品。产品色泽鲜艳,表皮光滑,体白个大,产量高,品质优秀。宝应荷藕以顶尖"红芽"为特征,形成三大独特品种,号称宝应"美人红""大紫红""小暗红"。"美人红"藕香色白,"大紫红"个大孔宽,"小暗红"粉足生淀。

（2）品质鉴别

优质藕头小、身粗、皮白、第一节壮大、肉质脆嫩、水分多,藕身无伤、烂、变色,不断节、不干缩。

（3）烹饪应用

藕在烹饪中应用广泛,刀工成形时可加工成丝、片、块等,适于炸、炒、拌、焓、蒸、蜜汁等烹饪方法。藕作主料时口味可甜、咸、酸甜等,可制作姜拌藕、水晶藕、糖醋藕、糯米甜藕、炸藕盒、焓藕、蜜汁莲藕等菜肴,也可作辅料使用。另外,鲜荷花可制作炸荷花,鲜荷叶可制作荷叶粥、荷叶肉等,鲜莲子可用来制作冰糖鲜莲子。

7）大蒜

大蒜又称蒜、胡蒜、百合蒜、大蒜头等,大蒜为多年生宿根草本植物,作一年或两年生栽培。地下鳞茎有灰白色的皮包裹,其中的小鳞茎叫蒜瓣。大蒜原产中亚或欧洲南部,现我国南北各地均有栽培。大蒜一般在夏秋时节收获。

(1)品种

大蒜的种类较多,按蒜瓣大小可分为大瓣蒜和小瓣蒜,按蒜鳞茎外皮颜色可分为紫皮蒜和白皮蒜。紫皮蒜的外皮呈紫色、蒜瓣少而大、辣味浓、蒜薹肥大、产量高,但耐寒性差,多在早春栽培,又称春蒜。白皮蒜的外皮呈红色、辣味淡、抽茎力弱、蒜薹产量低、耐寒性强,多在秋季栽培,又称秋蒜。我国有名的蒜产区很多,如辽宁海城大蒜、山东苍山大蒜、山西应县大蒜、河南宋城大蒜、西藏拉萨大蒜等都很有名。

(2)品质鉴别

优质大蒜外皮干净,有光泽,新鲜脆嫩、无损伤和烂瓣。

(3)烹饪应用

大蒜是烹饪中重要的调味原料,生用是一些面食的佐餐,如水饺、包子、凉面中的蒜泥。大蒜生食还是某些冷拌菜的调味品,如蒜泥莴苣、蒜泥茄子等。对某些较肥腻的菜肴,生大蒜能起到解腻的作用,如清炸大肠要用甜面酱、蒜泥、香油调在一起的"老虎酱"佐食。大蒜坏是很重要的矫味原料,如烹制糖醋鱼、炒苋菜等必须加放蒜末。在蒜爆肉、蒜子瑶柱脯、蒜子鲶鱼中,蒜则作为主料应用。

大蒜的花茎称为蒜薹,其色绿味美、脆嫩,可制作蒜薹焖肉片、蒜薹炒肉丝等菜肴。蒜薹以无粗老纤维、脆嫩、条长、薹顶不开花、不烂、不蔫、基部嫩者为好,是春末夏初的佳蔬。大蒜的幼苗又称青蒜,其叶色鲜绿,以不黄不烂、株高、叶粗者为佳。青蒜味清香而鲜,可作配料制作青蒜炒肉丝、青蒜炒里脊丝等菜肴,还可切成末撒入某些热菜、汤菜中。

8)洋葱

洋葱又称葱头、圆葱等,为两年生或多年生草本植物,叶鞘肥厚呈鳞片状,密集于短缩茎的周围,形成鳞茎,即葱头。洋葱原产亚洲西部,现我国已普遍栽培。洋葱夏秋季收获,其适应性强,耐贮运,尤其适于蔬菜淡季供应。

(1)品种

洋葱按外皮颜色分为红皮洋葱、白皮洋葱、黄皮洋葱。红皮洋葱的外皮色紫红或粉红,鳞片肉质微红,鳞茎形状为圆球形或扁圆球形,含水量大、肉质粗、产量高、较耐贮存。白皮洋葱的外皮及鳞片肉质为白色,扁圆形,肉质柔嫩、细致。黄皮洋葱的外皮铜黄或淡黄,鳞片肉质微黄,扁圆球形或高桩圆球形,含水量少、肉质致密、味甜而辛辣、最耐贮存,品质好。

(2)品质鉴别

优质洋葱个头肥大、鳞片肥厚、抱合紧密、外表干燥、有光泽、无损伤、大小均匀、味辛辣而甜。

(3)烹饪应用

洋葱是西餐中重要的烹饪原料,现在在中餐中也广泛使用。洋葱在刀工成形时多切成丝、丁、末等,适于炒、煎、爆等烹饪方法,一般多用于荤料搭配制作菜肴,可制作洋葱炒肉丝、洋葱炒鳝鱼、洋葱炒牛肉等,也可生食,还可加工成花形,用于菜肴的装饰。

9)慈姑

慈姑又称藕姑、水萍、茨菇、茨菰、白地栗、剪刀草等。我国慈姑主要分布于长江流域及其

以南各省,太湖沿岸及珠江三角洲地区较多。每年11月至翌年2月收获上市。

(1)品种

慈姑的主要品种有侉老乌、沙姑、白慈姑、苏州黄、沈荡慈姑、梧州慈姑、南昌慈姑等,其中,以沙姑、白慈姑、苏州黄等品质较好。

(2)品质鉴别

优质慈姑肉质松爽,色白细致,淀粉含量多,无苦味,耐贮存。

(3)烹饪应用

慈姑做菜既可单用,又可与其他原料配伍,适合炒、烧、煨、炖、煮、氽等烹饪方法。由于其淀粉含量丰富,既是提取淀粉的原材料,又可作为粮食的替代品。用慈姑制作的菜点有慈姑炒雪菜、慈姑炒青蒜、肉片炒慈姑、慈姑红烧肉、慈姑炖鸡块、慈姑饼、慈姑糕、慈姑饭、慈姑粥等。

任务4　果菜类蔬菜

3.4.1　瓠果类蔬菜

1)黄瓜

黄瓜以未成熟的嫩果作为蔬菜,表皮翠绿;成熟的表皮呈黄色故而得名,又称王瓜、胡瓜、青瓜等。黄瓜为一年生草本植物,瓜呈圆筒形或棒形,绿色,瓜上有刺,刺基常有瘤状凸起。南方生产的一般为无刺黄瓜。黄瓜原产于印度,现我国各地均普遍栽培。黄瓜盛产在夏秋季,冬春季可在温室栽培。

(1)品种

黄瓜品种繁多,按成熟期可分为早黄瓜和晚黄瓜;按栽培方式可分为地黄瓜和架黄瓜;按果实表面棱刺可分为有棱类型和无棱类型;按果实形状又可分为刺黄瓜、鞭黄瓜、短黄瓜、小黄瓜4种。常见的优良品种有北京大刺瓜、上海黄瓜、扬州乳黄瓜等。

①刺黄瓜:瓜表面有10条凸起的纵棱和较大的果瘤,瘤上有白色刺毛,瓜体为绿色、呈棍棒形,把稍细、瓤小、籽少、肉质脆嫩、味清香,品质最好。

②鞭黄瓜:瓜体较长,呈长鞭形,果面光滑、浅绿色,无果瘤和刺毛,瓜肉较薄瓤较大,肉质较软,品质次于刺黄瓜。

③短黄瓜:瓜体短小,呈棒形、绿色,有果瘤及刺毛。

④小黄瓜:瓜体长6~7 cm,脆嫩、绿色,是制作酱菜或虾油小菜的上好原料。

(2)品质鉴别

优质黄瓜条头均匀、瓜体细直、皮薄、肉厚、瓤小、肉质脆嫩、味清香。

(3)烹饪应用

黄瓜在烹饪中应用极广,可直接入馔生食,多作冷菜。刀工成形时可切成丁、丝、条、片、块等,作主料时适于拌、炝、炒等烹饪方法,可制成海米拌黄瓜、炝黄瓜、珊瑚黄瓜等。黄瓜由于其脆嫩清香、易于刀工成形、色绿,因此是最理想的菜肴配料和菜肴装饰原料。

2)冬瓜

冬瓜又称白瓜、枕瓜,为一年生草本植物。瓜呈圆、扁圆或长圆形,大小因品种各异。多数品种表面有白粉,果肉厚、白色、疏松多汁、味淡。冬瓜原产于我国和印度,现我国普遍栽培。冬瓜在夏秋季采收。

(1)品种

冬瓜一般分为小型和大型两个品种。小型冬瓜果型小,单果重 2~3 kg。果形多呈短圆筒形、圆形或扁圆形。大型冬瓜果型大,单果重 3.5~30 kg。果形多为长圆筒形,果皮青绿色。冬瓜按上市早晚分为早熟和晚熟两种;按表皮颜色分为粉皮和青皮两种。

①北京一串铃:结果多,果实多为近圆形或扁圆形,果实成熟时表皮青绿色并有白色蜡粉,以采收嫩果供食为主,肉质白色,纤维少,水分多,品质中上。

②四川五叶子:四川成都地方品种,当地又称小冬瓜。果实为短圆柱形,外皮青绿色,蜡粉较少,老熟时为绿色,平滑,果肉白色,肉质致密,味微甜,品质优良。

③大青皮冬瓜:广东省广州市地方品种,瓜长圆筒形,顶部钝圆,瓜形较大,外皮青绿色,肉厚白色,组织充实,含水量较多,味清淡,质软滑。

(2)品质鉴别

优质冬瓜肉质结实、皮薄肉厚、心小、皮色青绿、形状周正、无损伤、皮不软、不烂。

(3)烹饪应用

冬瓜在初加工时一般切成片、块;作主料时适于炖、扒、熬等烹饪方法和制成汤菜。可制作冬瓜盅、海米烧冬瓜、干贝冬瓜球等菜肴,口味以清淡为佳。冬瓜本身味清淡,可以配以鲜味较浓的原料,用冬瓜制作菜肴时一般不宜加酱油,否则菜肴的口味发酸。

3)西葫芦

西葫芦又称美洲南瓜、荚瓜等,为一年生草本植物,瓜形呈长圆形,色墨绿或绿白。原产于南美洲,现我国西北及北方栽培较普遍。西葫芦在初霜前收获。

(1)品种

西葫芦按植株的性状分为矮生类型、半蔓生类型和蔓生类型3类。此外,西葫芦中还有珠瓜和搅瓜两个变种。

(2)品质鉴别

优质西葫芦条纹清晰,皮薄肉厚,鲜嫩多汁,少籽,有清香味。

(3)烹饪应用

西葫芦脆嫩清爽,在烹饪中多切成片使用。作主料时适宜炒、醋熘等烹饪方法,可制成汤菜,也可制作炒西葫芦、醋熘西葫芦等,还可用作面点馅心。

4)丝瓜

丝瓜又称天络丝、天吊瓜,原产于亚热带,现我国南北各地均有栽培。丝瓜在夏、秋季收获,绿色,嫩果可供食用,老熟果纤维发达,不可食用。

（1）品种

丝瓜分普通丝瓜和有棱丝瓜两种。普通丝瓜果呈圆筒形，瓜面无棱、光滑或具有细皱纹，有数条深绿色纵纹，幼瓜肉质较柔嫩；主要品种有南京长丝瓜、线丝瓜，湖南肉丝瓜等。有棱丝瓜又称八棱瓜，果呈纺锤形或棒形，表面具有 8～10 条棱线，肉质致密，主要品种有广东青皮丝瓜、乌耳丝瓜、棠东丝瓜及长江流域各地所产的棱角丝瓜等。

（2）品质鉴别

优质丝瓜瓜形完整，瓜条上有多条墨绿色纵纹，皮薄，肉质柔软多汁，无损伤。

（3）烹饪应用

丝瓜滋味清香，既可作主料用于制作汤羹（清汤、羹汤均可），或用炒、拌等方法烹饪，又可与其他原料配伍成菜。丝瓜加热烹制时间要短，否则易失去青翠之色，同时也防止其过于软烂。调味以清、鲜为主，可加胡椒粉提味。用丝瓜制作的菜肴有菱角炒丝瓜、干贝丝瓜、鱼香丝瓜、丝瓜茶徽汤等。

5）苦瓜

苦瓜以未成熟的嫩果作为蔬菜，果肉有苦味，成熟的果瓤可生食，因其果肉有苦味故而得名，也称嫩葡萄、锦荔枝等。苦瓜为一年生草本植物，果呈纺锤形或长圆筒形，果面有瘤状突起。嫩果青绿色，成熟果为橘黄色。苦瓜原产印度尼西亚，我国以广东、广西等地栽培较多，近年已逐渐向北方拓展。苦瓜在夏季收获。

（1）品种

苦瓜按形状不同可分为短圆形、长圆形和长条形。苦瓜的主要品种有大顶苦瓜和台湾白苦瓜两种。大顶苦瓜是广州特有的苦瓜品种。瓜短圆锥形，外皮青绿色，具有不规则的瘤状突起，瘤粒较粗，苦味较少，品质优良。台湾白苦瓜为长纺锤形，瓜皮有光泽，表面呈不规则棱状突起，肉色浅绿色，肉厚，苦味适中，口感比绿苦瓜要脆，水分较多，品质好。

（2）品质鉴别

优质苦瓜果形完整，无损伤，新鲜有光泽，表面无斑点，脆嫩多汁。

（3）烹饪应用

苦瓜果肉脆嫩，食用时有特殊风味，稍苦而清爽。在烹饪时，常用拌、炒、烧等烹饪方法，可制成辣子炒苦瓜、苦瓜炒肉片、冰镇苦瓜、干煸苦瓜、苦瓜排骨汤等菜肴。在烹饪时若嫌其苦，可提前浸泡，或者用盐稍腌，苦味即可减轻。

6）南瓜

南瓜又称番瓜、倭瓜、饭瓜、麦瓜、癞瓜、金瓜等。南瓜按果实的形状可分为圆南瓜和长南瓜。圆南瓜呈扁圆或圆形，果面多有纵沟或瘤状突起，果实深绿色，有黄色斑纹。长南瓜的头部膨大，果皮绿色，有黄色斑纹。近年来，随着农业的发展，南瓜的新品种有很多，有些既可食用又可观赏，如果皮青红色、鲜艳夺目的东升南瓜，果皮青黑色的大吉南瓜等。南瓜在我国各地均有栽培。夏、秋季大量上市。

（1）品种

南瓜按表皮颜色可分为深绿色和深黄色两种，按形状可分为圆形、扁圆形、长圆形 3 种。

圆形南瓜主要有湖北柿饼南瓜、甘肃磨盘南瓜、广东盒瓜等。长圆形品种有山东长南瓜、浙江十姐妹南瓜、江苏牛腿南瓜等。

（2）品质鉴别

优质南瓜形态完整无损伤，断面果胶丰富。

（3）烹饪应用

南瓜味甜、质地细腻，适于炒、烧、煮、蒸等烹饪方法，也可作面点的馅心。南瓜可代替粮食作主食，还可用于食品雕刻，尤其适合作为大型果蔬雕的主要原料。用南瓜制作的菜肴有炒南瓜丝、焖老南瓜、瓜蓉奶露、金汤鱼翅等。

7）瓠瓜

瓠瓜又称瓠、甘瓠、皮瓠、天瓠、长瓠、天瓜、蒲瓜、扁蒲、葫子等，果实一般为棒形，或倒卵形、圆筒形，皮白绿色、光滑，肉白色；嫩时瓤较少。果形变种有棒形长瓠子、圆球状长柄葫芦、瓢形大葫芦、细腰葫芦及观赏小葫芦等。我国除高寒地区外，广有栽培。

（1）品种

优良品种有浙江早蒲、济南长蒲、江西南丰甜葫芦、台湾牛腿蒲、湖北孝感瓠子、江苏棒槌瓠子等。

（2）品质鉴别

优质瓠瓜形态完整，质地鲜嫩，肉质洁白，无损伤，无苦味。

（3）烹饪应用

瓠瓜以其嫩果供食用，可加工成一定的形状，常用于炒、烧、煮、蒸等烹饪方法，可作面食的馅料，民间常用瓠瓜丝和面煎成"瓠塌子"。用瓠瓜制作的菜肴有辣炒瓠瓜丝、瓠瓜丝炒肉、焦炸嫩瓠子、瓠子烧肉、瓠瓜炖肥鸭、瓠瓜鸭羹、瓠瓜淡菜汤、瓠瓜煎饼等。

3.4.2　茄果类蔬菜

1）辣椒

辣椒又称大椒、辣子、番椒、海椒、秦椒、青椒等。辣椒原产南美洲，现我国各地均有栽培，以西南、西北、湖南、江西等地区栽培最为广泛。辣椒四季均有供应。

（1）品种

辣椒的品种繁多，形状各异，按果型可分为5大类，即樱桃椒类、圆锥椒类、簇生椒类、长角椒类、灯笼椒类。目前栽培最多、最广泛的是灯笼椒类和长角椒类。按辛辣味程度可分为甜椒类、辛辣类、半辣类。甜椒类味甜，因其形似柿子故又称柿子椒、灯笼椒，个大，肉厚，常见的有直柄甜椒和弯柄甜椒。辛辣类的辣味极强，个小，长尖，肉薄，常见的有线辣椒、朝天椒等。半辣类的辣味介于极辣与不辣之间，呈长角形，顶端尖，微弯，似牛角、羊角，常见的品种有牛角椒、羊角椒等。随着农业科学技术的发展，近年来辣椒的新品种也不断涌现，如属甜椒类的色彩鲜艳的阳光五彩柿椒、红鹰五彩椒、迷你鹰五彩椒、象牙椒等。

（2）品质鉴别

优质辣椒表皮光滑、形态端正、大小均匀、肉厚质细、脆嫩新鲜、无虫蛀、腐烂现象。

（3）烹饪应用

辣椒是烹饪中辣味的主要来源，可切成段、片、丝、末等形，适于炒、爆等烹饪方法。作主料时可制作酿青椒、芙蓉柿椒等菜肴；作辅料时可制作很多风味独特的菜肴，如宫保鸡丁、干烧鱼、辣子炒肉丝等。辣椒还可制成泡辣椒、辣椒油、辣椒酱、辣椒面等调味品。

2）番茄

番茄又称西红柿，番茄原产南美洲，现我国各地均有栽培。番茄是目前世界上大面积栽培的蔬菜之一。番茄夏季出产较多，现四季均有生产。

（1）品种

番茄的品种很多，按其生物特性分为栽培番茄、樱桃番茄、大叶番茄、梨形番茄和直立番茄5个变种；按果实形状可分为圆球形番茄、梨形番茄、扁圆形番茄和椭圆形番茄4种；按果实的颜色分类有红色番茄、粉红色番茄、黄色番茄3种。红色番茄颜色鲜红，一般略呈扁圆球形，脐小、肉厚、味甜，汁多爽口。粉红色番茄色粉红，近圆球形，脐小、果面光滑、酸甜适度。黄色番茄呈黄色，果大、扁球形，肉厚质沙且绵。随着农业科学技术的发展，近年来番茄的新品种也不断涌现，如迷你番茄，一棵番茄"树"能结6 000枚番茄。番茄的代表品种有北京早红番茄、青岛早红番茄、武昌大红番茄。

（2）品质鉴别

优质番茄果形端正、色泽鲜艳、无裂口和斑痕、无挤压、无虫蛀、无腐烂、成熟适度、酸甜适口、肉厚。

（3）烹饪应用

番茄生、熟食用皆可，在烹饪时主要是切块，适于拌、炒或制作汤菜等烹饪方法。作主料时可制成糖拌番茄、番茄炒鸡蛋、番茄鸡蛋汤等菜肴。用番茄制作热菜时忌加热过度，否则会软烂成一团，番茄色泽鲜艳，还可用来切成花形，以装饰菜肴。番茄还可制成番茄酱等调味品。

3）茄子

茄子又称落苏，唐朝时称紫瓜。茄子原产印度，现在我国普遍栽培。茄子是夏、秋季主要蔬菜之一，四季均有生产。

（1）品种

茄子按其形状可分为圆茄类、卵圆类、长茄类。圆茄类呈圆球形，皮紫白、有光泽、肉质致密细嫩、白色。卵圆类的果形呈倒卵圆形或长卵形，果似灯泡形的又称灯泡茄，皮黑紫、有光泽，肉质略松、色白。长茄类的果形为细长条或略有弯曲，故又称线茄，皮较薄、深紫色、有光泽，肉质细嫩松软、色白。嫩茄子外皮色泽乌暗、皮薄肉松、分量轻，籽肉不易分离，花萼下部有一片绿白色的皮。老茄子皮色光亮、皮厚而紧、肉坚实、籽肉易分离、籽硬、分量重。

（2）品质鉴别

优质茄子其形周正、老嫩适度、肉肥厚细嫩、皮薄、籽少、不腐烂、不皱皮。

（3）烹饪应用

茄子在烹饪时适于切成丝、条、片、角、块等，适于烧、蒸、炸等烹饪方法，多作主料，可制作炸茄盒、烧茄子、拌茄泥、鱼香茄子、煎茄夹、油焖茄子等菜肴。用茄子制作菜肴以熟烂为好，并且要重油。

3.4.3　荚果类蔬菜

1）菜豆

菜豆又称四季豆、芸豆、四季梅、龙爪豆、洋刀豆、眉豆、茶豆、玉豆、白豆等，为一年生草本植物。荚果扁平、顶端有尖，嫩荚或成熟的种子都可作蔬菜，现多以嫩荚作蔬菜应用。菜豆在我国各地均有栽培，在夏、秋季收获。

（1）品种

菜豆按栽培方法可分为矮生和蔓生两种。矮生的不爬蔓，又称地菜豆，肉多而柔嫩、筋少、绵软、豆荚扁圆形、色绿，质量、产量均不及蔓生。蔓生的又称架菜豆，爬蔓，需要支架生长，豆荚呈圆棍形，其色浅绿、肉厚、筋少、荚尖小而弯长、鲜嫩味美。

青岛架豆：山东青岛地方品种。嫩荚鲜绿色，镰刀状，横断面椭圆形，荚面光滑。种子肾形，种皮黑色，有光泽，嫩荚肉厚，纤维少，不易老，品质好。

杭州红花刀豆：又称长白条四季豆，早熟品种。蔓生，红茎，花紫红色，子黑色，荚圆棍形，淡绿色，肉厚。较耐热，适宜夏秋高山栽培，临安、安吉等地栽培较多。

白籽四季豆：华东、华中、西南等地栽培较多。早熟，白花，色浅绿，荚厚质嫩，不易老化，种子白色。适合春秋栽培，除鲜食外，还可制罐头。

（2）品质鉴别

优质菜豆鲜嫩、不老、不烂、无虫蛀、筋丝少、肉厚。

（3）烹饪应用

菜豆用刀可成形为丝、段、末等，适于拌、炖、炒、焖等烹饪方法。作主料时可制成拌菜豆、海米炝菜豆、炒菜豆、菜豆焖肉片、姜汁菜豆等菜肴，但用菜豆制作菜肴时不容易入味。菜豆因其色绿、脆嫩，也是较好的辅料，也可作面点馅心，制作水饺、蒸包等。

2）豇豆

豇豆又称浆豆、长豆角、豆角、带豆、裙带豆等。我国各地均有栽培。豇豆多在夏、秋季上市。

（1）品种

荚果长条形，有绿、青灰、紫色。豇豆可分为短豇豆、长豇豆两种。短豇豆其荚短、荚皮薄、纤维多而硬，不能食用，以种子供食用，又称饭虹豆。长豇豆食其嫩荚，其嫩荚肉质肥厚、脆嫩。

豇豆的主要品种有广东的铁线青、浙江的青豆角、山东的大条青、陕西的罗裙带、上海和南京等地的紫豇豆等。

（2）品质鉴别

优质豇豆脆嫩、荚肉肥厚、纤维少、无虫蛀。

（3）烹饪应用

豇豆在烹饪中多切成段状使用，适于拌、焓、炒等烹饪方法。作主料时可制成麻汁豆角、拌豆角等菜肴，也可作面点的馅心，如豇豆饺子、豇豆包子等。老熟的种子可做粮食，制作豆汤、豆饭等多种粥饭类食品。

3）扁豆

扁豆又称峨眉豆、鹊豆等，为一年生草本植物，蔓生。荚果扁平短而宽大，呈淡绿色、红色或紫色。作蔬菜主要是食其嫩荚。扁豆原产印度尼西亚，现我国南北均有栽培。扁豆一般为秋季收获。

（1）品种

扁豆按荚的颜色可分为白扁豆、青扁豆、紫扁豆。某主要品种有上海的猪血豆、北京的猪耳朵扁豆以及白扁豆。

（2）品质鉴别

优质扁豆荚宽、扁、肥厚、脆嫩。

（3）烹饪应用

扁豆在烹饪时可原形也可切成丝使用，适于炒、煎等烹饪方法。作主料时可制成炒扁豆丝、煎扁豆等，也可配猪肉炖制，风干扁豆有独特风味。

4）荷兰豆

荷兰豆是豌豆的一个变种，即软荚豌豆。荷兰豆的荚果宽大，色浅绿。荷兰豆是由原产地中海沿岸及亚洲西部的普通粮用豌豆演化而来，现我国也有栽培。一般产于春、夏、秋三季。

（1）品种

荷兰豆按用途可分为粮用荷兰豆和菜用荷兰豆；按熟性可分为早熟、中熟和晚熟；按豆荚结构可分为软荚和硬荚。

（2）品质鉴别

优质荷兰豆豆荚纤维少、皮柔软鲜嫩、嫩荚和种子爽脆、清香、甘甜。

（3）烹饪应用

荷兰豆的荚特别柔软鲜嫩、爽脆、清香、甘甜，且色泽翠绿，适于炒、拌、余、涮、扒等烹饪方法。可原形使用也可改刀成段；作主料时可制成蒜泥荷兰豆、清炒荷兰豆、白扒荷兰豆等菜肴，还可围边或垫底为菜肴增色。

5）毛豆

毛豆又称枝豆、香珠豆、青黄豆、嫩黄豆、菜用大豆等。毛豆在我国各地均有种植。

（1）品种

毛豆分为青皮青仁大豆和青皮黄仁大豆两类。按生长与结荚习性可分为无限生长型、半有限生长型和有限生长型 3 种；按其成熟期分为早熟、中熟和晚熟 3 种，早熟品种有杭州五月白、上海三月黄、南京五月乌、成都白水豆等。中熟品种有杭州、无锡六月白,南京白毛六月黄,武汉六月炸等。晚熟品种有上海酱油豆、慈姑青、南京大青豆等。

(2)品质鉴别

优质毛豆色泽鲜绿,豆荚鲜嫩肥厚,粒形大而饱满,无虫蛀、无斑点。

(3)烹饪应用

新鲜嫩毛豆洗净后,剪去豆荚双角,加盐、花椒等连荚煮食,可制成盐水毛豆;毛豆粒则广泛应用于冷菜、炒菜、烧菜、汤羹以及甜菜等多种菜肴中;既可作菜肴主料,又可作多种原料的配料,适合烩、拌、炒、煎、炸、烩、煮等多种烹饪方法。用毛豆制作的菜肴有盐水毛豆、油余毛豆、雪菜炒豆米、毛豆炒虾仁、毛豆烧鸡、鸡蓉豆羹等。

3.4.4 其他类

玉米笋又称珍珠笋,其形状如粉笔,色为淡淡的黄色,原本在烹调中所用的是刚刚长出的十分鲜嫩的玉米的嫩穗果。近年来,从海外引进的玉米笋品种,在河北、山东、浙江等地均有栽培。玉米笋多为罐头制品,可四季常年供应。

玉米笋色泽淡黄,细嫩鲜香,味清淡微甜。玉米笋在烹饪中多以段或整形烹制,也可切片应用,适宜于拌、烩、扒、煮等烹饪方法。作主料时制成拌玉米笋、烩玉米笋、白扒玉米笋、奶汤玉米笋等菜肴,也可作配料使用。

 任务5 其他蔬菜

3.5.1 根菜类蔬菜

1)萝卜

萝卜又称莱菔、芦菔、紫花菘、紫菘、温菘、楚菘、土酥等,为一年生或两年生草本植物,直根粗壮,肉质呈圆锥、圆球、长圆锥、扁圆等形,有白、绿、红、紫等色。萝卜在我国各地均有栽培。

(1)品种

萝卜按收获季节可分为春萝卜、夏秋萝卜、四季萝卜、冬萝卜等。其中,春萝卜肉质根中等偏小;夏秋萝卜,肉质根中等或偏大;四季萝卜肉质根偏小,虽说四季都可种植,但一般在早春上市;冬萝卜肉质根粗大、品质优良、产量高、耐寒性强、耐贮存,为我国萝卜栽培面积最大、品种最多的一类。按用途分有菜用萝卜、果用萝卜、腌用萝卜。著名品种有天津沙窝青萝卜、安徽枞阳大萝卜、广州耙齿萝卜、北京心里美萝卜、江苏杨花萝卜、江西南昌涂州萝卜、山东潍县高脚青萝卜等。

①北京心里美:心里美萝卜是北京特产,为生食品种之一,味稍甜而质脆,分为血红瓤和草

白瓤两种。血红瓤类型的心里美,肉色呈鲜红,品质好,耐贮藏,经贮藏后风味更佳;草白瓤类型的心里美产量较高,收获时有很好的风味,但不耐贮藏。

②江苏杨花萝卜:又称樱桃萝卜,是一种小型萝卜,为我国四季萝卜的一种,因其外貌与樱桃相似,小而且圆,外红里白,色彩鲜艳,故名樱桃萝卜。

③潍坊萝卜:又称潍县①萝卜,是山东著名的萝卜优良品种,俗称高脚青或潍坊青萝卜,因其原产山东潍坊而得名。潍坊萝卜皮色深绿,肉质翠绿,香辣脆甜,多汁味美,具有浓郁独特的地方风味和鲜明的地方特点,素有"烟台苹果,莱阳梨,不如潍县萝卜皮"之说。

(2)品质鉴别

优质萝卜外形美观、外皮光滑、大小适中、组织细密、粗纤维少、不糠心、不黑心、新鲜脆嫩、多汁。

(3)烹饪应用

萝卜脆嫩,组织细密,易于刀工成形,有去牛肉、羊肉腥味的作用。萝卜在烹饪中有较广泛的应用,可切丁、丝、片、块、球等多种形状,是食品雕刻中的上乘原料,可刻成多种花、鸟、虫、草等。在烹饪中可作主料制作菜肴,如著名的洛阳燕菜;也可和鱼及干货等原料搭配制成菜肴,如干贝萝卜球、萝卜丝鲫鱼汤等。萝卜适宜多种口味的调味,如糖醋、酸辣、咸鲜等,还可作面点馅心。

2)胡萝卜

胡萝卜又称红萝卜,为一年生或两年生草本植物,肉质根为圆锥形或圆柱形,色呈紫色、橘红、黄或白色,肉质致密,有特殊的香味。胡萝卜原产地中海沿岸地区,我国各地现均有栽培。春季种植的胡萝卜一般在6月下旬或7月初收获,秋季播种的在11月上旬收获,耐贮存。

(1)品种

胡萝卜按其肉质根的形态,可分为短圆锥形、长圆锥形和长圆柱形3类。短圆锥形早熟,肉厚,质嫩味甜,宜生食,主要品种有烟台三寸萝卜;长圆锥形中晚熟,味甜,耐贮存,主要品种有内蒙古黄萝卜、烟台五寸萝卜、汕头红萝卜等;长圆柱形晚熟,根细长,肩部粗大,根前端钝圆,主要品种有安徽肥东黄萝卜、湖北麻城棒槌胡萝卜等。

(2)品质鉴别

优质胡萝卜粗壮、光滑、形状整齐、肉厚、不糠、无机械损伤、无虫蛀、无开裂、质细味甜、脆嫩多汁。

(3)烹饪应用

胡萝卜质细味甜、脆嫩多汁,色泽有黄、红等。胡萝卜可生食,也可熟食,刀工成形时可切成块、片、条、丝等,适宜于炒、拌、烧、拔丝等烹饪方法。作辅料与牛肉、羊肉共烧,风味更佳,还具有去除腥味的作用,也可作食品雕刻的原料。

---

① 潍县,今山东省潍坊市的旧称。

3.5.2　花菜类蔬菜

1）花椰菜

花椰菜又称花菜、菜花等。花椰菜叶片呈长卵圆形,前端稍尖。主茎顶端形成白色或乳白色肥大的花球,花轴分枝而肥大,前端集生无数白色或淡白色的花枝,成为球形,即为可食用的菜花。

花椰菜在我国温暖地区栽培较普遍。花椰菜在夏、秋季收获较多。

（1）品种

花菜按生长期的不同分为早熟种、中熟种和晚熟种;根据花球颜色分为白色品种、紫色品种和橘黄色品种。

①荷兰雪球:从荷兰引进的一种甘蓝类蔬菜,叶片长椭圆形,灰绿色,叶柄绿色,均有蜡粉。花球圆形,紧实,肥厚,洁白,花球质地柔嫩,品质好,9月底开始收获。

②罗马花椰菜:俗称青宝塔,16世纪发现于意大利,表面由许多螺旋形的小花组成。它的神奇在于其规则和独特的外形,使其成为分形几何模型。花球绿黄色,圆锥形,似宝塔。口感与普通花菜区别不大。

（2）品质鉴别

优质花椰菜肥嫩、洁白、硬大、紧实、圆形、无虫蛀、无损伤、不腐烂。

（3）烹饪应用

花椰菜肥嫩、洁白,其刀工成形多为小块。作主料时适于拌、烩、炒、烧及制汤等烹饪方法。花椰菜可制作海米拌菜花、海米烩菜花、烧菜花、茄汁菜花、奶汤菜花、菜花炒肉等菜肴。

2）青花菜

青花菜又称茎椰菜、绿菜花、西兰花等。青化菜的主茎顶端可形成一个大花球,表面小花蕾明显,较松,不密集成球。除主茎形成花球外,还能从下部叶腋抽生出众多肥嫩花枝,可陆续采收,其嫩茎也可食用。青花菜耐冻和耐热力强,以春、秋季节栽培为主。

青花菜原产意大利,20世纪70年代以后我国由南到北逐渐有所栽培。青花菜一般夏、秋季上市。

（1）品质鉴别

优质青花菜色泽鲜艳,质地脆嫩,花球半球形,花蕾未开,质地致密,表面平整,无腐烂,无虫伤。

（2）烹饪应用

青花菜质地肥嫩、色泽碧绿。在烹饪中应用广泛,刀工成形以小块为多。作主料时适于炒、拌、烩及制成汤菜等烹饪方法;可制作炒绿菜花、烩西兰花、奶汤西兰花等菜肴。因青花菜质地较花椰菜柔软,所以不宜采用长时间加热的烹饪方法。可与众多色调的原料搭配,用作冷、热菜的装饰。但是作为配色、围边的青花菜,焯水、滑油时的水温、油温不宜过高,以防软塌不成形影响效果。

3.5.3　芽苗类蔬菜

1)香椿芽

香椿芽又称香椿头,是香椿树春季生发的嫩芽。香椿芽一般分为青芽和红芽。青芽的枝芽青绿色,叶尖呈茶绿色、质嫩、香味浓,是供食用的主要品种。红芽的芽叶红褐色,质粗、香味差。

香椿树在我国多分布于长江流域及其以北地区,早春上市。香椿芽生长很快,清明前后采摘为佳。

(1)品质鉴别

优质香椿芽梗肥质嫩、梗内无丝、鲜美芳香。

(2)烹饪应用

香椿芽在烹饪中作主料,适于拌、炸、炒等烹饪方法;可制作拌香椿芽、香椿芽拌豆腐、炸香椿、雪丽香椿、香椿芽炒鸡蛋等菜肴。香椿芽还可腊制。

2)豌豆苗、萝卜芽

豌豆苗、萝卜芽是采用无土、立体栽培技术,用长方形的种植盘种植。此类蔬菜不用农药、营养价值高、清洁卫生、生长周期短(如萝卜芽仅5~6天即可上市),为绿色保健食品,价格较高,一般宾馆、饭店使用较多。

豌豆苗是豌豆的嫩苗,可炒、做汤、冷拌等,具有鲜香、色翠绿等特点。萝卜芽是萝卜的嫩苗,可冷拌等,有萝卜特有的麻辣、清香味,色泽翠绿。

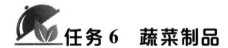

任务6　蔬菜制品

3.6.1　概述

蔬菜制品是用蔬菜加工制成的产品。蔬菜经加工后,成为与蔬菜原有风味迥然不同的特殊食品。

蔬菜制品主要有以下5种类型:

1)脱水菜

脱水菜是新鲜蔬菜经自然干燥或人工脱水干燥制成的加工品种,其特点是便于包装、携带、运输、食用和保存。脱水菜包括金针菜、玉兰片等。

2)腌渍菜

腌渍菜是将新鲜蔬菜用食盐腌制或盐液浸渍后的加工品,其特点是保藏性强,组织变脆,风味好。腌渍菜包括泡菜、榨菜、咸菜、酱菜、霉干菜、冬菜等。

3）蔬菜蜜饯

蔬菜蜜饯是以蔬菜为原料,利用食糖腌制或煮制的加工品,其特点是保藏性强,色、香、味、外观好。蔬菜蜜饯包括冬瓜条、糖姜等。

4）蔬菜罐头

蔬菜罐头是将完整的或切块的新鲜蔬菜经预处理、装罐、排气、密封、杀菌等处理后制成的成品,其特点是耐贮藏,便于运输。蔬菜罐头包括清水笋、清水马蹄、菜豆罐头等。

5）速冻蔬菜

速冻蔬菜是将整体或切分后的新鲜蔬菜经快速冻结后的一种加工菜,其特点是耐贮藏,解冻后品质和风味接近于新鲜蔬菜。速冻蔬菜包括速冻菜豆、甜玉米、土豆、豌豆、洋葱、蒜薹等。

3.6.2　脱水类蔬菜制品

1）玉兰片

玉兰片是鲜嫩的冬笋或春笋的干制品,形状和色泽很像玉兰花的花瓣,故得此名。玉兰片在干制过程中,过去用硫黄熏制的称为磺片(现已不准用硫黄熏制);未经硫黄熏制的称为干片。玉兰片呈玉白色,片形短,中间宽两端尖。玉兰片主产于浙江、福建、湖南、湖北等地。

(1)品种

玉兰片鲜品按采收时间的不同,分为尖片、冬片、桃片、春片4种。尖片又称笋尖,是用立春前的冬笋尖制成的,片长6~8 cm,表面光洁、色泽淡黄、质极细嫩,为玉兰片中之上品。冬片是用立冬至立春之间尚未出土的笋加工干而成的,长8~12 cm,宽3.2 cm左右,质鲜嫩肥厚、节密,次于尖片。桃片又称桃花片,是在惊垫至清明间用刚出土或尚未出土的春笋加工而成的,长12~15 cm,宽5~6.5 cm,形状弯似桃花、肉薄较嫩,质次于冬片。春片是用清明至谷雨期间采掘出土的春笋经加工而成的,长不超过20 cm,质老节少、纤维粗,质次于桃片。

(2)品质鉴别

优质玉兰片色泽黄白、片身短、肉厚、笋节紧密、质嫩无老根、笋面光洁、身干无焦斑、无霉变、无虫蛀者。

(3)烹饪应用

玉兰片是笋类干制品中的珍品,使用前要涨发。其应用广泛,刀工成形时可切成丝、片、丁、块、条等。作主料时适于烧、炒、烩等烹饪方法,可制作虾子烧玉兰片等。玉兰片因其易刀工成形、无特殊滋味,适于多种烹饪方法,故是较理想的辅料,因此上至山珍海味,下至普通原料,皆可与其搭配成菜。用玉兰片制作的菜肴有虾籽烧玉兰片、玉兰冬菇、玉兰片烧肉、烩玉兰片等。

2）笋干

笋干是鲜笋经水煮、榨压、晒或烘烤、熏制而成的。我国产笋地区很广,大批量加工笋干的有福建、江西、浙江等省。其中,福建的产量和质量均居首位。湖南、安徽、四川、云南、贵州等省也有加工。制笋干所用的鲜笋以用清明节前后的为好,福建等地区挖笋期可长达45天。

(1)品种

笋干的品种很多,一般福建、浙江所产多为白笋干,江西产的多为烟笋干,其他地区大多为烟笋干和乌笋干。白笋干的制作要经削笋、煮笋、榨笋、晒笋4道工序。乌笋干则在榨压后经烘蜡制成。烟笋干则是把鲜笋对劈两片,经烧煮后,放入竹篓内,压去水,晒干或利用烧饭的烟火余热熏干。

(2)品质鉴别

优质笋干色淡黄或褐黄、有光泽、质嫩、有清新的竹香味、根薄、干燥、硬如竹片、片形整齐(乌笋干和烟笋干要求乌黑,香味足)、无虫蛀、无霉烂、无火焦片。

(3)烹饪应用

笋干须经水涨发后使用,它是大众化的干菜。刀工成形时多切成丝、片等;多作辅料使用;烧汤、炒菜时荤素皆宜。市场供应的玉兰片及笋干较少,较多的为罐头笋制品,它具有干品无法比拟的优点:鲜嫩、不用涨发、省时、省力、使用方便,因此备受欢迎。

3)黄花菜

黄花菜是由鲜黄花菜的花蕾干制而成的,也称金针菜。黄花菜的产区很广,南北各地均有栽培,以湖南、江苏、浙江、湖北、四川、陕西、甘肃、安徽、河南等省产量较多。

(1)品质鉴别

优质黄花菜身干、色黄亮、身条长而粗壮、条杆均匀、肉厚、无霉烂变质、无虫蛀、无杂质、无熟条。

(2)烹饪应用

鲜品经过采摘、蒸制、烘晒加工制干而成。黄花菜经涨发后使用,可作荤素菜品的配料,还可制汤,可制作金针肉、金针炖猪蹄等菜肴。

3.6.3　腌渍类蔬菜制品

1)四川泡菜

四川泡菜是以新鲜的蔬菜为原料,用川盐、红糖、干红辣椒、醪糟汁、白酒和某些辛香料等经泡制发酵而制成的。四川泡菜又称泡菜。四川泡菜为四川特产。四川泡菜脆嫩鲜酸、清爽开胃。

大多数脆嫩的蔬菜,如萝卜、胡萝卜、嫩姜、莴笋、黄瓜、甜椒、豇豆等都可制作泡菜。

四川泡菜除生食外,也可作为川菜辅料之一,用于制作泡菜鱼、清汤酸菜鱼卷等。泡辣椒为川菜烹饪时不可缺少的调味品,如鱼香、家常等味型。

2)榨菜

榨菜是芥菜的瘤状茎,经独特的工艺处理,配以传统的调味料,加工成半干状态的发酵性的腌制品。由于传统上在加工过程中要用木榨排除多余的水,故名榨菜。

榨菜创始于涪陵,是我国著名的特产之一。榨菜与德国的甜酸甘蓝、欧洲的酸黄瓜被誉为世界三大著名腌菜。榨菜主产于四川、重庆、浙江。

(1)品种

榨菜的品种由于生产和加工的气候条件不同,原料栽培和加工工艺的差别,分为川式榨菜和浙式榨菜两大类。

(2)品质鉴别

优质榨菜无老皮、无老筋、完整美观、肉质脆嫩、光亮鲜艳、味道鲜美、咸辣适度、无变色、无霉变、香气浓郁醇正。

(3)烹饪应用

榨菜肉质脆嫩、光亮鲜艳、味道鲜美、咸辣适度、香气浓郁。榨菜是可直接食用的腌菜,在烹饪中榨菜多切成片、丝等形状。作主料时可单独成菜,也可作配菜,适于拌、炒、氽汤等烹饪方法,可制作拌榨菜丝、榨菜炒肉丝、榨菜肉丝汤等菜肴。近年来,各榨菜产地对榨菜的加工和包装进行了改革,特别是在口味上做了很大改进,可具有各种不同口味的榨菜,很受消费者青睐。

3)冬菜

冬菜是我国著名的优质腌菜,以冬季鲜菜为原料,用传统的工艺结合现代科学方法精心加工而成。

(1)品种

冬菜产于山东省济宁、日照等地,河北沧县及京津,四川,广东,浙江。北京、天津产的称为京冬菜,四川产的称为川冬菜,现广东、浙江等省有些地区也生产,称为仿冬菜。京冬菜以大白菜的嫩叶为原料,仿冬菜以卷心菜为原料,川冬菜以芥菜类中的箭杆菜或乌叶菜为原料。

(2)品质鉴别

优质冬菜开坛时香气扑鼻、菜丝条均匀、质嫩味鲜、色深黄而稍带酱色、滋润略显明亮、质感柔而不黏手、咸淡适口、味鲜香、无异味。

(3)烹饪应用

冬菜质嫩鲜香、咸淡适口。在烹饪中,适于拌、炒等烹饪方法。可制作京冬菜烧鸭子、炒三冬、冬菜炒肉丁、冬菜肉蓉烧豆腐等菜肴,也可在饺子馅中加入冬菜增加风味。冬菜是可直接食用的腌菜。

4)霉干菜

霉干菜是用芥菜茎或雪里蕻腌制的干菜。霉干菜又称咸干菜、梅菜、梅干菜。主产于浙江绍兴、慈溪、余姚、萧山、桐乡等地和广东惠阳一带。

(1)品种

霉干菜按用料不同有芥菜干、油菜干、白菜干3种类型。

(2)品质鉴别

优质霉干菜色泽黄亮、咸淡适宜、质嫩味鲜、正常香气、身干、无杂质、无硬梗。

（3）烹饪应用

霉干菜咸淡适宜、质嫩鲜香。在食用前，先用冷水迅速洗净，便可蒸炒、烧汤，制成荤素食品，如霉干菜炒肉丝、虾米干菜汤、面筋干菜汤。用霉干菜烧肉或蒸肉，是江浙一带经典的家常菜，菜透肉味，肉具菜香，油而不腻，入口鲜、香、糯、甜，即使在盛夏酷暑，放 2～3 天，也不会发馊变质；霉干菜煮烂切碎后配猪肉调制的包子馅心也别有风味。

5）雪里蕻

雪里蕻是指将鲜雪里蕻经腌制加工后的腌制品，可直接食用。雪里蕻又称雪菜、春不老等。雪里蕻鲜叶呈长圆形，叶齿细密、叶片较小、叶柄细长、色浓绿。雪里蕻多产于江南，现北方各地也有栽培。雪里蕻于霜降初冬时节收获，经腌制后可长年食用。

（1）品质鉴别

优质雪里蕻大小整齐，不带老梗、黄叶、泥土，无病虫害。

（2）烹饪应用

鲜雪里蕻不宜直接食用，烹饪时所用多为经腌制加工后的腌制品。经腌后不仅能去掉鲜品的辛辣味，还能增加咸鲜清香，保持浓绿脆嫩的特色。腌制的雪里蕻经加工后作为主料时可制作雪里蕻炒肉、炒雪冬等菜肴，也可作辅料制作烧鱼等菜肴。

6）酱菜

酱菜是蔬菜经过盐渍、酱渍后得到的制品，属于非发酵性腌制品。酱菜色泽明亮，块形美观，颜色以红、黄、翠、绿多见，质地脆嫩，食后无渣。酱制时使用的酱料主要是黄酱、甜面酱，或者是酱油浸渍。酱菜的加工一般经过原料处理、腌渍、脱盐、酱渍、包装等工序环节。

（1）品种

中国的酱菜取材广泛，种类众多，以北京、扬州、镇江等地的酱菜最为著名。代表产品有酱姜、酱菜瓜、玫瑰大头菜、酱什锦菜、酱莴苣等。

①酱姜：以鲜姜为原料，经腌酱后制成的制品。成品呈金黄色，富有光泽，咸甜适口并兼有辣味，脆嫩鲜香，具有浓郁的酱香味。酱姜可以作为稀饭、汤面等的佐餐小菜，也可单独作为味碟上宴席。酱姜还可作热菜的配料，适合炒、烧等烹饪方法，制作的菜肴有瓜姜鱼丝、瓜姜毛豆、烧仔鸡等。

②酱菜瓜：以菜瓜或菜瓜的变种瓜为原料，用精盐、甜面酱等酱渍而成的酱菜。酱菜瓜成琥珀色，黄亮透明，咸甜适口，酱味鲜美，质地脆嫩。酱菜瓜的著名产品有福州酱越瓜、山西临晋玉瓜等。酱菜瓜通常作为稀饭、汤面的佐餐小菜，也可单独作为味碟上宴席。酱菜瓜还可作热菜的配料，适合炒等烹饪方法。

③玫瑰大头菜：以根用芥菜（即芥菜疙瘩）经酱制而成。成品色泽黑中透红，湿润柔软，清香脆嫩，味咸而甜，兼有芥辣气和玫瑰香。玫瑰大头菜可直接作小菜食用，也可切丝炒肉或剁成末蒸肉丸，制作的菜肴有大头菜炒鸡丝等。

④酱什锦菜：又称酱八宝菜，是将多种蔬菜混合的酱渍品，有的还加入果仁。由于各地口味不同，所用蔬菜的品种不同，刀法造型不同，用酱的质量和数量也不相同，因此产品风味各异。成品色泽红、黄、脆相间分明，有光泽，酱香浓郁，蔬菜清香，咸甜适口，滋味鲜美，质地脆

嫩。酱什锦菜可作小菜,也可作稀饭、汤面等的佐餐食品,还可单独作为味碟上宴席。

(2)品质鉴别

优质酱菜形状完整,颜色新鲜呈酱色,咸味适口有鲜味,具有清香、脆嫩等特点。

(3)烹饪应用

酱菜通常作为小菜,与稀饭、汤面等食品搭配食用,部分品种可作为宴席的味碟,有些品种可作为菜肴的配料,如酱黄瓜、酱生姜等。

7)萝卜干

萝卜干又称香干萝卜、脚板萝卜等。萝卜干是以鲜萝卜为原料,加食盐、香料等腌制后再干制而成的制品,是我国常见的腌菜之一。其加工过程一般分为盐渍、洗涤、造型、压榨、拌料、装坛、后熟等工序。

(1)品种

萝卜干产地较广,名产有福建上杭萝卜干、浙江萧山萝卜干、江苏常州萝卜干、江西信丰萝卜干等。

(2)品质鉴别

优质萝卜干色泽黄亮,条形均匀,肉质厚实,香味浓郁,咸淡适宜,脆嫩爽口。

(3)烹饪应用

萝卜干可作佐餐小菜,也可作下酒及茶余饭后的消遣食品;既可炒吃、清炖、油炸,又可浸泡变淡后加白糖、醋作宴席冷盘,配以肉丝、葱、蒜等,可烹制多种菜肴。

3.6.4 其他类蔬菜制品

1)蔬菜类罐头

蔬菜罐头品种较多,以嫩豆类、菌类、笋类和茎菜类居多。蔬菜罐头在贮藏期间能够保持蔬菜原有的色泽、风味,口感清脆。有软罐头和铁皮罐头两种包装形式。

(1)品种

①清水笋:以优质冬笋为原料,经过各种工序加工生产的清水笋罐头。其产品色白纯净,肉质细嫩,具有保鲜味、无尘染、灭菌严、密封实、不霉变等特点。

②酸瓜:酸黄瓜罐头能始终保持原有的嫩绿色,色泽鲜嫩,口感好,辣、脆、鲜,可开盖即食,保鲜期长。

③雪菜罐头:由新鲜的雪里蕻鲜菜经过腌制加工而成,色泽黄色或淡黄色,口感清脆鲜美,可加工成各类菜肴配料。雪里蕻做成的罐头保质期延长,保鲜性能好,食用时方便又卫生。

(2)烹饪应用

蔬菜罐头可单独成菜或与肉类搭配成菜,适合炒、煮、蒸、炖、做汤等烹饪方法,如雪菜肉丝、鱼香肉丝、油焖笋等。

2）速冻蔬菜

速冻蔬菜是指采用制冷机械设备,于-18 ℃的环境下迅速冻结的蔬菜。通过速冻可抑制微生物的活动和酶的活性,从而阻止蔬菜品质和风味的变化以及营养成分的损失。

大多数蔬菜都可以制作速冻菜,尤其是含水量低、含淀粉量高的菜速冻效果更好。原料经选剔、清洗、修整、热烫和预冷后,即可送入冻结机速冻。含特殊香味物质的蔬菜如蘑菇、洋葱、韭菜等,一般不经热烫直接送入冻结机速冻。速冻蔬菜基本保持了新鲜蔬菜原有的色泽、风味和营养成分,解冻后汁液流失少,烹饪后能保持菜形,口感好,无冻菜味。常见的速冻蔬菜有胡萝卜、荸荠、芋头、嫩玉米、洋葱、四季豆、青豆、嫩蚕豆、冬笋等。

速冻蔬菜的加工工艺流程主要有原料处理、清洗、浸烫、冷却、沥水、速冻、包装等几个环节。

（1）品种

①速冻菠菜:颜色浓绿,有自然光泽,形态以扁平长方形,无杂质,无变色叶,无根者为佳。食用时有肉质感,无粗纤维或过软现象。速冻菠菜解冻后,可进行常规烹饪应用,既能炒食又能作汤。

②速冻蒜薹:颜色呈淡绿色或浓绿色,口感脆嫩,有蒜花梗的香味。解冻后可进行常规烹饪,与肉类搭配炒制、炖煮。

③速冻芦笋:颜色呈鲜绿色或乳白色,圆柱形,头部不能松懈,不应有畸形、变形和折断,具有芦笋本身特有的香味,无硬梗。速冻芦笋解冻后即可进行常规烹饪。

④速冻韭菜:颜色呈浓绿色,段状,不结团,有韭菜特有的香味,无烂叶。解冻后即可进行常规烹饪,一般作饺子、包子等面点的馅料。

（2）烹饪应用

速冻蔬菜解冻后,颜色、性状和口感与新鲜蔬菜差别不大,可进行常规烹饪,适合炒、炖、烧等多种烹饪方法。

任务7　蔬菜类原料的品质鉴别与保藏

3.7.1　蔬菜感官品质的变化

蔬菜大多是以鲜活的形式上市的,采收后的蔬菜含水量高、营养丰富、生理代谢仍较旺盛。在保鲜贮存过程中,蔬菜自身一系列的生化变化会引起其风味、质地和营养成分的改变,同时,微生物侵袭也极易引起蔬菜腐烂变质,使其失去良好的食用品质。

1）失水萎蔫

水是新鲜蔬菜的主要成分,大部分蔬菜组织内的水分含量达90%以上,充足的水分可维持细胞内水的膨胀压力,使组织坚实挺直,保持蔬菜新鲜饱满的外观品质。膨胀压力是由水和原生质膜的半渗透性来维持的。由于采后蔬菜的蒸腾作用一直在进行,若贮藏运输中遇到高温、干燥和空气流速快、又无包装,会使蒸腾作用大大加强,失去水分,膨压降低,失水达到5%,这类蔬菜就会萎蔫、疲软、皱缩。光泽消退、质量大大下降,失去蔬菜新鲜状态。

2)色泽变化

由于含叶绿素、类胡萝卜素等色素,因此,任何一种蔬菜都有其自身固有的颜色,并在一定的时间内保持其色泽。采收后的蔬菜因为叶绿体自身不能更新而被分解,叶绿素分子遭到破坏而使绿色消失。此时,其他色素如胡萝卜素、叶黄素等显示出来,蔬菜由绿色变为黄色、红色或其他颜色。有些蔬菜因霉变、采收后有切口或碰伤、光的长期照射等,在流通过程中发生变色的现象,如褐变、伤口处的变色。

3)发芽抽薹

蔬菜除了可食用部分外,还有那些体积很小、所占比例极少的种子及潜伏芽。这些幼小器官对蔬菜的保鲜起着关键的调控作用,它是促进蔬菜衰老的重要因素。从生命活动强度看,这些幼小器官一旦活动起来比其他部分更为活跃,生命力更旺盛,因为这些器官是与延续后代相关联的;蔬菜的其他部分甚至会以自身器官的死亡来保证这一部分成活,如休眠芽(马铃薯)及鳞芽(洋葱、大蒜)的萌发和生长;花茎的伸长和生长,即抽薹现象。衰老的组织内所含有的有机物质大量向幼嫩的部分或子代转移,这是生物学中的一个普遍规律,转移越快,消耗养分越多,蔬菜衰老得也越快。

4)霉烂虫害

蔬菜是营养体,大多生长在土壤中,易携带微生物。新鲜的蔬菜抗病菌感染的能力很强,例如,用刀切割新鲜的马铃薯块茎,在切面会很快形成保护层以防止块茎组织干燥及真菌的侵袭。若采收运输中操作不当引起碰伤或空气湿度过大,环境温度忽高忽低,菜堆大引起内外温差,形成蔬菜的水面凝结水滴,称为"发汗",均易引起病菌的侵染、繁殖。随着蔬菜贮存时间的延长,病菌侵染率直线上升,感病率高达80%,使蔬菜发生霉烂、变质。优质的蔬菜完整饱满,无病虫斑;质次的蔬菜有病虫斑,经处理后仍可食用;若蔬菜出现严重虫蛀或空心现象,则基本失去食用价值。

5)后熟和衰老

蔬菜可以在不同的时期采收,有些是未成熟的,有些是成熟的,皆可作为烹饪原料上市销售。凡是未成熟阶段采摘的蔬菜,例如豆类和甜玉米,其代谢活动高,常附带着非种子部分(如豆荚的果皮)。而完全成熟时采收的种子和荚果,其含水量低,代谢速率也低。种子在未成熟阶段要甜一些、嫩一些,新鲜的玉米就是如此;随着种子成熟度的增加,糖转化为淀粉,因而失去甜味,同时水分减少,纤维素增加。休眠种子则是在其含水量低于15%时采收的,而供人们当鲜菜食用的种子在其含水量约为70%时采收,随着成熟过程的继续,则衰老加剧,产品形态变劣,组织粗老,品质下降。

6)风味变化

蔬菜达到一定的成熟度,会现出它特有的风味。而大多数蔬菜由成熟向衰老过渡时会逐渐失去风味。衰老的蔬菜,味变淡,色变浅,纤维增多。例如,幼嫩的黄瓜,稍带涩味并散发出

浓郁的芳香,而当它向衰老过渡时,首先失去涩味,然后变甜,表皮渐渐脱绿发黄;到衰老后期则果肉发酸而失去食用价值,此时的黄瓜种子却已经完全成熟。

3.7.2　蔬菜类原料的品质鉴别

蔬菜的品质主要从其感官指标来判别。根据国家标准,蔬菜的质量取决于色泽、质地、含水量、病虫害和毒物残留量等因素。

1)色泽

正常的蔬菜都有固有的颜色。优质蔬菜色泽鲜艳,有光泽;次质蔬菜虽有一定的光泽,但其色泽较优质的暗淡;劣质蔬菜则色泽较暗,无光泽。

2)质地

质地是检验蔬菜品质的重要指标。优质蔬菜质地鲜嫩、挺拔,发育充分,无黄叶,无刀伤;次质蔬菜则梗硬,叶子较老且枯萎;劣质蔬菜黄叶多,梗粗老,有刀伤,萎缩严重。

3)含水量

蔬菜是水分含量较多的原料。优质蔬菜保持有正常的水分,表面有润泽的光亮,刀口断面会有汁液流出;劣质蔬菜则外形干瘪,失去水色光泽。

4)病虫害

病虫害是指昆虫和微生物侵染蔬菜的情况。优质蔬菜无霉烂及虫害的情况,植株饱满完整;次质蔬菜有少量霉斑或病虫害;劣质蔬菜严重霉烂,有很重的霉味或虫蛀、空心现象,已基本失去了食用价值。

5)毒物残留量

毒物残留量是指每千克食品中的最多允许残留有毒物质的质量,它的意义在于,超过这一指标即有可能发生中毒。剧毒、高毒农药不得用于蔬菜。此外,蔬菜的品质还与存放时间有很大关系。存放时间越长,蔬菜的质量下降越多。

各类蔬菜品质鉴别要求各有不同,具体要求如下:

①叶菜类蔬菜:以鲜嫩清洁,叶片形状端正肥厚(或叶球坚实),无烂叶、黄叶、老梗,大小均匀,无损伤及病虫害,无烂根及无泥土者为佳。

②茎菜类蔬菜:以大小均匀整齐、皮薄而光滑、皮面无锈斑、质嫩、肉质细密、无烂根、无泥土者为佳。

③根菜类蔬菜:以大小均匀整齐、肉厚质细、脆嫩多汁、无损伤及病虫害、无黑心、无发芽、无泥土者为佳。

④果菜类蔬菜:以大小均匀整齐、果形周正、成熟度适宜、皮薄肉厚、质细脆嫩多汁、无损伤及病虫害、无腐烂者为佳。

⑤花菜类蔬菜:以花球及茎色泽新鲜清洁、坚实,肉厚、质细嫩、无损伤及病虫害、无腐烂、无泥土者为佳。

⑥芽苗类蔬菜:以大小均匀整齐、色泽新鲜清洁、脆嫩多汁、肥壮、无腐烂者为佳。

3.7.3 蔬菜类原料的保藏

蔬菜的贮存方法必须具备两个方面的作用:一方面是降低蔬菜自身的生理活动能力;另一方面是减少微生物的侵袭。通常使用控制温度、湿度和气流量的方法来达到贮藏的目的。目前常用的贮藏方法有以下几种:

1)冰藏

冰藏是利用冰块将温度处于零度,并保持一定湿度的保藏方法。这是我国特有的一种传统方法,主要用于贮藏蒜薹、茄子、豆类、瓜类、花椰菜、莴苣等。

2)速冻贮藏

速冻贮藏是将新鲜蔬菜清洗整理,高温烫漂后进行快速冻结的保藏方法。此方法适合多种蔬菜。

3)堆藏和埋藏

堆藏和埋藏是最简易、最普通的贮藏方法。适于堆藏的蔬菜主要有洋葱、马铃薯、大白菜、大蒜等;适于埋藏的主要是根菜类,如萝卜、胡萝卜等。在有些地区,大白菜、卷心菜也可采用埋藏法贮藏。

4)窖藏

窖藏是指利用棚窖、窑窖等对蔬菜进行贮藏。一般适合根菜类蔬菜和大白菜等。

5)假植贮藏

当蔬菜成熟后,连根收刨,密集假植于沟、窖中。假植贮藏主要适合各种绿色蔬菜及幼嫩蔬菜,如芹菜、油菜、花椰菜、莴苣等。

蔬菜制品的耐贮性要比鲜菜强。干菜制品一般要注意防潮,防止吸水变潮后被微生物污染,故干菜制品应在干燥的环境中保管。腌、酱、泡菜通常应密封包装,在低温下进行保藏。

3.7.4 蔬菜保藏的注意事项

1)防止水分过度蒸发,以免发生萎蔫

可通过预冷处理,尽量减少入库后蔬菜温度和库房温度的温差;增加贮藏期湿度;控制空气流速。可采用塑料薄膜包装技术,如荷兰豆、豆角等用保鲜袋封固。

2)防止表面"结露",减缓腐烂

蔬菜贮存场所应有良好的隔热条件;贮存期间,维持稳定的低温;通风时,内外温差应小;蔬菜堆不应过厚、过大,保持堆内通风良好。

3)防止表皮损伤,以免缩短贮存期

对蔬菜进行包装贮运,如用塑料薄膜纸或袋、纸箱等,但应保证通风透气。质地脆嫩的蔬菜容易挤伤,不宜选择容量过大的容器,如番茄、黄瓜等采用比较坚固的箩筐或精包装,容量不超过30 kg。比较耐压的蔬菜(如马铃薯、萝卜等)都可以用麻袋、草袋或蒲包包装,容量可达20～50 kg。

4)最好不要混装,以免互相干扰

因为各种蔬菜所产生的挥发性物质会互相干扰,尤其是能产生乙烯的菜。微量的乙烯也可能使其他蔬菜早熟,例如辣椒会过早变色。贮存时不要与水产、咸鱼、咸肉等堆放在一起,避免异味感染,更不应与脏物放在一起。

餐饮业应用的蔬菜品种很多,数量通常不大,贮存时间不长,当天使用的蔬菜一般只要放在阴凉、通风的地方就可以了。发现腐烂的蔬菜应立即处理,以免病菌扩散污染。

任务评价

学生本人	量化标准(20分)	自评得分
成果	学习目标达成,侧重于"应知""应会" 优秀:16～20分;良好:12～15分	
学生个人	量化标准(30分)	互评得分
成果	协助组长开展活动,合作完成任务,代表小组汇报	
学习小组	量化标准(50分)	师评得分
成果	完成任务的质量,成果展示的内容与表达 优秀:40～50分;良好:30～39分	
总分		

练习实践

1. 蔬菜类原料如何分类? 请举例说明。

2. 叶菜类蔬菜的常用种类有哪些? 其烹饪应用特点是什么?

3. 进行当地蔬菜种类的市场调查,并写出调查报告。

4. 针对某一种蔬菜从品种特点、品质鉴别、烹饪应用、代表菜式(主配料、调味料、制作工艺流程、操作步骤、成菜特点)等方面写一篇小论文。

单元 4

畜类原料

【知识目标】

· 了解畜类原料的种类、畜肉的品质特点；

· 了解畜肉制品和乳制品的种类与品质特点，掌握其烹饪应用方法；

· 掌握猪、牛、羊 3 种代表性畜类动物的分档部位名称、特点和烹饪应用方法；

· 掌握畜类原料的感官检验和贮藏保鲜方法。

【能力目标】

· 能识别猪、牛、羊的分档部位，并在烹饪中正确选用；

· 能通过感官鉴别各种畜肉的新鲜度，能正确识别注水肉。

畜类原料是我国人民食用量较大的动物性原料，也是烹饪中的一类重要烹饪原料。本单元将对畜类原料的主要组织类型进行概述，并对此类原料的主要种类、副产品及制品的品质特点和运用等方面进行介绍，从而有助于读者正确认识和运用畜类原料。

任务 1　畜类原料概述

4.1.1　畜类原料的概念

畜类原料是指哺乳动物原料及其制品。烹饪中常用的主要是家畜。家畜是指人类为满足对肉、乳、毛皮及担负劳役等的需要,经过长期饲养而驯化的哺乳动物。

4.1.2　畜肉的组织结构

畜肉的组织结构从形态上划分为肌肉组织、脂肪组织、结缔组织、骨骼组织 4 种。各组织的构成比例取决于家畜的种类、性别、年龄、营养状况及饲养的时间和方法等。

1)肌肉组织

肌肉组织是构成肉的主要组成部分,是衡量肉的质量的重要因素。优质蛋白质主要存在于肌肉中,肌肉是最有食用价值的部分,也是烹饪中应用最广的原料。

肌肉组织是由肌纤维构成,可分为横纹肌、平滑肌、心肌。横纹肌分布于皮肤下层和躯干的一定位置,附着于骨髓上,动物体所有的瘦肉都是横纹肌。平滑肌也称内脏肌,主要构成消化管、血管、淋巴等内脏器官的管壁,肌纤维间有结缔组织。心肌是构成心脏组织的肌肉。平滑肌与心肌又合称为脏肌,属不随意肌。平滑肌由于有结缔组织的伸入而不能形成大块肌肉。但平滑肌有韧性,特别是肠、膀胱等处的平滑肌的韧性和坚实度较强,使肠、膀胱成为灌制品的重要原料。

2)脂肪组织

脂肪组织的含量因家畜的种类、年龄、肥度、部位不同而差异很大。脂肪的颜色、气味因家畜的种类、饲料而异。猪、山羊的脂肪为白色,其他畜类的脂肪带有不同程度的黄色,牛、羊的脂肪还有膻味。

脂肪组织一部分蓄积在皮下、肾脏周围和腹腔内,称为储备脂肪,如肥肉、板油、网油等;另一部分蓄积在肌肉的内、外肌鞘,称为肌间脂肪。如肉的断面呈淡红色并带有淡而白的大理石样花纹,这说明肉肌间脂肪多,肉质柔滑鲜嫩,食用价值高。

3)结缔组织

结缔组织主要是由无定形的基质与纤维构成的,占胴体的 15% ~20%。其纤维是胶原纤维、弹性纤维和网状纤维,都属于不完全蛋白质。结缔组织具有坚硬、难溶和不易消化的特点,营养价值较低。胶原纤维在 70 ~100 ℃时可以溶解成明胶,冷却后成胶冻,可被人体消化吸收,如皮、肌腱等含胶原纤维较多,在烹饪中可制成皮冻,用于制作凉菜或馅心等。弹性纤维富有弹性,不易水解,只有在 130 ℃时它才能水解,难消化,营养价值极低,主要分布于血管、韧带等结缔组织中。

结缔组织在畜体中分布较广,如皮、腱、肌鞘、韧带、膜、血管、淋巴管、神经等。结缔组织在畜体中的分布前多后少,下多上少,如前腿、颈部、肩胛处结缔组织较多。一般老龄的、役用的、体瘦的畜体含结缔组织多,牛、羊的结缔组织比猪的多。结缔组织含量多的肉质较粗。但如采用适当的烹饪方法,仍能烹制出很多味美可口的菜肴,如自扒蹄筋、皮冻等。

4)骨骼组织

骨骼组织是动物机体的支持组织,它包括硬骨和软骨。骨骼在胴体中占的比例越大,肉的比例就越小,含骨骼组织多的肉,质量等级低。骨骼是烹饪中制汤的重要原料,骨骼中含有一定数量的钙、磷、钠等矿物质以及脂肪、生胶蛋白,因此煮出的汤味鲜,有营养,冷却后能凝结成冻。由于骨骼有一定的营养价值,所以用管状骨煮汤时要用刀背敲裂骨骼,便于骨髓溢出。

4.1.3 畜肉的食用品质

畜肉的食用品质主要取决于肉的颜色、气味、滋味、嫩度、保水性和多汁性等物理性状,它们常被作为人们识别肉品的质量的依据。

1)肉的颜色

肉的颜色影响食欲和商品价值,如果是微生物引起的色泽变化则影响肉的卫生质量。肉的颜色依肌肉与脂肪组织的颜色来决定,放血充分的肌肉颜色则由肉中所含的色素蛋白质——肌红蛋白决定,肌红蛋白含量越多,肉的颜色越深。

家畜的肌肉均呈红色,但色泽及色调有所差异,一般来说,猪肉为鲜红色,牛肉为深红色,羊肉为浅红色。老龄动物肉色深,幼龄动物肉色淡。动物生前活动量大的部位肉色深,放血充分肉色正常,放血不充分或不放血,在肉中血液残留多则肉色深且暗。动物屠宰后肌肉在贮藏加工过程中颜色会发生各种变化。刚刚宰后的肉为深红色,经过一段时间肉色变为鲜红色,时间再长则变为灰褐色。保持肉色的方法有真空包装和使用抗氧化剂等。

2)肉的气味

肉的气味是检验肉质量的重要条件之一,是形成肉类菜肴独特风味的重要指标。生牛肉、猪肉没有特殊气味,羊肉有膻味,性成熟的公畜有特殊气味(腺体分泌物)。肉经烹饪加热后,一些芳香前体物质经脂肪氧化、美拉德反应以及硫胺素降解产生挥发性物质,赋予熟肉芳香味。不同的生鲜肉经过加热后,往往表现出不同的特征性气味,这与它们所含有的特殊挥发性脂肪酸的种类和数量有关,因此牛肉、猪肉、羊肉能呈现出不同的气味。加热可明显改善和突出肉的气味。大块肉烧煮时比小块肉味浓。

除了固有气味外,肉腐败、蛋白质和脂肪分解,则会产生臭味、酸败味、苦涩味;如存放在有葱、蒜、鱼及化学药品的地方,则会外加不良气味。

3)肉的滋味

滋味是由溶于水的可溶性呈味物质刺激味蕾,通过神经传导到大脑而反映出味觉。肉的

鲜香味由味觉和嗅觉综合决定。肉的滋味包括有鲜味和外加的调料味。

成熟肉风味的增加,主要是核苷类物质及氨基酸变化所致。牛肉的风味主要来自半胱氨酸,猪肉的风味可从核糖、胱氨酸获得。猪、牛、羊的瘦肉所含挥发性的香味成分主要存在于脂肪中。脂肪交杂状态越密,风味越好,因此,肉中脂肪沉积的多少,对风味更有意义。

4)肉的嫩度

肉的嫩度是指肉在咀嚼或切割时所需的剪切力的大小,表明了肉在被咀嚼时柔软、多汁和容易嚼烂的程度。嫩度是肉的主要食用品质之一,它是食用者评判肉质优劣的最常用指标。

影响肉嫩度的因素很多,除与遗传因子有关外,主要取决于肌肉纤维的结构和粗细、结缔组织的含量及构成、热加工等。将屠宰后的动物胴体后腿吊挂,借本身重力作用,使相应部分肌肉拉长,是提高肉嫩度的重要方法之一,行业所说的"牛肉要挂"就是这个道理。大部分肉经加热蒸煮后,嫩度有很大改善,并且品质有较大变化。但牛肉在加热时一般是硬度增加。

5)肉的保水性

肉的保水性又称肉的持水性,是指肉在施加任何力量(斩拌、绞碎、腌制、加热、冷冻等)时能牢固地保持其固有的水分及所加入水分的能力。肉的保水性能主要与肉中的蛋白质有关,其实质是肌肉蛋白质形成的网状结构、单位空间及物理状态捕获水分的能力,捕获水量越多,保水性越强。

不同种类畜肉的保水性不一样,牛肉、羊肉、猪肉依次降低。同一畜体不同部位肉的保水性也不一样,猪肩胛部肌肉比臀部肌肉持水性大。冷冻的肌肉解冻后持水性降低。适当添加食盐和脂肪可增加肉的保水性。

6)肉的多汁性

肉的多汁性也是影响肉的食用品质的一个重要因素,尤其对肉的质地影响较大,对多汁性的评判可分为 4 个方面:一是开始咀嚼时根据肉中释放出的肉汁多少;二是根据咀嚼过程中肉汁释放的持续性;三是根据在咀嚼时刺激唾液分泌的多少;四是根据肉中的脂肪在牙齿、舌头及口腔其他部位的附着给人以多汁性的感觉。

多汁性是一个评价肉食品质的主观指标,与它对应的指标是口腔的用力度、咀嚼难易程度和润滑程度,多汁性和以上指标有较好的相关性。

在一定范围内,脂肪含量越多,肉的多汁性越好。因为脂肪除本身产生润滑作用外,还刺激口腔释放唾液。脂肪含量的多少对重组肉的多汁性尤为重要。一般烹饪结束时温度越高,多汁性越差。不同烹饪方法对多汁性有较大影响,同样将肉加热到 70 ℃,采用烘烤方法肉最为多汁,其次是蒸煮,然后是油炸,多汁性最差的是加压烹饪。这可能与加热速度有关,加压和油炸速度最快,而烘烤最慢。另外,在烹饪时若将包围在肉上的脂肪去掉则导致多汁性下降。

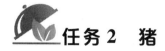

任务 2 猪

4.2.1 猪的品种及特点

猪是由野猪驯化改进而成的肉用家畜,在世界各地分布较广,因饲养条件等诸多因素而形成各种不同的品种。在饲养过程中人们经过长期的实践,培育成了脂肪型、瘦肉型和肉脂兼用型的品种。我国猪的品种多为脂肪型,现随着生活需求的变化,逐步向瘦肉型或肉脂兼用型发展。

脂肪型猪:这类猪脂肪含量较高,瘦肉率为40%左右。皮薄毛稀,肉质细嫩,早熟,一般是在饲养条件较差或能量饲料比较充裕的情况下育成的品种。如巴克夏猪,东北的小荷包猪,南方的陆川猪、宁乡猪、内江猪、梅花猪、天花猪等都属于这种类型。

瘦肉型猪:又称腌肉型。这类猪育肥期短,对饲料中的蛋白质利用率高,胴体瘦肉率为55%~60%,我国培育的三江白猪和引进的长白猪、大约克夏猪、汉普夏猪、杜洛克猪都属于这种类型。

肉脂兼用型猪:其外形特点和产肉性能都介于瘦肉型和脂肪型之间。以生产鲜肉为主,瘦肉和肥肉约各占胴体50%。我国的大部分猪种,国外的中约克夏猪、苏白猪等都属于这种类型。

猪按产区可分为华北型猪、华南型猪、华中型猪、江海型猪、西南型猪和高原型猪6种类型。我国的主要猪种有河南项城猪、广东梅花猪、浙江金华猪、湖南宁乡猪、江苏太湖猪、四川内江猪、东北民猪等品种。

梅花猪:又称"大花白猪",原产广东北部,现主要分布在广东省的仁化、乐昌、顺德和连平等地,以乐昌所产的最为著名。梅花猪毛色黑白相间,而白色约占全身毛色的2/3。耳稍大下垂,额部多有横纹,背腰宽。梅花猪早熟易肥,皮薄,肉质嫩美。骨细小。

东北民猪:原产于东北和华北部分地区,现广泛分布于辽宁、吉林、黑龙江、河北和北京等地,分大民猪、二民猪、荷包猪3种类型。全身黑色,头中等大,面直长,耳大下垂,单脊,背腰较平,四肢粗壮,后躯斜窄。肌肉不丰满,皮过厚,因而影响了肉用价值。

金华猪:产于浙江金华地区。其头和臀、尾为黑色,身体和四肢为白色,所以金华猪又称"两头乌猪"或"金华两头乌猪"。体形较小,背略凹,腹稍下垂,臀较倾斜,头型有"寿字头"和"老鼠头"两类。金华猪皮薄骨细,肉质细嫩,脂肪分布均匀,适于腌制火腿和咸肉。著名的"南腿"——金华火腿即以此猪为原料制作而成。

宁乡猪:产于湖南省宁乡等县,主要分布于宁乡、益阳、安化及邵阳等地。毛稀而短,毛色有乌云盖雪、大黑花和小散花几种。头大小中等,额部有形状和深浅不一的横行皱纹,耳较小、下垂,颈短宽,多有垂肉,背腰宽,背线多凹陷,腹大下垂,臀宽微倾斜,四肢粗短。宁乡猪皮薄骨细、肉质细嫩、味道鲜美。

太湖猪:产于长江下游太湖地区,有二花脸、枫泾、梅山、嘉兴黑猪等多个地方类群。体形较大,头大额宽,额部和后躯有明显皱褶,耳特大,软而下垂,近似三角形,背腰微凹,胸较深,四肢稍高,被毛稀疏,毛色全黑或青灰色,也有的四蹄或尾尖为白色。

江苏淮猪:主要产于苏北地区,毛色全黑,头部较长,耳大下垂,四肢较长,臀部肥厚,凹背垂腹。出肉率较高(65%以上),肉质细嫩,品质优良。如皋火腿因其质量优良而被称作"北腿",与"南腿""宣腿"并称为三大火腿。如皋火腿即以江苏淮猪为主料制作而成。

我国也从国外引进了一些优良品种,如长白猪、大约克夏猪、杜洛克猪、巴克夏猪、汉普夏猪、苏白猪等。这里主要简单介绍长白猪和大约克夏猪。

长白猪:又称兰得列斯,是北欧玻利维亚地方土产猪,特别是丹麦的兰得列斯种为世界所知名,是世界上著名的瘦肉型品种。我国于1963—1965年开始引进该品种,因其毛色全白,身体较长,故名"长白猪"。头小,鼻嘴狭长,后躯健壮,腿部丰满,胴体瘦肉率达60%以上。

大约克夏猪:原产英国约克夏州,是世界上著名的瘦肉型品种。被毛全白,故又称作"大白猪"。这种猪头颈较长,面部微凹,耳大直立,背平直稍呈弓形,腰长而结实,四肢较高,肌肉发达。胴体瘦肉率为65.6%,腿臀比例为34%~35%,肉质较好。

4.2.2　猪的分档取料

猪头:包括眼、耳、鼻、舌、颊等部位。猪头肉皮厚,质老,胶质重,宜用凉拌、卤、腌、熏、酱腊等方法烹制,如酱猪头肉、烧猪头肉。

颈肉:也称槽头肉、血脖。猪颈部的肉,在前腿的前部与猪头相连处,此外是宰猪时的刀口部位,多有污血,肉色发红,肉质绵老,肥瘦不分。宜做包子、蒸饺、面臊或采用红烧、粉蒸等烹饪方法。

肩颈肉:也称上脑、托宗肉。猪前腿上部,靠近颈部,在扇面骨上有一块长扁圆形的嫩肉。此肉瘦中夹肥,微带脆性,肉质细嫩。宜采用烧、卤、炒、熘或酱腊等烹饪方法。制作叉烧肉多选此部位。

里脊肉:也称腰柳、腰背。为猪身上最细嫩的肉,水分含量足,肌肉纤维细小,肥瘦分割明确,上部附有白色油质和碎肉,背部有薄板筋。宜炸、爆、烩、烹、炒、酱、腌,如软炸里脊、生烩里脊丝、清烹里脊等。

外脊与脊骨:外脊又称通脊、背脊肉。位于脊椎骨外与脊椎骨平行的长条肉,长扁圆形,长约60 cm,宽约7 cm。色发白,质细嫩。根据用途可分割为3种:一是净外脊肉,适合炸、炒,如炸面包猪排、爆脊花。二是带肥膘的外脊,适合烧、焖,如黄焖猪排、红烧猪排。三是带骨的外脊,适合炸大排等菜。脊骨又称腔骨、分水骨、大排骨,位于猪脊背上的一条大骨,骨头表面附有瘦肉。适合烧、炖、煮汤。

臀尖肉:又称宝尖、鸳鸯肉。位于猪后腿最上方,都是瘦肉,肉质细嫩。适合爆、炒、熘、炸等,如软炸肉、熘肉片。

前腿肉:也称夹心肉、挡朝肉。在猪颈肉下方和前肘的上方。此肉半肥半瘦,肉老筋多,吸水性强。宜做馅料和肉丸子,适宜于凉拌、卤、烧、焖、爆等烹饪方法。

排骨:排骨又称小排骨、肋骨,是猪的肋条骨,多带一层瘦肉。质嫩不油腻。适合烧、焖、熘等,如红烧排骨、熘排骨。

上五花肉:又称硬五花肉。其肉嫩皮薄,有肥有瘦。适宜于熏、卤、烧、爆、焖、腌熏等烹饪方法,如红烧坛肉、扣肉等。

下五花肉:又称软五花肉。位于没有肋条的部分,肉质较差,烹饪方法与上五花肉相似。

后腿肉:也称后秋。猪肋骨以后骨肉的总称。包括门板肉、秤砣肉、盖板肉、黄瓜条几部分。门板肉又称无皮后腿、无皮坐臀肉。其肉质细嫩紧实,色淡红,肥瘦相连,肌肉纤维长。用途同里脊肉。秤砣肉又称鹅蛋肉、弹子肉。其肉质细嫩,筋少,肌纤维短。宜于加工丝、丁、片、条、碎肉、肉泥等。可用炒、煸、汆、爆、熘、炸等烹饪方法,如炒肉丝、花椒肉丁等。盖板肉是连接秤砣肉的一块瘦。肌纤维长。其肉质、用途基本同"秤砣肉"。黄瓜条是与盖板肉紧相连接的一块瘦肉,肌纤维长。其肉质、用途基本同"秤砣肉"。

前肘:也称前蹄髈。其皮厚、筋多、胶质重、瘦肉多,常带皮烹制,肥而不腻。宜烧、扒、酱、焖、卤、制汤等,如红烧肘子、菜心扒肘子、红焖肘子。

后肘与猪蹄:后肘又称后蹄髈。因结缔组织较前肘含量多,皮老韧,质量较前肘差。其烹饪方法和用途基本同前肘。

猪蹄又称猪爪。适于酱、烧,如酱猪蹄、红烧猪蹄。

奶脯肉:又称软五花肉。其位于猪腹底部,质呈泡状油脂,间有很薄的一层瘦肉,肉质差,一般做腊肉或炼猪油,也可烧、炖或用于做酥肉等。

猪尾:也称皮打皮、节节香。由皮质和骨节组成,皮多胶质重,多用于烧、卤、酱、凉拌等烹饪方法,如红烧猪尾、卤猪尾等。

耳朵:又称双皮、里外皮,适合酱、熟拌、熟炒,如酱猪耳、拌熟猪耳丝。

4.2.3　猪肉的品质特点及烹饪应用

猪肉的色泽和品质与其育龄、性别、产地、品种、肉的部位等不同而有差异。

1)品质特点

猪肉的肌肉组织中含有较多的肌间脂肪,因而经烹饪后滋味较好。质量好的猪肉肌肉有光泽,肉色均匀,脂肪洁白,富有弹性,气味正常,肌肉纤维细而柔软,结缔组织较少,脂肪含量较其他肉类高。

老猪:皮厚,毛孔粗,表面粗糙有皱纹,肉色灰暗,肌肉纤维粗糙,风味不佳,难烂,宜用小火长时间加热,不宜爆、炒、炸等旺火速成的烹饪方法。

成年猪:8~10月龄的猪,毛孔细,表面光滑无皱纹,骨头发白,肌肉色泽鲜红,脂肪均匀,无异味,肉质细嫩,质量最佳。成年猪肉好熟易烂,吃火不大,熟后香味浓郁,味道鲜美。

乳猪:指育龄1~2月的猪。乳猪肉中水分较多,肉质松弛细嫩,色泽浅淡,风味尚可。最适合烤制,如广东名菜烤乳猪。原产于广西的香猪,有皮薄、骨细、肉质细嫩的特点,现在多处引种饲养。它是烤乳猪的上乘原料。

商品猪:指自幼阉割的生猪。猪生长到1—2月时经阉割可使猪的性情温驯,便于管理,能有效地肥育和提高肉的质量。经培育杂交后的猪,肉质性状均可超过亲代。一般经阉割的猪,公猪前部发达,颈胸肌肉丰满,母猪则后部发达,臀、腰、后腿肉多。育龄为1年左右的商品猪,其肉质细嫩,皮面光滑,毛孔细,肉易熟,熟后香味浓,味鲜美,质量最好。

2)烹饪应用

猪肉是中式烹饪中运用最广泛、最充分的原料,既可作菜肴的主料,又可作菜肴的辅料,还是面点中馅心的重要原料之一。猪肉及骨髓又是烹饪中制汤的主要原料。总之,猪肉适宜所有的烹饪方法。猪肉还适宜于多种刀法,可加工成丁、丝、条、片、块、段、蓉、泥及多种花刀形。在口味上猪肉适于各种调味,并可制成众多的菜点,既有名菜小吃,又有主食。如北京的白肉片、筒子肉,山东的扒肘子、把子肉、火爆燎肉、锅烧肘子、滑炒里脊丝、菊花肉,江苏的樱桃肉、狮子头,四川的鱼香肉丝、回锅肉,广东的烤乳猪等。作为面点馅心,可制成包子、水饺、馄饨;作为面条辅料,如炸酱面、肉丝面等。

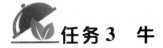

任务3　牛

4.3.1　牛的品种及特点

我国的牛一般以役用为主,肉用为辅,也有少部分牛种为乳肉兼用,除少数草原牛外,供屠宰食用的牛多为丧失劳役能力(老、弱、病、残)的黄牛、水牛或乳牛中的淘汰牛,随着农业机械化及畜牧业的发展,这种情况也正在改变。另外,西北部的牦牛,肉质鲜嫩,也可供食用。

1)黄牛

秦川牛、南阳牛、鲁西牛、晋南牛、延边牛为我国著名的五大良种黄牛。

(1)秦川牛

秦川牛产于陕西渭河流域的平原地区,是我国著名的黄牛品种,被誉为"国之瑰宝",属大型役、肉兼用品种。其肉质细致柔嫩,肉香味浓郁,史书即有"牛肉细嫩、具纹、烙饼牛羹,膏脂润香"的记载。

(2)鲁西牛

鲁西牛又称渤海黄牛,产于山东省西部、黄河以南、运河以西一带,属役、肉兼用型牛。鲁西牛体格高大,肌肉发达,身体强壮,略短。眼圈、口轮、腹下四肢内侧毛色较浅,即具有完全的三粉特征。肉用性能良好,肉质细嫩。

(3)南阳牛

南阳牛产于河南省的南阳地区,属大型役、肉兼用型牛。南阳牛身体高大,肌肉发达,骨骼粗壮,毛色有黄色、红色、草白色3种,南阳牛以黄色为主,深浅不等的黄色占81%。南阳牛净肉率为56.5%,骨肉比为1:7.4,肉的品质较好。

（4）晋南牛

晋南牛产于山西省西南部,其中以万荣、河津和临猗等县所产的牛最好,属大型役、肉兼用型品种。晋南牛体躯高大结实,毛色以枣红色为主,额头宽,前胸宽阔,臀部较窄,颈粗而短,垂皮比较发达。净肉率为43.4%,肉的品质较好。

（5）延边牛

延边牛产于吉林延边,分布于东北三省,属寒温带山区的役、肉兼用品种。延边牛胸部宽阔,身体坚实,被毛较长,皮较厚而具有弹力,毛色为浓淡不同的黄色。延边牛体质结实,抗寒性能良好,净肉率47%,肉质柔嫩多汁,鲜美适口。

2）水牛

水牛在我国南方养殖较多,现分布华中各地。水牛身体粗壮,被毛稀疏多灰色,角粗大而扁、向后方弯曲,皮厚,汗腺极不发达,热时需浸入水中以散热,因而名为水牛。这种牛腿短、蹄大,适于水田耕作,役力和泌乳量都较黄牛高,肉质较粗,国外有些地区以此品种作为乳用。

3）牦牛

牦牛也称鹿牛、髦牛。牦牛主要产于西藏、四川北部及新疆、青海等地区,因其叫声似猪,又称猪声牛。牦牛也有野生及家养两种,耐寒、耐粗饲料,蹄质坚实,善在空气稀薄的高山峻岭间驮运,故又称"高原之舟"。其乳多为黄色,含脂率高（平均在6%以上）,适于做酥油。肉纤维较粗,但质地非常细嫩,味道鲜美。

4.3.2　牛的分档取料

我国牛肉的分档取料有两种方法:一种是牛胴体分档法,即将标准的牛胴体二分体成臀腿肉、腹部肉、腰部肉、胸部肉、肋部肉、肩部肉和前后腿肉7个部分,在此基础上进一步分割成13块不同的零售肉块:里脊、外脊、眼肉、上脑、胸肉、嫩肩肉、臀肉、大米龙、小米龙、膝圆、腰肉、腱子肉、腹肉。另一种是中式烹饪的分档方法,这里主要介绍中式烹饪的分档方法。

头:从宰杀刀口至脑顶骨处。皮多骨多,肉少且肉中多筋膜。头适合酱、烧、煮等烹饪方法。

尾:尾根部至尾末端。肉质较肥美,适合煮、炖、烧等烹饪方法。

上脑:位于脊背前部,靠近后脑处,主要包括背最长肌和斜方肌等。肉质肥嫩,可切丝、丁、片、条、块等,适合烤、烧、涮等烹饪方法。

颈肉:即牛脖颈肉,肉质较差,可用于红烧、炖、制馅等烹饪方法。

前腿:位于上脑下部,颈肉后部,即胸肉,主要包括胸升肌和胸横肌、三角肌等,其中胸升肌、胸横肌肉质较老,适合酱、红烧、炖等烹饪方法。三角肌即嫩肩肌,较嫩,可用炒、熘等烹饪方法。

前腱子:牛的前臂骨周围,即牛前膝下部、蹄的上部。前腱子肌肉紧凑,肉质较老,筋腱较多,适合酱、煮、烧等烹饪方法。

里脊:又称牛柳,是牛肉中最嫩的一块,较小呈扁圆形,内有细筋。牛柳肉质细嫩,可切丁、丝、条、片、块等,适合烤、熘、炒等烹饪方法,可制作蚝油牛柳、烤肉片等菜肴。

外脊:又称西冷,位于牛脊背两侧的肌肉,脊骨外,呈长条形,外有一层筋,肉质细嫩且较大,所以是食用价值较高的一块肉,可替代里脊使用,可切丝、丁、片、条、块等,适合爆、炒、炸、熘、涮等多种烹饪方法,可制作烤牛排、蚝油牛肉、烤肉片等菜肴。

腑肋:位于胸部肋骨处,肉中夹筋,肥瘦均匀,适合红烧、炖、煨等烹饪方法。

胸脯:又称奶脯,位于腹部,肉层较薄,附有筋膜,一般用于红烧等烹饪方法。

米龙:位于尾根部,前接外脊,相当于猪的臀尖,其肉质较嫩,可切丝、丁、片、条等,适合炸、炒、爆、熘等烹饪方法。

元宝肉:又称弹子肉、榔头肉、膝圆等,位于股骨前,近似圆形。该肉质地细嫩,但有筋,肌纤维交叉,可切丁、丝、条、片等,可用于炒、爆、炸、熘等烹饪方法。

里仔盖:又称底板,位于后腿紧贴肉皮的一块梯形肉,前后薄,中间厚,相当于猪的坐臀肉。该肉上半部肉质较嫩,下半部较老,肌纤维紧密,可切丁、丝、条、片、块等,一般可用于炒、炸、熘等烹饪方法。

仔盖:位于元宝肉与里仔盖左右相连处,相当于猪的黄瓜条肉,肉质细嫩,用途与米龙相同。

后腱子:在牛的胫骨周围,即牛后膝下部、蹄的上部。后腱子肉肌肉紧凑,肉质较老,筋腱较多,适于酱、煮、烧等烹饪方法。

我国香港地区对牛肉的分档规格一般为:

牛展(小腿肉):前腿牛展取自肘关节至腕关节处的精肉,后腿牛展为膝关节至跟腱处的精肉,去掉可见脂肪和筋膜,形态完整。

牛前(颈背部肉):在第12至第13肋间靠最长肌下缘,直向颈下切开,但不切到底,取其上部精肉。

牛胸(胸部肉):取自牛的牛前直切线下部与切线未切割余下的精肉。

针扒(股内肉):沿缝匠肌前缘连接间膜处分开,取含有股薄肌、缝匠肌和半膜肌的精肉。去掉可见脂肪和筋膜,形态完整。

尾龙扒(荐臀肉):沿半腱肌上端至髋关节处,与脊椎平直切断的上部精肉。

会牛扒(股外肉):沿半腱肌上端至髋关节处,与脊椎平直切断的下部精肉。

西冷、牛腩(腹部肉)、霖肉(膝圆)的分割方法,与我国其他地区相似。

4.3.3　牛肉的品质特点及烹饪应用

牛肉是我国三大家畜肉之一。与猪肉相比,牛肉消费量较少。我国传统农业多以牛为役用畜,故肉用量较少。但近年来随着农业机械化程度的不断提高以及秸秆饲养技术的推广,肉用牛的饲养量有所增加,牛肉的消费量也在逐步增加。

1)品质特点

牛肉的品质特点因其品种、性别、育龄、饲养情况的不同而有所差异。牛肉按性别可分为犍牛肉、公牛肉、母牛肉;按生长期可分为犊牛肉、壮牛肉、老牛肉;按品种可分为牦牛肉、水牛肉、黄牛肉。

犍牛肉:经过阉割过的牛的肉,其肌肉呈红色,脂肪为淡黄色或深黄色,纤维细密,质地较嫩,有少量肌间脂肪,熟后无腥味,肉味香郁,质量最好。

公牛肉:肌肉纤维粗糙,肉色紫红、质地较老,烹饪时熟烂较慢。熟后肉腥气味浓重,不宜于爆、炒、烹等烹饪方法,质量较差。

母牛肉:与犍牛肉基本相同。但体质过瘦和年龄过老的牛,其肉烹煮难熟,而且肉腥气味较重,品质较差。

犊牛肉:即1岁以内的牛犊肉。呈淡红色,肌间脂肪少,肉细柔松弛,肉质虽然鲜嫩但滋味远不如成牛肉,西餐中使用较多,用以煎、烤等烹饪方法。

壮牛肉:腰肥体壮,肌肉中有均匀的脂肪,把肌肉横断纤维切开,断面呈现大理石一样的花纹,肌肉富有弹性。壮牛肉不论酱、烧、卤、炖样样相宜,好熟易烂,熟后肉香浓郁,鲜美可口。

老牛肉:呈暗红色并发微青,肌肉纤维粗硬而坚韧,肌间脂肪很少,烹饪时不易熟烂。肉质过瘦时,肉腥气味重,质量较差。

牦牛肉:肌肉发达,肌肉组织较紧密,色紫红,肌间脂肪较多,肉质柔嫩风味好,在3种食用牛肉中质量最好。

水牛肉:肌肉发达,纤维粗。组织不紧密,色暗红,肌间脂肪含量少。卤煮后不易收缩成块,切时易碎。食时虽有鲜香味,却稍有膻臊,质量较差。

黄牛肉:肌肉纤维较细,组织紧密,色深紫红,肌间脂肪分布较均匀,细嫩芳香,经酱卤冷却后,收缩成较坚硬的团块。质量仅次于牦牛肉,一般说的牛肉多指黄牛肉。

2)烹饪应用

牛肉在烹饪中多作主料使用,刀工成形也较多,因牛肉质老,一般在切牛肉片或丝时要顶丝切。牛肉适宜炸、熘、炒、炖、酱等多种烹饪方法。牛肉也适宜多种味型,制成多种菜点,如北京的酱牛肉,内蒙古的烤牛肉,广东的蛇油牛肉、咖喱牛肉,四川的水煮牛肉、干煸牛肉丝、灯影牛肉,山东的五香牛肉干等。牛肉还可作面点中的馅心,制成包子、水饺等,也可作面条的卤,如甘肃的牛肉拉面等。

牛肉的肌肉纤维长而粗糙,肌间筋膜等结缔组织多,制成菜肴后肉质老韧,牛的背腰部、臀部肌肉纤维短,肌间筋膜等结缔组织少,且较柔嫩,可用旺火速成的烹饪方法制作菜肴,但如加热稍有过度便老韧难嚼。

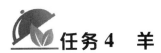

任务4 羊

4.4.1 羊的品种及特点

羊的产地以西北、华北、东北地区为主,中南、西南、华东等地区则较少,较有名的有蒙古的肥尾绵羊、新疆的哈萨克绵羊及成都的麻羊等。

蒙古肥尾绵羊:原产内蒙古草原,现分布很广。这种羊主要以肉用为主,臀部肌肉丰满,尾呈圆形,储有大量脂肪,故名肥尾绵羊。其肉质细嫩,腥味极少,平均体重为 35 ~ 45 kg,是涮羊肉的上等原料。

哈萨克绵羊:以新疆为主要产区。青海、甘肃等地也有生产,是我国育成的第一个毛、肉兼用羊种。公羊一般带有螺旋形大角,母羊无角或有小角。其肉质细嫩,味道鲜美,体重达 70 kg左右,为上等肉用羊。

麻羊:以东北、华北和四川为主要产区,较有名的品种有四川的成都麻羊,是山羊的一种,其体形较绵羊小,皮毛厚,肉质较绵羊粗糙,且带有较重的腥味,肉质不如绵羊。

4.4.2　羊的分档取料

羊头:皮多肉少,多用于卤、酱、煮等烹饪方法。

羊尾:不同品种的羊,其尾的质量有较大差别,一般绵羊尾多油、肥嫩,可切丝、片等,适宜于炒、爆、炸等烹饪方法;山羊尾皮多,较肥腻,适合烧、卤等烹饪方法。

颈肉:位于颈部,肉质较老,夹有细筋,适合红烧、酱、卤、炖等烹饪方法。

前腿:又称哈力巴,位于颈部后,胸前腱子上部。胸肉脆嫩,肥多瘦少,且筋少,适合烧、扒、卤、酱等烹饪方法。其他部分筋较多,适合烧、炖、煮等烹饪方法。

前腱子:位于羊的前膝下部,前羊蹄上部。该部肉质较老,肉中夹筋,适合酱、炖、煨等烹饪方法。

脊背:包括里脊和外脊。里脊呈细长条形,是羊身上最嫩的一块肉。外脊又称扁担肉,位于脊骨外,呈长条形,外有一层筋,肉质细嫩。脊背是羊肉中应用最广泛的三块肉(外脊、里脊、后腿)。可切丁、丝、条、片、块等,一般可用于炒、炸、熘、烤、涮等烹饪方法。

肋条:位于肋骨外的肉,呈方形,无筋,肥瘦间有。肋条可用于炒、烧、烤、涮、焖等烹饪方法。

胸脯:包括胸脯肉和腰窝。胸脯肉位于腹部,肉质肥多瘦少,无筋,适宜烤、烧、焖、扒等烹饪方法。腰窝肉位于腹部肋骨后近腰窝处,肌纤维长短纵横不一,肉内夹有三层筋膜,肉质较老,适合酱、卤、炖等烹饪方法。

后腿:包括大三叉、磨裆肉、黄瓜条、坐臀。大三叉位于臀尖处,肥瘦各半,肉质较嫩,可代替里脊使用。磨裆肉位于两腿裆部相磨处,形如碗状,肌纤维纵横不一,肉质较粗松,适合烤、炸、涮等烹饪方法。黄瓜条与磨裆肉相连,呈长条形,肉质细嫩,可制作多种菜肴。坐臀肉又称坐板肉,位于后腿紧贴肉皮的一块呈梯形的肉,前后薄中间厚。该肉全部为瘦肉,肉质稍老,肌纤维较长,可切丁、丝、条、块等,一般可用于炒、酱、烧等烹饪方法。

后腱子:位于羊的后膝下部,蹄的上部。后腱子肉紧凑,肉质较老,筋腱较多,适合酱、煮、烧等烹饪方法。

4.4.3 羊肉的品质特点及烹饪应用

1）品质特点

绵羊：肉体丰满，特别是臀部肌肉，肥厚细软，尾部略呈圆形，且储有大量脂肪。肉质坚实，颜色暗红，肌肉纤维细而软，肌间脂肪较少。公绵羊肉腥味较少。经育肥的绵羊，肌间有白色脂肪，脂肪较硬而脆。绵羊肉及脂肪均无腥味，烹饪后味道醇香。

山羊：体形比绵羊小，皮质厚，肉呈暗红色，年龄越大肉色越深，皮下脂肪较少，腹部脂肪较多，公山羊肉膻味较重，但瘦肉较多。山羊肉及脂均有明显的膻味。

2）烹饪应用

羊肉在清真菜肴中应用最多，且多为主料，羊肉本身也适用于多种烹饪方法和多种调味，可以制作很多菜点，如它似蜜、葱爆羊肉、扒海羊、炸脂盖、羊肉汤，以及风靡全国的涮羊肉、烤羊肉串等。

羊肉如果膻味大，在调制羊肉汤时可加入香菜、青蒜等，既能消除羊肉的膻味又能增加清香味；在炖羊肉时加适量的白萝卜或绿豆，在烹制羊肉菜肴时加入适量的白酒、醋等都能起到去膻味的作用。

任务5 畜类副产品

4.5.1 肝

1）品质特点

肝由于细胞成分多，故质地柔软、嫩而多汁。

2）烹饪应用

在对肝进行加工时特别注意要去掉右内叶脏面上的胆囊（俗称苦胆），但不要弄破。在烹饪中肝一般作为主料使用，刀工成形一般多为片状，适宜于多种口味。对其用爆、炒、熘等旺火速成的烹饪方法较好，为保持其柔嫩往往要采取上浆的方法使肝外面加上保护层。肝也可采取酱的方法制作酱肝。用猪肝为主料制作的菜肴有炒肝尖、烟肝尖、酱猪肝等。

牛肝的质地、色泽与猪肝相似，但加热成熟后较猪肝硬。

3）注意事项

因为肝是内脏器官，难免有脏腥味，所以在用肝制作菜肴调味时，要加点醋，以去其腥味；制作酱肝时一定要注意火候，且不可加热过度，否则酱出的肝不嫩。

4.5.2　肾

肾的主要食用部位是肾皮质,别名"腰子"。

1)品质特点

肾质脆嫩,以浅色为好。

2)烹饪应用

肾在菜肴中多作主料使用,适宜旺火速成的烹饪方法,如炒、爆、炝、熘等。肾在刀工处理上主要是花刀,如麦穗花刀、多十字花刀等。剞上花刀使受热面积增大,便于旺火速成,易入味,外形美观,在调味上可加适量醋以去其腥臊。肾可以制作炒腰花、炝蜈蚣腰丝、熘腰穗等菜肴。

3)注意事项

用肾制作菜肴时要去掉肾髓(即腰臊);因为是内脏器官,难免有脏腥味,所以在用肾制作菜肴调味时,要加适量醋以去其腥味;用肾制作菜肴时不要加热过度,否则菜肴质地老。

4.5.3　胃

1)品质特点

胃壁由3层平滑肌组成,肌层较厚实,韧性大而脂肪少。

2)烹饪应用

胃在烹饪中多作主料使用,一般刀工成形是片、条、丝等。常用的烹饪方法是爆、炒、酱、汤爆、拌等,特别是幽门部分俗称肚头,最宜旺火速成的爆、汤爆等烹饪方法来制作菜肴,如油爆肚头、汤爆肚头。胃制成的菜肴有炒肚丝、红烧肚片、芥末肚丝、酱肚,用重瓣胃制作的有发丝牛百叶、毛肚火锅,清真菜肴有水爆肚、烩散丹、虾子烧散丹等。

3)注意事项

猪胃除肚头可直接用生肚头制作菜肴外,其他部位一般须先白煮熟,然后再用白熟肚制作菜肴。

4.5.4　肠

肠在烹饪中以大肠应用较多。

1)品质特点

肠由平滑肌组成,肌层较厚实,韧性大而脂肪少,腥臭味重。

2)烹饪应用

肠在菜肴中主要作主料使用,一般刀工成形为段。常用的烹饪方法是烧、清炸等。用肠可制作很多菜肴,如九转大肠、红烧大肠、清炸大肠等。

3)注意事项

肠腥臭味最重,故一定要洗涤干净,去尽秽味。除卤、酱外,生肠一般不能直接应用,一定要先白煮熟,然后再用白熟肠制作菜肴。

4.5.5　肺

肺别名玛瑙、肺叶。

1)品质特点

肺主要由肺泡组成,质地柔软如海绵。

2)烹饪应用

肺在烹饪中也多为主料,刀工成形一般是块状。常用的烹饪方法是酱、煮,也可做汤。可制作玛瑙海参、奶汤银肺、酱猪肺等。

3)注意事项

肺的毛细血管较多,所以在处理时一定要灌洗干净。肺一般也需要先白煮熟后再用来制作菜肴。

4.5.6　心

心,别名"灵台"。

1)品质特点

心由心肌组成,有一定的韧性。

2)烹饪应用

家畜心脏既可整形用于卤、酱等方法制作冷菜,又可刀工处理成片,用于炒、熘、炸等旺火速成的烹饪方法,还可切块后用烧、烩、焖、煨等中小火长时间加热的烹饪方法成菜。将其白煮至烂后再改刀用于烧、烩、炒等。以家畜心脏制作的菜肴有卤猪心、软炸山花、熘心嘴、滑熘羊心、焖牛心、青椒炒牛心片等。

4.5.7　杂料

家畜的头、耳、脑(又称天花)、舌(又称口条)、脊髓、血、皮、蹄、鞭、尾等杂料均可制成菜肴,如豆渣猪头、扒烧整猪头、炒猪耳、白扒天花、氽黄管脊髓、酱猪口条、酱猪蹄、酱羊蹄、红烧牛鞭、砂锅羊头等。

任务 6　畜类制品

4.6.1　畜类制品的分类

畜类制品按其加工方法分,可简单分为腌腊制品、灌肠制品、脱水制品、其他制品。

1)腌腊制品

以盐腌为主是腌腊制品的特点。腌制方法是将各种畜肉及副产品加工成各种不同规格和形态后,用盐、硝及其他调味品混匀后在其周围涂擦,然后进行堆积或将肉品投入腌液中浸泡,在一定气温下放置数日即成。它是利用食盐的渗透压作用,使鲜肉原料中的水分部分析出,而盐分则渗入鲜肉组织中,这一过程称为腌制,其成品叫作腌制品。腌制品原指农历腊月腌制的肉制品,经风干、烘烤或熏制后成为腊制品。随着加工技术的发展,腊制品已失去了原有名称的意义,而成为具有加工特点和风味特色的一类产品的总称。腌腊制品为生肉制品,需经蒸煮后方能食用。

腌制方法主要有 3 种,即干腌法、湿腌法及混合腌法。

（1）干腌法

干腌法是用盐和硝来腌制肉类。干腌法的优点是方法简便,容易保存,蛋白质损失较少;缺点是腌制程度有时不均匀,色泽不好,肉质较硬,我国的火腿多采用干腌法。

（2）湿腌法

湿腌法是将盐和硝等混合,加入水调成浓度为 20% 的溶液,然后将肉浸入进行腌制。湿腌法的优点是程度均匀,色泽鲜艳,肉质较柔软,腌制周期短,剂量准确;但其缺点是制品中的水分含量高,相对来说保存期短,营养成分流失较多。

（3）混合腌法

混合腌法是上述两种方法的综合应用,在干腌法的基础上,经两三天后再用湿腌的溶液进行腌制,这种方法可增加贮藏期肉质的稳定性,防止产品过度脱水,并能收到程度适中的效果。

2)灌肠制品

将畜肉或某些下货制馅调味后灌入肠衣或经处理的猪膀胱内,再经烘晾、蒸煮、晾透制成的肉类制品总称为灌肠制品。灌入肠衣的称为灌肠,灌入膀胱的称为灌肚。灌肠制品是欧美人民喜爱的一种主要风味肉制品。我国目前生产的主要灌肠制品有中式灌肠制品、西式灌肠制品等。

灌肠制品是一种综合利用肉类原料的产品,它既可以精选原料制成质量精美、营养丰富的高档肉制品,也可以利用肉类加工过程所产生的碎肉等制成价格低廉、经济实惠的大众化肉制品。灌肠制品营养丰富,食用方便,便于携带,有些产品贮存期较长,因此,灌肠制品是具有广泛发展前途的肉制品。

3）脱水制品

脱水制品主要是指将肉类初步加工后，经调味、煮、烩、烘干脱水后制成的一类干燥肉制品。其质量轻、体积小，便于携带、运输和贮存。但由于工艺要求高，成本高，出品率低，故价格较贵。现在采用低温、真空、升华、干燥等现代化技术处理，能较好地保持肉的组织结构和营养成分不发生变化。目前我国大都采用自然干燥法或人工干燥法。脱水制品的主要品种是肉干、肉松。

4）其他制品

（1）酱卤制品

酱卤制品是将畜肉、畜类副产品及某些加工过的制品放在卤汁中，烧煮入味，成熟后所得的产品称为酱卤制品。酱卤制品一般是先将原料经初步加工、洗涤、浸泡或预煮，然后加调料再煮制而成。调味和煮制是酱卤制品中最重要的两个程序。全国各地均有生产，由于调味方法的不同形成了不同的风味特色。著名的有天津五香驴肉、吉林真不同酱牛腱子、北京月盛斋酱牛肉等。

（2）熏、烤制品

熏制品是利用燃料没有完全燃烧而产生的烟气熏制成的肉制品。烤制品是利用热源直接对肉料进行烤热加工制成。热源有明火和暗火之分，目前红外线烘烤是一种安全卫生的烤制方式，且温度易控制；使用木炭烤制的产品质量较好，而且经济。因此，现仍普遍采用。较著名的品种如山东章丘烤肉、广东叉烧肉、广东烤乳猪、新疆烤全羊等。

（3）油炸制品

油炸制品是指食品部门批量生产的油炸制品，如炸丸子、炸酥肉、辣小排。产品香、脆、松、酥，色泽美观。

5）按地方风味分类

（1）中式肉制品

京式肉制品：又称北式肉制品、北味肉制品，其特点是调料的种类和用量较多，口味偏重，如酱牛肉、酱猪肉、烧羊肉等。

苏式肉制品：又称南式肉制品、南味肉制品，产地以苏州、无锡、上海为中心，其特点是甜出头，咸收口，浓淡相宜，如酱排骨、太仓肉松等。

广式肉制品：主要指广东、广西所产的肉制品，其特点是色泽鲜艳，味甘鲜香，如叉烧肉、烤乳猪、广式香肠等。

川式肉制品：主要指四川、湖南所产的肉制品，其特点是色泽鲜明，口味丰富，辣味较重，如陈皮牛肉。

（2）西式肉制品

西式肉制品是指国外的加工工艺和调味方法生产的一些肉制品，如西式火腿、西式灌肠、生熏腿等。

4.6.2 常用腌腊制品

1）火腿

火腿是我国极负盛名的腌腊制品。火腿是选取合乎规格要求的猪前、后腿作原料，添加作料，经过一整套的加工工序，腌制而成的传统腌腊制品。据浙江地方志记载，火腿腌制始于宋代，是浙江义乌一带人民为犒劳抗金名将宗泽及其部属而创制的一种肉制品，因其色红似火，故名火腿。

（1）品种

火腿的品种较多，较著名的有浙江金华火腿，称为南腿；江苏如皋市生产的火腿称为北腿；云南宣威、榕峰、腾越等地生产的火腿称为云腿。其中以金华火腿最为著名。

（2）品质特点

火腿以皮薄骨细、瘦多肥少、肉质细嫩的鲜猪前、后腿为原料，经修坯、腌制、洗晒、整形、晾挂和熏制、发酵、堆叠等多道工序，历时几个月制成。现在生产火腿开始采用新工艺，缩短了生产周期，可常年生产。

火腿的一般质量要求为皮肉干燥，内外坚实，薄皮细脚，爪弯脚直，腿头不裂，形如琵琶或竹叶形，完整匀称，皮呈棕黄或棕红色，略显光亮。

火腿按应用可分为火爪、火踵、雌爿（上方）、雄爿、下腰峰（中方）、滴油（火码）、筒骨、千斤骨8个部分，其中以上方质量最好。

（3）烹饪应用

火腿在烹饪中应用广泛，特别是在南方菜中应用较多，可制成多种菜肴，如火腿炖甲鱼、火腿炖鸡、火腿蚕豆、火腿烧油菜心等；还能作面点馅心，如火腿萝卜丝盒子酥、火腿脂油饼等。北方用火腿当辅料较多。火腿适于多种刀工成形，可切成小块、条、片、丝、丁、末、蓉等形状。用火腿制作菜肴忌少汤或无汤烹制；忌重味，也不宜用红烧、酱、卤等方法，不宜用酱油、醋、八角、桂皮等香料，主要取其本身的鲜香气味；忌用色素；不宜上浆挂糊，勾芡不宜太稀或太稠；忌与牛羊肉原料配合制作菜肴。火腿可作菜肴的主料，也可作辅料，还可用于菜肴配色。

上方肉质细嫩，品质最佳，可切成各种花色片形食用；火踵一般是整料炖熟，去骨，切成半圆片形食用；中方切成条、块、片、丝食用；火爪、腿头可供煨炖或制汤之用。采用蒸、炖、煮、烩、炒、煎、炸、烤等烹饪方法，均具特殊风味。以清蒸为例，将火腿去皮骨，切成大块，和白糖、绍酒蒸熟，冷却后可制成各种形色俱佳的名菜。著名的浙江薄片火腿和排（蒸火腿块）就是此类风味名菜的代表作，其色泽红润，肉质酥嫩，腿香清醇，鲜咸可口。

（4）保管

火腿的保管主要是避免油脂酸败、回潮发霉、虫蛀。应放在阴凉、干燥、通风、清洁处。避免高温和光照，力求密闭隔氧。如需较长时间的保存，使用熔化的石蜡或植物油涂在火腿的表面，然后贮藏在通风阴凉处，即可长期保持其鲜美的品质。

2）咸肉（腌肉）

咸肉就是用盐腌制的肉。加工简单，费用低。不少地方均有生产，但以南方较普遍，其中以浙江、江苏、四川、上海等地腌制的咸肉较著名。我国制咸肉的地区较广，多为西南、中南地区，其中以湖南、四川、广东最为著名。

（1）品种

咸肉因产地、选料的部位不同又有很多品种，如广式腌肉、无皮腌花肉、湖南带骨腌肉、川味腌肉、腌猪肘等都是有名的咸肉。其中以广东无皮脂花肉和湖南带骨腌肉最负盛名。

（2）烹饪应用

咸肉烹饪肥而不腻，香鲜可口。咸肉泡软后，既可直接切片用于清蒸，又可加工成块用炖、焖、煨、煮、烧等烹饪方法制作菜肴，还可切丝、丁、粒与其他原料相配用于炒食；如咸肉焖饭、煮粥、包粽子等都具特色。用咸肉制作的菜肴有干蒸咸肉、糟香咸肉、千张咸肉蒸黄鳝、竹笋烧咸肉、河蚌煨咸肉、咸肉烧冻豆腐等。

（3）保管

咸肉的保管一般采用堆垛法或浸卤法。堆垛是将咸肉堆放在通风阴凉处，要勤翻倒；浸卤就是将咸肉浸入一定浓度的盐水中。如少量短时期的保存也可将咸肉存放在冰箱中。

3）腊肉

腊肉是我国南方腌制品中历史最悠久的一种加工方法，它既可以长期贮藏，又有固有的芳香风味。腊肉与咸肉的主要区别是前者先经过腌制后，要再放入烘箱内进行烘烤。

（1）品种

按产地分有广东腊肉、湖南腊肉、武汉腊肉、四川腊肉；它们的加工方法各不相同，但总的来说制法大同小异。

（2）烹饪应用

腊肉味道醇香，风味独特，既可作为主料，又是良好的配料，还可与粮食类原料配伍。腊肉通常采用炒、蒸、烧、炖、煨等方法烹制加工。用腊肉制作的菜肴有回锅腊肉、腊味合蒸、青蒜炒腊肉、苦瓜炒腊肉、冬笋腊肉、葱烧腊肉、香芋腊肉煲、糯米腊肉卷等。

（3）保管

一般的腊肉可吊挂在通风阴凉处，或置冰箱中存放。

4.6.3　常用灌肠制品

灌肠制品的种类很多，按其加工的特点有中式香肠和西式灌肠之分；按生熟来分，有风干肠和鲜肉肠（或熟肉肠）两大类。灌肠制品的名称使用混乱，传统的中式产品一般称作香肠，而西式产品一般都称作灌肠或红肠。香肠与灌肠虽然都是以肉为主要原料，但由于原料肉的种类不同、加工过程不同、调味品和辅助材料不同等原因，使得香肠与灌肠无论在外形上还是口味上都有明显的区别，现分别加以叙述。

1）中式灌肠制品

中式灌肠制品一般要经过选料、剔割、绞肉、拌馅、灌制、晾晒（烘烤或蒸煮）等多道工序加工而成。其特点是讲究口味，制作精细，营养丰富，食用简便，储存期长。

中式灌肠制品的品种很多，现介绍几种著名品种。

广东腊肠：又称广式腊肠，过去民间多在年末时加工，在春节时食用。在制作中不加酱油，基本不加香料，主要以食盐、白砂糖、白酒、味精为调味品，甜味稍大，咸味较小。瘦肉较多，可达 90%，肉质坚实，每段长约 13 cm，肠身较细。

山东南肠：该肠 70% 为瘦肉，30% 为肥肉，调料有盐、酱油、莳萝子、花椒、丁香、桂皮、砂仁、大茴香等。该肠香醇味美，食后清口，久有回味，还具有驱蝇防腐、防虫叮咬的作用。

哈尔滨风干肠：又称正阳楼香肠，该肠 90% 为瘦肉，制作时加无色酱油、砂仁、紫蔻、桂皮、花椒、鲜姜等调味品。成品规格一致，长 60 cm，为扁圆形，折双行，食之清口健胃，干而不硬。此产品水分含量较多，不宜长期保存。

南京香肚：以 70% 的瘦肉、30% 的肥肉为主料，以盐、糖、五香粉等为调味品，制成馅料灌入猪膀胱内，呈圆形。咸度适口，风味独特。

2）西式灌肠制品

西式灌肠制品习惯上称为灌肠，西式灌肠制品的制作和我国的传统肉制产品香肠基本相同，都是将绞碎的肉馅拌以辅料灌入肠衣而成。所不同的是灌肠的原料除猪肉外，还掺入牛肉，有的品种甚至以牛肉为主，猪肉为辅。其肉馅结构，一部分品种和香肠完全相同，采用以膘丁和瘦肉相结合的形式；另一部分品种则将肥膘和瘦肉绞碎、混合，有的则拌成糨糊状。灌肠多添加淀粉，故其产品又称粉肠。灌肠的调味特点主要是普遍使用香料，不加酱油，产品具有香辣味。有的还加入大蒜，使其具有显著的蒜味。

西式灌肠制品一般要经过初加工、腌制、绞肉、拌馅、灌肠、烘烤、煮制、熏制等各种工序，西式灌肠制品品种很多，我国已研制出许多具有中国特色的灌肠制品。现介绍国内几种著名的品种。

哈尔滨大众红肠：原名里道斯灌肠，由俄罗斯传入。该肠用 80% 的瘦肉，20% 的肥肉，淀粉、食盐、味精、胡椒粉、大蒜等原料调制后灌入肠衣内加工而成。外表呈枣红色，形状半弯，有皱纹，无裂痕，肉馅紧密，肉丁分布均匀，无空心，无气泡，坚固而有弹力，肠衣紧贴在肉馅上，切面光润，味香鲜美，略有蒜味。水分较少，防腐性强，易于保存，携带方便。

茶肠：茶肠用料基本与哈尔滨大众红肠相同，不同的是灌在牛盲肠中。外表呈浅红色，有光泽，无裂痕，形状半弯，肉馅均匀细腻，无空洞，有弹力，切面光润，无黏性，脆嫩而味鲜美。

热狗肠：也称小红肠、维也纳香肠，首创于奥地利首都维也纳。原料以牛肉、猪肉对半组成，口味鲜美，各国配方相同。风靡全球，肠体细小，形似手指，稍弯曲，长 12～14 cm，外表红色，肉质白色，肉馅细腻，鲜嫩无比，国外多将热狗肠夹在面包中作快餐或方便食品，食用、携带均方便，已成为世界上销量较大的一种食品。我国生产热狗肠也有近百年的历史，历年来除出口外,还供应国内市场上的西餐、旅游快餐等需要,深受国内外广大消费者青睐。

火腿肠:一种新型的肉制品。在1985年由洛阳肉联厂研制成功第一批火腿肠,之后逐渐风靡全国,目前漯河、郑州肉联厂及其他一些肉联厂也相继生产。这种产品采用特殊塑料薄膜进行包装,常温下可贮藏半年,并且产品规格已形成系列化。火腿肠质量轻,易保存,食用方便,味道鲜美,营养丰富,鲜嫩可口,烹炒煎炸、烧烤冷食均可,因而深受欢迎。

另外还有很多品种,如北京蒜肠、北京香雪肠、上海猪肉红肠等。

4.6.4 常用脱水制品

1)肉松

肉松是将精肉煮烂,再经过炒制、揉搓而成的一种营养丰富、易消化、食用方便、易于贮藏的脱水制品。肉松营养丰富,容易消化吸收,膨松柔软,入口即化,香气浓郁,滋味鲜美。著名的肉松有福建肉松和太仓肉松。

福建肉松是以瘦牛肉或瘦猪肉为主料,用食盐、酱油、味精、五香粉、白糖、白酒、生姜等为调味品制成。其色泽金黄,柔软如絮,酥松香鲜,咸中带甜,入口即化。可用于冷拼或直接食用。

太仓肉松始创于江苏太仓市,有100多年的历史,色泽金黄或淡黄,带有光泽,絮状,纤维疏松,酥松香鲜。

2)肉干

肉干是以瘦牛肉或瘦猪肉经预煮后切片,然后调味、复煮、烘炉烘干制成的一种脱水制品。按原料可分为猪肉干、牛肉干等;按形状可分为片状、条状、粒状等;按辅料可分为五香肉干、咖喱肉干等。如著名的江苏靖江肉脯是以瘦猪肉切片,加白砂糖、鸡蛋、酱油、胡椒、味精等调味品,经烘干制成。产品呈方形薄片状,色棕红,滋味鲜美,爽脆可口。福建明溪产的明溪肉脯干质量也很好。肉干可直接食用,也可用于冷盘、花拼等。

3)肉脯

肉脯是将畜肉净瘦肉冷冻切薄片经腌渍后直接烘烤而成的风味肉制品。肉脯与肉干的不同之处有两点:一是肉脯不经煮制,直接烘干成熟,而肉干需煮制成熟;二是肉脯一般为大片状,而肉干常为粒状,较小。

肉脯多呈半透明的薄片,棕红色,有光泽,质坚实,味鲜而带甜,耐咀嚼,回味足,久食不腻。肉脯一般可分为猪肉脯和牛肉脯等,并因口味、配方等不同而有很多品种,如上海猪肉脯、湖南肉脯、汕头肉脯、靖江肉脯、四川灯影牛肉等。

肉脯质感硬实,可直接食用,具有耐咀嚼、口味干香等特点,也可作为花式冷盘的点缀,还可用于制作猪扒包、肉脯蛋卷等菜点。

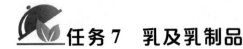

任务7 乳及乳制品

乳品是哺乳动物为哺育幼仔而从乳腺中分泌的一种不透明的液体。人类食用的乳按照动物种类划分,主要有牛乳、羊乳、马乳、鹿乳等,其中以牛乳产量最大,商品价值最高。

4.7.1 乳品的种类

乳牛在一个泌乳期中所产的牛乳,其营养成分并不是完全一致的。根据泌乳期中不同的泌乳阶段,牛乳可分为初乳、常乳和末乳3种。除此之外,乳牛因受外界因素影响或生理上的变化,使所产牛乳发生变化,这种乳称为异常乳。

1)初乳

乳牛在产犊后一周内的乳称为初乳。最初的初乳是深黄色的黏稠液体,在组成成分和性质上与常乳有很大差别。3~4天后的初乳在外观上接近常乳,6~8天后的初乳在外观和性质上即与常乳完全相同。初乳中的干物质含量较高,特别是蛋白质的含量是常乳的数倍,其中乳白蛋白和乳球蛋白的含量特别高。初乳中的乳糖含量较低,随着挤乳次数的增加而逐渐趋于常乳。由于初乳营养成分含量不同于常乳,特别是其酸度高,在加热时易产生凝固,因此不能作为加工原料。

2)常乳

乳牛产犊一周后,乳中各种营养成分含量趋于稳定,这种乳即称常乳。常乳营养价值较高,是饮用乳及加工用乳的主要原料。实际上,常乳中的各种成分和理化性质因饲养管理、气候条件、泌乳月份及泌乳量等不尽相同而异。因为这些差异较小,并能正常地进行加工,不引起食用者的异常感觉,故统称为常乳。

3)末乳

末乳也称老乳,是指乳牛在干奶期所产的乳。这时的乳分泌量少,成分极不稳定。一般除脂肪外,其他营养成分皆较常乳高,但乳牛之间的差异也较大,有的末乳带有苦味或咸味,也有的有油脂腐败的味道,因此对末乳应视具体情况决定能否饮用或加工,如仅在成分上略有差异而无其他异味,也可利用。

4)异常乳

从广义来讲,凡是不适于饮用和加工用的牛乳,都称为异常乳。除初乳和末乳外,还有乳房炎乳、酒精阳性乳、混入抗生素的牛乳等,都是异常乳。异常乳一般不适于直接用作食品或加工,但也应根据不同情况加以区别对待。如冷冻乳在我国北方的冬季较难避免,这种乳只要在加热时不产生凝块,也可作鲜乳利用,有的异常乳还可将乳油分离加以利用。

常用牛乳代替汤汁成菜,如奶油菜心、牛奶熬白菜等,其奶香味浓,清淡爽口。用牛乳可以和面粉一起制作面食,还可用作风味小吃和主辅原料,如北京地区的民间乳制品扣碗酪,云南少数民族的乳扇,以及牧民们常食用的奶豆腐等。

4.7.2　常用乳制品

乳制品是鲜乳经过一定的加工方法,如分离、浓缩、干燥、调香、强化等进行改制所得到的产品。牛乳经过多种加工方法,可以制成奶油、奶粉、酸奶、炼乳、奶酪和酥油等乳制品。

1)奶油

奶油是牛乳经分离后所得的稀奶油再加工而制成的一种乳制品,又称乳酪、白脱或黄油。奶油营养价值高,是西餐中较普遍的食品,也是制造高级食品的原料。

(1)品种

根据奶油在制造过程中是否经过发酵,可分为甜性奶油、酸性奶油和乳清奶油。甜性奶油,又称鲜制奶油,未经发酵制成;酸性奶油又称发酵奶油,经发酵制成,含乳酸;乳清奶油,以乳清为原料制成。为了改善奶油的品质或因有异味而将奶油融化后重新制造的产品,通常称为重制奶油。

(2)烹饪应用

奶油食用方法较多,可涂在面包等食物上佐餐,也可与其他原料一起冲调饮用,以及用其制作奶油蛋糕、冰淇淋等;或在中式面点中作为起酥油使用。

2)奶粉

奶粉是指用冷冻或加热的方法,除去鲜乳中的水分,经干燥后而成的粉末状乳制品。由于其保存了鲜乳的营养成分,且其蛋白质因经过加工而易于消化,又较鲜牛乳便于保存和携带,深受消费者喜爱,是我国生产最普遍的乳制品。

奶粉的种类很多,由于加工方法及对原料处理方法的不同,可分为全脂奶粉、脱脂奶粉、速溶奶粉、母乳化奶粉、调制奶粉等。全脂奶粉又分为含糖和无糖两种。奶粉可按容量加水至4倍,或按质量加水至8倍冲调饮用,其成分与鲜牛奶相同。

3)酸奶

酸奶是利用全乳或脱脂乳为原料经乳酸菌发酵而制成的乳制品。由于其制作简便,风味好,营养价值高,而且还具有抑制肠道有害细菌的生长、帮助消化、增进食欲、增进人体健康、加强肠胃蠕动和机体新陈代谢的作用,备受人们的青睐。

酸奶种类较多,按照添加物的不同,可分为天然酸奶、调味酸奶和果浆酸奶等;按照加工方法的不同,又可分为凝固型酸奶和搅拌型酸奶。制作酸奶的方法较为简便,即将新鲜的全脂或脱脂牛乳,加糖5%或不加糖,经过巴氏消毒法杀菌,冷却后加入适量乳酸菌,置于恒温箱内,进行乳酸发酵,至牛乳形成均匀的凝块时取出冷藏备用即可。少量制备酸奶可于新鲜消毒牛乳中加入适量的酸液,如乳酸、柠檬酸或新鲜果汁,使乳中蛋白质凝成小块,即可饮用。

4)炼乳

鲜乳经浓缩除去其中大部分水分而制成的产品称炼乳。一般分为甜炼乳和淡炼乳两种。

甜炼乳是在牛乳中加入16%以上的蔗糖,并缩至原体积的40%左右而成。甜炼乳又可分为全脂甜炼乳和脱脂甜炼乳。炼乳可作饮料及调味食品之用,也可制成炼乳罐头以便于保存和运输。炼乳常用于调味或制作面点、糕点、小吃等。淡炼乳也称无糖炼乳,是将牛乳浓缩到2/5~1/2后灌装密封,然后再进行灭菌的一种炼乳,可用作制造冰淇淋和糕点。

5)奶酪

奶酪又称干酪,常按英文名译为起司、吉士、芝士等。奶酪由牛乳制成。将鲜牛乳放入锅中烧煮,然后倒入盆中冷却,捞出浮面油皮,将油皮放入旧奶酪中拌匀,放入容器中,用纸封口,放置一定时间即成。奶酪可以抹入面包食用或调制各种食品。

 任务8　畜类原料的品质鉴别和保藏

4.8.1　畜肉的宰后变化

宰后的畜肉,体内平衡被打破,肌肉组织内的各种需氧性生物化学反应停止,转变成厌氧性活动,研究这些特性对于我们了解肉的性质、肉的品质改善以及指导肉制品的加工烹饪有着重要的作用。

1)肉的僵直

屠宰后畜胴体失去弹性而变得僵硬,这一过程称为僵直(或称尸僵)。屠宰后马上将肌肉切下,就会出现收缩现象。僵直是由于肌肉纤维的收缩引起的,但这种收缩是不可逆的,因此导致僵直。僵直期的肌肉在进行加热时,肉会变硬,肉的保水性小,加热损失多,肉的风味差,不适合烹饪加工。

当含有较高腺嘌呤核苷三磷酸(简称"ATP")的肉冻结后,在解冻时由于ATP发生了强烈而迅速的分解,使肌肉产生僵直现象,这称为解冻僵直。解冻僵直所产生的肌肉收缩非常剧烈,并伴有大量肉汁流出,从而影响肉的质量。在刚屠宰后立即冷冻然后解冻时,这种现象最为明显。因此,要在形成最大僵直后再进行冷冻,以避免解冻僵直的发生。

2)肉的成熟

肌肉达到最大僵直以后,继续发生着一系列生物化学变化,逐渐使僵直的肌肉变得柔软多汁,并获得细致的结构和美好的滋味,这一过程称为肉的成熟或僵直解除。解僵所需的时间因动物、肌肉、温度以及其他条件不同而异。在0~4℃的环境温度下,鸡肉需要3~4 h,猪肉需要2~3天,牛肉则需要7~10天。

处于未解僵状态的肉加工后,咀嚼如硬橡胶感,风味低劣,持水性差,不适宜作为烹饪原料。充分解僵的肉,嫩度有所改善,肉的保水性又有回升,肉汁的流失减少,肌肉中许多酶类对某些蛋白质有一定的分解作用,从而促使成熟过程中肌肉中的盐溶性蛋白质的浸出性增加。伴随肉的成熟,蛋白质在酶的作用下,肽链解离,使游离的氨基酸变多,这些氨基酸都具有增加肉的滋味或有改善肉质香气的作用。可以说,肌肉必须经过僵直解僵的过程,才能成为烹饪原料所谓的"肉"。

3)肉的变质

肉的变质是成熟过程的继续。肌肉中的蛋白质在组织酶的作用下,分解生成水溶性蛋白肽及氨基酸,完成了肉的成熟。若肉被一定数量的腐败细菌污染,肉的保存温度又适合于细菌的生长繁殖,蛋白质进一步被分解,生成胺、氨、硫化氢、酚、吲哚、粪嗅素、硫化醇,则发生蛋白质的腐败。在蛋白质、氨基酸的分解代谢中,酪胺、尸胺、腐胺、组胺和吲哚等对人体有毒,同时发生脂肪的酸败和糖的酵解,产生对人体有害的物质,称为肉的变质。肉类腐败变质时,往往在肉的表面产生明显的感官变化。

(1)发黏

微生物在肉表面大量繁殖后,使肉体表面有黏液状物质产生,拉出时如丝状,并有较强的臭味,这是微生物繁殖后所形成的菌落以及微生物分解蛋白质的产物。

(2)变色

肉类腐败时表面常出现各种颜色变化,最常见的是绿色,这是由于蛋白质分解产生的硫化氢与肉质中的血红蛋白结合后形成硫化氢血红蛋白造成的,这种化合物积蓄在肌肉和脂肪表面即显示暗绿色。另外,黏质赛氏杆菌在肉表面产生红色斑点,深蓝色假单胞杆菌能产生蓝色,黄杆菌能产生黄色,有些酵母菌能产生白色、粉红色、灰色等斑点。

(3)霉斑

肉体表面有霉菌生长时,往往形成霉斑,特别是一些干腌肉制品更为多见。如枝霉和刺枝霉在肉表面产生羽毛状菌丝,白色侧孢霉和白地霉产生白色霉斑,扩展青霉、草酸青霉产生绿色霉斑,蜡叶芽枝霉在冷冻肉上产生黑色斑点。

(4)变味

肉类腐烂时往往伴随一些不正常或难闻的气味,最明显的是肉类蛋白质被微生物分解产生恶臭味,主要成分是吲哚、甲基吲哚、甲胺、硫化氢等。除此之外,还有乳酸菌和酵母菌作用会产生挥发性有机酸的酸味,霉菌生长繁殖产生霉味等。

4.8.2　家畜肉的感官检验

家畜肉的品质好坏,主要以新鲜度来确定。其新鲜度一般分为新鲜肉、不新鲜肉、腐败肉3种,常用感官检验方法来鉴定。家畜肉的感官检验主要是从色泽、带度、弹性、气味、骨髓状况、煮沸后肉汤等几方面来确定肉的新鲜程度(表4.1)。

表4.1　家畜肉的感官鉴别标准

特征	新鲜肉	不新鲜肉	腐败肉
色泽	肌肉有光泽,色淡红均匀,脂肪洁白(新鲜牛肉脂肪呈淡黄色或黄色)	肌肉色较暗,脂肪呈灰色,无光泽	肌肉变黑或淡绿色,脂肪表面有污秽和霉菌,或出现淡绿色,无光泽

续表

特征	新鲜肉	不新鲜肉	腐败肉
黏度	外表微干或有风干膜,微湿润,不黏手,肉液汁透明	外表有一层风干的暗灰色或表面潮湿,肉液汁混浊并有黏液	表面极干燥并变黑或者很湿、黏,切断面呈暗灰色,新切断面很黏
弹性	刀断面肉质紧密,富有弹性,指压后的凹陷能立即恢复	刀断面肉比新鲜肉柔软,弹性小,指压后的凹陷恢复慢,且不能完全恢复	肉质松软而无弹性,指压后凹陷不能复原,肉严重腐败时能用手指将肉戳穿
气味	具有每种家畜肉正常的特有气味,刚宰杀不久的有内脏气味,冷却后稍带腥味	有酸的气味或氨味、腐臭气,有时在肉的表层稍有腐败味	有刺鼻的腐败臭气,在深的肉层也有腐败臭气
骨髓的状况	骨腔内充满骨髓,呈长条状,稍有弹性,较硬,色黄,在骨头折断处可见骨髓的光泽	骨髓与骨腔间有小的空隙,较软,颜色较暗,黄色或白色,在骨头折断处无光泽	骨髓与骨腔有较大的空隙,骨髓变形软烂,有的被细菌破坏,有黏液且色暗,并有腥臭味
煮沸后的肉汤	透明澄清,脂肪凝聚于表面,具有香味	肉汤浑浊,脂肪呈小滴浮于表面,无鲜味,往往有不正常的气味	肉汤污秽带有絮片,有霉变腐臭味,表面几乎不见油滴

4.8.3　家畜内脏的感官检验

家畜内脏的感官鉴别标准见表4.2。

表4.2　家畜内脏的感官鉴别标准

种类	新鲜	不新鲜
肝	褐色或紫红色,有光泽,有弹性	颜色暗淡或发黑,无光泽,表面萎缩有皱纹,无弹性,很松软
肾	浅红色,表面有一层薄膜,有光泽,柔软富有弹性	外表颜色发暗,组织松软,有异味
胃	有弹性,有光泽,颜色一面浅黄色,一面白色,黏液多,质地韧而紧实	白中带青,无弹性,无光泽,黏液少,质地软烂
肠	色泽发白,黏液多,稍软	色泽有淡绿色或灰白色,黏液少,发黏,软,腐臭味重
肺	色泽淡红,有光泽,富有弹性	色灰白,无光泽,有异味
心	用手挤压有鲜红或暗红色的血液或血块排出,组织坚韧,富有弹性,外表有光泽,有血腥味	

4.8.4　注水肉的品质鉴别

1）注水猪肉的品质鉴别

猪肉注水，不耐贮存，容易腐败变质，味道和营养也会受到影响。猪肉注水太多时，水会从瘦肉上往下滴，肌肉缺乏光泽，表面有水淋淋的亮光；瘦肉组织松弛，颜色较淡，呈淡灰红色；手触摸、按压，弹性差，有水流出，也无黏性。注水后的猪肉，刀切面有水顺刀面渗出。割下一块瘦肉，放在盘中，稍待片刻，就有水流出来。用卫生纸或吸水纸贴在肉上，待纸湿后揭下，用火点燃，若不能燃烧，则说明注了水。若是冻肉，肌肉间有残留的碎冰，解冻后营养流失严重，猪肉品质下降。

2）注水牛肉的品质鉴别

未注水的牛肉肌肉有光泽、色泽深红、脂肪洁白或淡黄色；外表微干，新切面稍湿润；指压后的凹陷能迅速复原；具有鲜牛肉的正常气味；用手触摸弹性好，有油油的黏性。而注水牛肉的肌肉切面湿润且有较强的光泽，肌纤维膨胀，肉色浅红，用手指触压，肉质较松软，弹性小，易留有纹痕，用力按压时，从切口处可渗出粉红色的液体，用手摸无黏性，若用卫生纸贴在肌肉组织的切面上，注水肉对纸张的黏着度小，纸张吸水速度快，而正常牛肉则相反。若将注水肉放在一个容器中，很快会渗出血水。

4.8.5　畜肉制品的品质鉴别

1）火腿

火腿的品质鉴别主要从外表、肉质、外形、气味几方面来判断。

外表：皮面呈淡棕色，肉面呈酱黄色的为冬腿；皮面呈金黄色，肉面油腻凝结为粉状物较少的为春腿。皮面发白，肉面边缘呈灰色，表面附有一层黏滑物或在肉面有结晶或盐析出，为太咸的火腿。

肉质：火腿在保管期间，最易产生脂肪酸败，特别是接近骨髓和肌肉深处更易产生。因此检验火腿是否产生酸败和哈喇味，可用3根竹签分别插入肉面的上、中、下肉厚的部位的关节处，然后拔出，嗅竹签尖端是否有浓郁的火腿香味，根据其香味程度，鉴定火腿的质量。如将火腿切开，断面肥肉层薄而色白，瘦肉层厚而色鲜红的就是好火腿。

式样：以脚细直、腿形长、骨不露、油头小、刀工光净、状似竹叶形或琵琶形者为佳。

气味：鉴别火腿质量的主要标准。以气味清香无异味的为佳品。火腿如有炒芝麻香味，属肉层开始轻度酸败的表现；如有酸味，则表明肉质重度酸败，已不宜食用。

2）广式香肠

肠体干爽，呈完整的圆柱形，表面有自然皱纹，断面组织紧密。肥肉呈乳白色，瘦肉鲜红、枣红或玫瑰红色，红白分明，有光泽。咸甜适中，鲜美适口，腊香明显，醇香浓郁，食而不腻，具有广式腊肠的特有风味,长度为 150～200 mm,直径为 17～26 mm,不得含有淀粉、血粉、豆粉、色素及外来杂质。

3)咸肉

咸肉的品质鉴别主要从其外观、色泽及气味等几个方面来判定。

外观:要求完整清洁,刀口整齐,肌肉坚实。

色泽:要求肌肉的刀切面呈鲜红色,肥膘肉可略带浅黄色,若肉色黯黑、脂肪发红,则为腐败现象。

气味:检验气味时应在肉厚处插入竹签进行嗅觉检验,气味中不能带有霉味、脂肪酸败味,咸味中不能带有苦味。

4)腊肉

腊肉外形干燥、清洁、坚实,体表面无黏液,皮色金黄,肌肉紧密,切面平直,肉呈均匀的玫瑰红色,无发霉或虫蛀现象。若是带骨的腊肉,骨的周围无发臭、无霉点现象,脂肪呈白色,不走油,无肉酸味,气味芳香,无哈喇味,无焦味或酸败的异味。

4.8.6　家畜肉的贮存保鲜

1)低温保藏法

(1)畜肉的冷却与冷藏

①家畜肉的冷却:家畜屠宰后,肉体温度可达 37～39 ℃,由于肉体内部的生物化学变化,每千克的胴体每小时还可放出 0.63 kJ 的热量。肉类冷却的目的在于迅速排出肉体内部的热量,使畜肉中心温度从 37～39 ℃迅速冷却至 0～4 ℃。

冷却肉的优点是:微生物增殖较少;冷却肉在冷却过程中的干耗较少,平均为 1%;冷却肉的质量较好,在分割时汁液流失减少 50%;肉表面干燥,外观良好;在冷却的条件下,可以完成肉类的部分成熟过程,获得的冷却肉滋味美好芳香、多汁柔软、容易咀嚼、消化性好。缺点是容易引起某些肉的寒冷收缩,使肉质变硬,为后续加工带来较大的影响。

②畜肉的冷藏:畜肉冷却后如果不能及时销售或再加工,应立即送入冷藏间内短期贮藏。冷藏间的温度应保持在 -1～1 ℃,相对湿度应为 85%～90%。畜肉在冷藏期间,其成熟过程在继续进行,使肉质变软,风味改善。冷藏期间畜肉的颜色也会发生变化,这是由于肌肉组织中的肌红蛋白被氧化所致。冷却肉的冷藏只是一种短期的贮藏手段,若贮藏时间过长,易使畜肉表面长白毛,表面发黏,以致腐败变质。

(2)畜肉的冻结与冻藏

①畜肉的冻结:冷却肉只能作短期贮藏,如果要长期贮藏肉类,就必须对肉类进行冻结。因为冷却肉的温度在冰点以上,畜肉的水分尚未冻结,对于微生物和酶的活性仅有一定程度的抑制,并不能完全终止它们的作用。冻结可以使畜肉中的大部分水分冻结形成冰结晶,然后在低温下冻藏,这样才能充分抑制微生物和酶的作用。冻结有两种方法:一种是肉类先经过冷却然后再冻结;另一种是屠宰后直接冻结。

②畜肉的冻藏:为了尽量减少冻结肉在冻藏期间的质量变化,冻藏间的空气温度必须保持在-20～-18 ℃,相对湿度维持在95%～98%,进入冻藏间的冻肉中心温度必须在-15 ℃以下。为了延长冻结肉的贮藏期限,并尽可能地保持畜肉的质量和风味,世界各国的冻藏温度普遍趋于低温化,从原来的-20～-18 ℃降为-30～-28 ℃。

冻结肉在冻藏期间会发生一系列变化,如质量损失、冰结晶变大、脂肪氧化、色泽变化等。脂肪由于氧化作用,由原来的白色逐渐变为黄色,肌肉组织中的肌红蛋白由于氧化作用,逐渐变为褐色。

2) 腌渍保藏法

盐腌是自古以来一直沿用的传统保藏法。食盐的防腐作用主要包括以下几点:

①食盐添加到肉类原料中后,便慢慢溶解于原料的水分中,使渗透压增高,当这种渗透压超过微生物细胞内的渗透压时,微生物细胞内的水便向外渗透,使细胞原生质浓缩并与细胞壁分开,即发生质壁分离,微生物便难以维持生命。

②使食品脱水,造成水分活度降低,不利于微生物生长。

③产生直接有害于微生物的氯离子。

④使水中氧的溶解度减少,需氧型微生物的生长受到抑制。

⑤使蛋白酶的活性降低。

原料经盐腌不仅能抑制微生物的生长、繁殖,还可赋予其新的风味,故兼有加工的效果。

任 务 评 价

学生本人	量化标准(20分)	自评得分
成果	学习目标达成,侧重于"应知""应会" 优秀:16～20分;良好:12～15分	
学生个人	量化标准(30分)	互评得分
成果	协助组长开展活动,合作完成任务,代表小组汇报	
学习小组	量化标准(50分)	师评得分
成果	完成任务的质量、成果展示的内容与表达 优秀:40～50分;良好:30～39分	
总分		

练 习 实 践

1.影响畜肉食用品质的因素有哪些?

2.举例说明畜肉的品质特点。

3.家畜内脏的品质鉴别标准是什么?

4.畜肉贮存保鲜的方法有哪些?

单元 5

禽类原料

【知识目标】

- 了解禽类原料的种类、禽肉的品质特点;
- 了解禽肉制品和蛋制品的种类与品质特点,掌握其烹饪应用方法;
- 掌握鸡、鸭、鹅3种代表性禽类动物的分档部位名称、特点和烹饪应用方法;
- 掌握禽类原料的感官检验和贮藏保鲜方法。

【能力目标】

- 能根据家禽类原料各部位品质特点合理选择烹饪加工方式;
- 能正确识别家禽肉的新鲜度和几种变质蛋;
- 能根据不同的烹饪方法和菜点制作要求选择不同的禽类原料。

　　禽类原料是我国人民食用量较大的动物性原料,也是烹饪中的一类重要原料。本单元将对禽类原料的主要组织类型进行概述,并对此类原料的主要种类、副产品及制品的品质特点和运用等方面进行介绍,从而有助于读者正确认识和运用禽类原料。

任务1 禽类原料概述

5.1.1 禽类原料的概念

禽类原料指家禽的肉、蛋、副产品及其制品的总称。

5.1.2 家禽的种类

我国常用家禽一般是指鸡、鸭、鹅。其分类方法有两种,即按用途分和按产地分。常用方法是按用途分,可分为肉用型、卵用型、兼用型。

1)肉用型

肉用型家禽以产肉为主。体形较大,肌肉发达,特别是脯肉、腿肉。肉用型家禽类一般体宽身短,外形方圆,行动迟缓,性成熟晚,性情温顺。鸡类如九斤黄、狼山鸡、洛岛红鸡、白洛克鸡等;鸭类如北京鸭、建昌鸭;鹅类如中国鹅、狮头鹅等。

2)卵用型

卵用型家禽以产蛋为主。一般体形较小,活泼好动,性成熟早,产蛋多,如来航鸡、仙居鸡、星杂288(鸡);金定鸭、绍鸭;烟台五龙鹅等。

3)兼用型

兼用型家禽体形介于肉用型与卵用型之间,同时具有两者的优点,如浦东鸡、寿光鸡;娄门鸭、高邮鸭、白洋淀鸭;太湖鹅等。

5.1.3 家禽肉的组织结构

家禽肉的组织结构与家畜肉的组织结构基本相同,但是家禽的结缔组织较少,肌肉组织纤维较细,脂肪比家畜肉脂肪熔点低,易消化,并且较均匀地分布在全身组织中。家禽肉含水量较高,所以家禽肉较家畜肉细嫩,滋味鲜美。

家禽肉的组织与家畜肉一样,从烹饪加工及可利用的程度来看,包括肌肉组织、结缔组织、脂肪组织和骨骼组织。这4种组织相对比例的不同决定了家禽肉品质和风味的差异。其组织比例根据家禽的种类、品种、性别、年龄、饲养状况、身体部位不同而不同。

1)肌肉组织

家禽类肌肉组织的基本组成单位是肌纤维,其结构与家畜类肌肉组织的结构基本相同。但家禽肌纤维比家畜肉细,家禽类肌纤维的粗细与家禽的种类、品种、性别、年龄、部位、饲养状况有关。禽肉的食用品质特点如下:

（1）禽肉的颜色

禽肉的颜色与畜肉一样,也影响食欲和商品价值,因为消费者将它与产品的新鲜度联系起来,决定购买与否。浅色或白色的禽肉称为"白肌";颜色有些发红的禽肉称为"红肌"。一般来说,红肌有较多的肌红蛋白,富含血管,肌纤维较细;白肌的肌红蛋白含量较少,血管较少,肌纤维较粗。不同的禽或同一种禽的不同部位,红肌与白肌的分布不同。

（2）禽肉的风味

禽肉中含有大量的含氮浸出物,如含有较丰富的肌酸和肌酐,因此具有特殊的香味和鲜味。同一禽类随年龄不同所含的浸出物有差异,幼禽所含浸出物比老禽少,公禽所含浸出物比母禽少,所以老母鸡适宜炖汤,而仔鸡适合爆炒。

（3）禽肉的嫩度

禽肉的嫩度是消费者最重视的食用品质,它决定了禽肉在食用时口感的老嫩,是反映禽肉质地的指标。一般老龄家禽肌纤维较粗;公禽比母禽肌纤维粗;水禽（如鸭）肌纤维比陆养家禽（如鸡）的粗;不同部位肌纤维粗细也不一样,活动量大的部位肌纤维粗。

（4）禽肉的保水性

一般鸡肉的保水性比猪肉、牛肉、羊肉差,对禽肉菜肴的质量有很大影响。例如鸡脯肉肌间脂肪少,在加热时,蛋白质受热收缩,固定的水分减少,肉汁流失,使菜肴的质感变老。所以要通过一定的烹饪技术,如控制加热温度、腌渍、上浆、挂糊等,增加禽肉的保水性,保证菜肴的质量。

2）脂肪组织

家禽类的脂肪组织在肌肉中分布极其均匀,并且家禽类脂肪中含亚油酸多,熔点低,这两点都与家禽肉的嫩度有关。脂肪在皮下沉积使皮肤呈现一定颜色,沉积多的呈微红色或黄色;沉积少的则呈淡红色。

3）结缔组织

家禽肉中结缔组织的含量总的来讲比家畜肉少,而且家禽肉中结缔组织较柔软。结缔组织的含量与家禽肉的嫩度有关,幼禽肌纤维较丰满,肌膜较薄,结缔组织较少,故肉质较细嫩。

4）骨骼组织

家禽类的骨骼分长骨、短骨和扁平骨,轻而坚固。除长骨内充满骨髓外,短骨和扁平骨中空。

5.1.4　家禽的分档取料

1）头

禽类头部大部分是皮,肉少,含胶原蛋白丰富。用时要摘净毛。主要适用于卤、酱、烧、烤等烹饪方法。

2）颈

禽类颈部为活肉,肉少而细嫩,皮下脂肪较丰富。有淋巴（需去除）,皮韧而脆。可用于制汤或卤、酱、焖、煮、烧等烹饪方法。

3）翅膀

禽类翅膀上的肉是活肉,质地鲜嫩。适合煮、炖、焖、烧、炸、酱等烹饪方法,也可去除翅骨填入其他原料,用蒸、扒、烧等烹饪方法制成菜肴。

4）胸脯

胸脯是禽类最大的一块整肉,脂肪较少,细嫩香鲜,肉质比腿肉略嫩,但适宜精细加工成片、丝、条、丁、粒、蓉等形状,适合爆、炒、熘、煎、炸等烹饪方法。在胸脯肉里面紧贴三角形胸骨的两侧还各有一条肌肉,是禽类全身最嫩的肉,烹饪方法与胸脯肉相同。

5）腿

腿部肌肉为活肉,禽腿骨粗,肉厚,筋多。整只适合炸、烧、炖、焖、烤、煮等方法;去骨取肉可切成丝、片等形状,适合爆、炒等烹饪方法。

6）爪

禽类的爪有韧性和少量肌肉,含胶原蛋白丰富,质地脆嫩。表面有一层老皮,用时应去除,适合卤、酱、烧、煮、焖、煨、烩等烹饪方法,也可煮熟后拆骨制作冷菜。

7）胃

禽类的胃又称砂囊,俗称肫,加工时清除肫表面的油,用刀片开肫体,倒出食料,撕去肫皮。肫质地脆嫩,适合爆、炒、炸、卤、煮、烧等烹饪方法。

8）肝

禽类的肝位于腹腔前下部,下有胆囊。烹饪加工时,应小心去掉胆囊,千万不可弄破胆囊,否则影响菜肴质量。禽肝质地细嫩,适合爆、炒、烧、熘、炸、卤等烹饪方法。

9）心

禽类的心呈锥形,表面附有油脂,质韧,用时切去血管,洗净血污,整用、剖开、花刀处理或削片供用。禽心适合爆、炒、熘、炸、卤、酱、熏等烹饪方法。

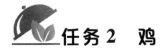

任务2　鸡

5.2.1　鸡的品种及特点

鸡是我国三大家禽中最主要的家禽。经过人类千百年来根据不同需要而特意进行的繁育,如今家鸡在全世界已演化成五花八门的品类。其种类有170余种,人们饲养较多的有70余种。

鸡按用途可分为肉用鸡、蛋用鸡、肉蛋兼用鸡、药食兼用鸡等。

肉用鸡:产肉为主,一般体形较大,肌肉发达,特别是脯肉和腿肉。躯体宽,身短,外形呈方圆形,行动迟缓,性成熟晚,性情温顺,生长迅速,8～10周体重可达1.75 kg,肉质细嫩。著名品种有惠阳三黄鸡、江苏狼山鸡、北京油鸡、上海浦东鸡等。

蛋用鸡:产蛋为主,体形一般较小,活泼好动。成年母鸡体重2 kg左右,年产蛋200枚以上。蛋用鸡也可供食肉,但风味较差。著名品种有浙江仙居鸡、山东元宝鸡;引进品种有白来航鸡、星杂288、红育鸡等。我国饲养的蛋用鸡,一般为白来航鸡和星杂288等。

肉蛋兼用鸡:体形介于肉用鸡和蛋用鸡之间,具有两者的优点。成熟期较迟,一般为8～10个月。成年公鸡体重4 kg左右。母鸡善于育雏,平均年产蛋量100～150枚。肉质肥美。著名品种有山东寿光鸡、江苏鹿苑鸡、河南固始鸡;引进品种有白洛克鸡、芦花鸡等。我国著名的肉蛋兼用鸡为寿光鸡,世界著名品种为白洛克鸡和澳洲黑鸡等。

食药兼用鸡:有药用性能,最有代表性的为乌鸡,其全身羽毛纯白,反卷呈丝状,乌皮、乌骨、乌肉,此外,内脏及脂肪也呈乌黑色。成年公鸡体重1～1.5 kg,年产蛋80枚左右,蛋壳呈淡褐色。乌鸡兼有药用、食用、观赏三大功能。著名品种有原产江西泰和县武山的乌鸡、湖北郧县的四乌鸡、浙江白羽的乌骨鸡等。

常见鸡的品种很多,经济价值较高的有十多种,现简要介绍以下几种:

九斤黄:原产山东,是著名的肉用鸡,因其羽毛以黄色较多,且躯体大而得名。该鸡生长快,易育肥,躯体大,重达4.5 kg,肉质肥嫩,柔软,肉色微黄,体内脂肪较多。

浦东鸡:属于大型肉用型品种,产地在黄浦江以东的大部分地区,故称浦东鸡。因其体大,外貌多为黄羽、黄嘴、黄脚,故又称"三黄鸡"。

狼山鸡:原产江苏南通、马塘、石港、岔河、拼茶等地。该鸡毛色以黑色为主,兼有白色,且带有翠绿色光泽,骨骼细小,胸部肌肉发达,肉质嫩,脂肪积蓄体内,且在肌肉中分布均匀,为世界著名的肉用鸡种。

寿光鸡:因产于山东省寿光市而得名,是优良的蛋肉兼用型鸡种。成年鸡体重在4 kg左右,年产蛋100～130枚,肉质好。

白洛克鸡:原产美国,是著名的肉用型鸡,该鸡体形椭圆,个体硕大,毛色纯白,生长快,易育肥,公鸡重5 kg左右,母鸡重4 kg左右。

白来航鸡:全身羽毛白色,冠大鲜红,年平均产蛋量220枚以上,如果饲养情况好,可超过300枚。

5.2.2　鸡肉的品质特点及烹饪应用

1)品质特点

鸡的品种繁多,从烹饪的取材上可分为肉用鸡和普通鸡两大类。普通鸡大致可分为小雏鸡、雏鸡、成年鸡、老鸡等。

小雏鸡:别名小笋鸡,一般生长期为2个月左右,质量为250 g左右,其肉质最嫩,但出肉少,适宜带骨制作菜肴,如炸八块、油淋仔鸡等。

雏鸡:别名笋鸡,一般生长不足1年,体重在500 g左右,雌鸡未生蛋,雄鸡未打鸣者。其肉质细嫩,常用于旺火速成的菜肴,也可带骨制作菜肴。

成年鸡:一般为生长 1～2 年的鸡,肉质较嫩,可供剔肉,加工成丁、丝、片、块等状,也可整鸡烹制。成年鸡适宜于炒、爆、扒、蒸等多种烹饪方法。

老鸡:一般指生长为 2 年以上的鸡,肉质较老,适宜小火长时间加热的烹饪方法,如炖、焖、酱等。老鸡最宜制汤,特别是老母鸡,是制汤的最佳原料。

2) 普通鸡老嫩的鉴别

小雏鸡和雏鸡:未发育完全,羽毛未丰,胸骨软,肉质嫩,脂肪少,嘴尖软,爪趾平,爪上鳞片细嫩。

成年鸡:羽毛丰满,胸骨和嘴尖稍硬,后爪趾稍长,羽毛管发硬,爪上鳞稍粗糙。

老鸡:胸骨硬,爪上鳞片明显粗糙,趾较长,硬且成钩形,羽毛管硬。

3) 烹饪应用

鸡在烹饪中应用广泛,一般是作主料使用。它适宜于块、片、丁、丝、泥、蓉等多种刀工成形,也适宜于多种烹饪方法,如炖、烧、酱、黄焖、爆、炒、炸等,也是制汤的重要原料。口味多以咸鲜为主。可以制成众多菜肴,如四川的宫保鸡丁,广东的白斩鸡、盐焗鸡,山东的奶汤鸡脯、德州扒鸡、油爆鸡丁,江苏的清炖狼山鸡、叫化鸡,云南的汽锅鸡,江西的三杯鸡,海南的白切文昌鸡等。在面点中可制作馅心,也可制成卤用于面条,如鸡丝面等。鸡的内脏也可制成多种菜肴。鸡胗与猪肚头称为双脆,可制作名菜油爆双脆、汤爆双脆。鸡心又称安南子,安南子是中药胖大海的别名,因鸡心的形状、大小、颜色与其颇为相似之故。以此制作的菜肴有孔府菜烧安南子。鸡翅又称凤翅,可制作黄焖凤翅;鸡爪又称凤爪,可制作酱凤爪等菜肴;鸡血也可制作菜肴,如酸辣鸡血等。

4) 注意事项

用鸡制作菜肴时注意鸡肺不能食用,因鸡肺有明显的吞噬功能,它吞噬活鸡吸入的微小灰尘颗粒,肺泡能容纳进入的各种细菌,宰杀后仍残留少量死亡细菌和部分活菌,在加热过程中虽能杀死部分病菌,但对有些嗜热病菌仍不能完全杀死或去除。

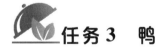

任务3　鸭

5.3.1　鸭的品种及特点

我国家鸭良种大约有 20 多种,按用途可分为肉用鸭、蛋用鸭、肉蛋兼用鸭。

肉用鸭:以产肉为主。体形大,躯体宽厚,肌肉丰满,性情温顺,行动迟钝,早期生长快,容易育肥。肉质鲜美,特别是鸭脯肉和鸭腿肉,其肉质细嫩。著名品种有北京鸭、樱桃谷鸭、法国番鸭、奥白星鸭、美洲瘤头鸭等。世界著名品种为北京鸭和瘤头鸭,体重可达 4 kg。鸭肝是珍贵的烹饪原料。

蛋用鸭:以产蛋为主,体形较小,躯体细长,体重约 2 kg。羽毛紧密,行动灵活,性成熟早,产蛋量多,但蛋型小,肉质差。年产蛋 250～300 枚,著名品种有江苏高邮鸭、福建金定鸭、绍兴鸭等。

肉蛋兼用鸭:体形介于肉用鸭和蛋用鸭之间,具有二者的优点。体重 4 kg 左右,肉质鲜美。母鸭年产蛋量 100～140 枚,蛋型大。著名品种有广东麻鸭、广西麻鸭、苏州娄门鸭、河北白洋淀鸭、福建白鸭、贵州三穗鸭、江苏海安鸭、四川建昌鸭、湖南临武鸭等。

常见鸭的品种很多,仅我国就有良种鸭二十多种,现简要介绍以下几种:

北京鸭:原产北京西郊玉泉山一带,是世界著名的肉用鸭。该鸭生长快、易育肥、肉质好、脂肪多。由于人工饲养,其消化系统发达,体形大,头大,颈长而粗,腿短粗,胸部丰满,成年公鸭重 4 kg 左右,母鸭重 3 kg 左右,是北京烤鸭的专用鸭。

娄门鸭:产于江苏苏州娄门地区,体形大,胸部丰满,质量中等,肉质细嫩而白,口味鲜美,是良好的肉蛋兼用型鸭。

建昌鸭:产于四川西昌一带,蛋肉兼用型。该鸭生长快、体形大、成熟早、肝肥大、肉肥而不腻、香味浓郁。

高邮鸭:较大型蛋肉兼肉用型麻鸭品种,主要产区是江苏高邮、兴化一带,分布于江苏北部京杭运河沿岸的里下河地区,以多产双黄蛋著称。高邮鸭体形高大,瘦肉率高,为南京板鸭、南京盐水鸭的主要原料。所产鸭蛋个体较大,蛋壳多为白色,年产蛋量 200 枚左右。

番鸭:又称瘤头鸭、洋鸭,原产于中美洲和南美洲热带地区,现在福建、广东等地已大规模养殖。番鸭与家鸭体形不同,番鸭体形前尖后窄,呈长椭圆形,头大,颈短,嘴短,胸部宽阔丰满,尾部瘦长,没有类似家鸭肥大的臀部,嘴的基部和眼睛四周有红色或黑色的肉瘤,所以有的地区称为瘤头鸭。番鸭的羽毛分为白色、黑色和黑白混色 3 种。

绍兴鸭:又称绍兴麻鸭、浙江麻鸭,因原产地位于浙江绍兴而得名,是我国优良的蛋鸭品种,也是麻鸭中首屈一指的代表。浙江、上海以及江苏太湖周边地区是主要产区,现在江西、福建、湖南、广东等诸多省份均有分布。绍兴鸭体小、身狭、臀大、颈细长,颈中部有一白环,每只鸭年产蛋量 300 枚左右。

5.3.2　鸭肉的品质特点及烹饪应用

1)品质特点

我国鸭子品种很多,最著名的是北京填鸭,它体肥,体表洁白鲜嫩,肌肉坚实而富有弹性,填好的肥鸭从外观看像个大鸭子,但育龄仅有 3 个多月,肉质极肥嫩,肌肉纤维间夹杂着脂肪,细嫩鲜亮,最宜烤用。

2)烹饪应用

鸭一般用烤、蒸等烹饪方法制作,且整只鸭制作较多,在宴席中多作大件使用。如三套鸭子、虫草鸭子、樟茶鸭子、神仙鸭子、芙蓉鸭子以及闻名世界的北京烤鸭。鸭的内脏如肝、胗、心、舌、血等皆可作为主料制作菜肴。如以质地脆韧的鸭胗制作的油爆菊花胗,以细嫩的鸭肝制作的黄焖鸭肝,以嫩脆的鸭掌制作的白扒鸭掌,还有芥末鸭掌、火爆鸭心、汆鸡鸭腰、烩鸭胰等名菜,还有以烤鸭为主菜制作的全鸭席,肥鸭也是制汤的重要原料。

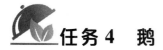

任务4 鹅

5.4.1 鹅的品种及特点

鹅的种类很多,按体形分为大、中、小3种;按外形特征分为白鹅、灰鹅、狮头鹅、伊犁鹅;按用途分为肉用鹅、蛋用鹅、肉蛋兼用鹅。

肉用鹅:以产肉为主,头较大,前额有一个很大的肉瘤,颈长,胸部发达,躯体宽而长,尾短向上,发育迅速,肉质鲜美,毛色有白色和灰色两种。成年鹅体重5 kg左右,年产蛋量60~70枚。著名品种有广东狮头鹅、东北中国鹅。

蛋用鹅:以产蛋为主,体前端有圆而光滑的肉瘤,背扁平,躯体似长方形,两腿粗短。母鹅腹部有褶皱。年产蛋量120枚左右,蛋壳白色。著名品种有烟台五龙鹅。

肉蛋兼用鹅:全身羽毛雪白,体质强健结实,外貌酷似天鹅;头较大,肉瘤圆而光滑无褶皱;颈长,弯曲呈弓形;胸部发达,腿较高,尾向上。属小型鹅。成年鹅体重4 kg左右。成年期为7~8个月。年产蛋量60~70枚,著名品种有苏浙太湖鹅。

鹅的品种很多,著名品种还有清远鹅、溆浦鹅、武冈铜鹅、奉化鹅、香山白鹅、永康灰鹅、兴国灰鹅,引进品种有德国莱茵鹅、法国朗德鹅等。

狮头鹅:原产广东潮汕饶平县,属大型鹅。该鹅头大眼小,皮肤松弛,公鹅脸部有很多黑色肉瘤,并随年龄而增大,因略似狮头而得名。此鹅生长快、成熟早、肉质优良,净肉率高。

奉化鹅:主要产于浙江奉化地区,此鹅体形高大,羽毛洁白,胸肋发达,臀部丰满,骨软肉鲜。该鹅生长速度快,从出壳雏鹅到成年鹅,一般只需60天。

溆浦鹅:肉用鹅,主要产于湖南溆浦县,是中国最大的白鹅种,有"全国白鹅之冠"的美称。溆浦鹅体形高大,以白鹅居多,背部、颈部、尾部为灰褐色,腹部白色,溆浦鹅体重一般在10 kg左右。

中国鹅:原产中国东北,以产蛋量高著称,是著名的蛋用型鹅种,目前世界各地均有养殖。中国鹅胸部发达,颈长,前额有一大肉瘤,按毛色分可分为白色和灰色,但以白色居多。体形较小,公鹅体重6 kg左右,母鹅5 kg左右,母鹅年产蛋量60枚左右。

太湖鹅:肉蛋兼用型鹅,主要产区在江苏苏州、无锡等地,羽毛纯白色,嘴、脚蹼均为亮红色。太湖鹅体态高昂,体格强健,肉质优良,产蛋量较多,是苏州名菜——糟鹅的主要原料。

5.4.2 鹅肉的品质特点及烹饪应用

1)品质特点

鹅与鸡鸭相比肉质较粗,且有腥味,作为烹饪原料其应用不如鸡鸭广泛。

2）烹饪应用

鹅在我国南方应用较多。鹅主要是用烤、酱、卤、炖、焖等小火长时间加热的烹饪方法，如广东菜烤鹅、苏州菜糟鹅、扬州菜盐水鹅等。鹅的内脏如肠、肝、胗、舌、血等均可用来制作菜肴，如椒麻鹅舌、酱鹅胗、卤鹅肠等，特别是鹅肝（经育肥的鹅肝），为国际市场上的珍品。肥鹅肝呈姜黄色，质地细嫩，营养丰富，味道鲜美。一个肥鹅肝质量可达 0.35~0.5 kg。

任务 5　禽肉制品

禽肉制品是以鲜、冻禽为主要原料，运用物理或化学的方法，配以适当的辅料和添加剂，对禽肉原料进行工艺处理最终所得的产品。

我国禽肉制品生产工艺历史悠久，大都以整鸡加工制品为主，名特产品众多，如安徽符离集烧鸡、辽宁沟帮子熏鸡、河南道口烧鸡、山东德州扒鸡、常熟叫花鸡、长沙油淋鸡等。20 世纪 80 年代以来，我国肉类科研机构和养殖企业开始注重禽肉制品新工艺、新产品、新设备的研究，相继推出了鸡肉火腿肠、鸡肉松、鸡肉串等。目前市场上的禽肉制品品种少，人们食用以鲜、活家禽为主。

5.5.1　禽肉制品的种类

①腌腊制品：将生禽肉用盐和硝经过一定时间的腌渍和修整而制成的一种腌制品，如板鸭、咸鸭、风鸡、腊鸡、风鹅等。该类产品属于生制品，需进一步熟制后才能食用。

②酱卤制品：将生禽肉和各种配料一同放入锅内烧煮而制成的熟肉制品，其中有酱烧、酱汁、盐水煮、卤等工艺，制品如酱鸭、卤鸡、盐水鸭等。

③烧烤制品：将禽肉生制品经过加工整理，加入各种配料后用烤炉制成，成品外焦里嫩、别具风味，如广东的烤鹅、烤鸡翅等。

④熏煮肠类制品：将禽肉生制品腌制后绞碎，加入各种调料和淀粉拌匀，灌入天然肠衣或人造肠衣中，经过烘烤、烟熏、干燥等工序制成的熟肉制品，一般需低温保存，如烤鸡肠等。

此外，还有油炸制品，如炸鸡；熟干制品，如鸡松；糟醉制品，如糟鹅、醉鸡等。加工后大多数禽肉制品成为可直接食用的方便食品，作为烹饪原料使用的主要是生制品。

5.5.2　常用禽肉制品

1）风鸡

风鸡是将健康鲜活的鸡宰杀后取出内脏，腌制、风干加工成的制品，所以别名风干鸡。风鸡是中国特产，具有独特的风味。著名品种有成都毛风鸡、河南风鸡、湖南风鸡、云南风鸡等。

风鸡的品质以膘肥肉满、羽毛整洁、有光泽，肉有弹性、无霉变虫蛀、无异味者为佳。一般选用一年左右的肥公鸡，在农历小雪以后加工，此时气候干燥，微生物不易侵袭。制品有特殊的腊香味。便于贮存、携带,烹制方便。一般可保存6个月。

(1)成都毛风鸡

成都毛风鸡是成都著名风味特产之一,历史悠久,是经腌制后再风干的,故也是腊制品。毛风鸡加工时间一般在冬至后到春节前。将鸡宰杀后,不去毛;在鸡裆处开一小口,掏净内脏;用干净布将腹内擦干净。把食盐炒热冷却后,加白糖、花椒面、五香粉拌和。先取一小撮塞入鸡喉管口,用手轻轻顺颈往下理,接着在鸡腹腔内擦均匀。进味后,用干燥木炭放入腹内吸收水分,将脚倒挂腌渍3~4天,再用麻绳穿鸡鼻挂在阴凉通风干燥处,10天左右即为成品。

(2)河南风鸡

河南风鸡是河南著名风味特产之一。选用一年左右的肥大公鸡制成。鸡宰杀后不煺毛,肋下开口去内脏,用盐将鸡身涂抹均匀,将鸡头插入腹腔内,两翅夹紧,以绳捆好,挂于背阴通风处风干即成。

(3)湖南风鸡

湖南风鸡是湖南著名风味特产之一。选用母鸡或阉鸡制成,大多是冬季腌制,春季食用。将风鸡挂在通风处可保存半年。

(4)云南风鸡

云南风鸡是云南著名风味特产之一。以姚安县出产最著名。鸡肥体嫩,以选2 kg左右的阉鸡制作。将鸡宰后,不煺毛,下腹部开口取出内脏,腔内壁擦盐,放白胡椒粉、草果粉、八角、盐等。然后缝合切口,晾挂风干而成。可保存3个月不变质。

风鸡的食用方法是先扯净羽毛,细毛可用火燎,最好用酒点燃燎,以免火焰把鸡皮燎污。然后用热水浸泡,刮去污垢,上笼蒸熟后晾凉。风鸡味道鲜美,柔嫩可口。可加工成冷盘,也可蒸、炒、炖、烧、煮等制成热菜。

2)烧鸡

烧鸡为酱卤制品,我国产地较多,以江苏沿沛郭家烧鸡、安徽符离集烧鸡、河南道口烧鸡最为著名。

原料多选用生长半年至两年、重为1 kg左右的嫩雏鸡和肥母鸡。经宰杀、煺毛、去内脏、整形、油炸、煮制等加工而成。煮制时,采用加香辛料的卤水,煮制好后风干。包装后,可保存2~5天,低温保存时间更长。

(1)道口烧鸡

道口烧鸡为河南道口镇的名食。造型完整美观,皮毛红亮鲜艳,略带微黄,肉质软嫩熟烂,气味异香浓郁,口味咸淡适宜。将鸡放在案上,腹部向上,左手稳住鸡身,用刀将肋骨和椎骨中间处切断。再用一小棍撑入腹内,将两翅、两腿整好形,挂在绳子上晾去表皮水分。将鸡身上涂匀蜂蜜水,下油中炸成红色捞出。将炸好的鸡放入汤中,加入配料焖煮3小时左右,捞起置通风处干燥即成。

(2)符离集烧鸡

符离集烧鸡产于安徽符离集,是闻名全国的地方特产。烧鸡呈浅红色,微带嫩黄,鸡体形如元宝。外观油润光亮,肉质雪白,肉烂骨脱,鲜美香酥。冷热食之均可。制法是先涂饴糖,再经油炸,后用酱汤卤煮而成。

3)熏鸡

熏鸡是指经过食品五味五香等气味熏制而成的鸡。以哈尔滨熏鸡和辽宁的沟帮子熏鸡最为出名。

熏鸡所用的材料是全鸡,熏鸡与烤鸡的区别在于:传统的烤鸡在烧烤时大部分与烧烤道具是直接接触的,容易导致鸡肉受热不均匀。而熏鸡则没有这种情况,并且保证鸡肉原生态的气味不外露。

(1)哈尔滨熏鸡

哈尔滨熏鸡是哈尔滨正阳楼的特制产品,芳香可口,风味独特。选择肥嫩母鸡,宰后放在凉水中泡 12 h 取出。投入沸腾的老汤中烫 15 min。取出后将鸡体的血液全部控出,再把鸡重新放入老汤内煮 3 h、煮熟捞出,最后熏制而成。

(2)沟帮子熏鸡

沟帮子熏鸡产于辽宁沟帮子镇,已有近 100 年的历史,驰名全国。熏鸡色泽枣红,味道芳香,肉质细嫩,烂而连丝。将鸡宰后整形,然后置于加好调料的老汤中,用小火煮沸 2 h,半熟时加盐,煮至肉烂而连丝时搭钩出锅,出锅后趁热熏制即可。

4)板鸭

板鸭也称腊鸭,是以活鸭为原料,经宰杀、煺毛、去内脏、擦盐腌制、复卤、晾挂等一系列工序加工而制成的咸鸭。著名品种有南京板鸭、福建板鸭、四川板鸭、江西南安板鸭、西昌板鸭等。

(1)南京板鸭

南京板鸭已有 500 年的产销历史。明清时代,南京新上市的板鸭都要作为贡品,又常作为官吏商贾应酬的礼品,故有贡鸭、官礼板鸭之称,属于我国名特产。外形较干,状如平板,肉质酥烂细腻,香味浓郁,故有"干、板、酥、烂、香"之美誉。南京板鸭分为腊板鸭与春板鸭两种:腊板鸭的产季是小雪至大雪,春板鸭的产季是立春至清明,质量以前者为佳。

(2)福建板鸭

福建板鸭产于福建省建瓯,是当地著名土特产。一般用母鸭制板鸭,宰杀后肚里留一串卵珠,以防混淆。此板鸭形美,色泽淡黄,肉质厚实肥嫩、不腻,香气扑鼻。

(3)四川板鸭

四川板鸭主产于四川,是当地著名土特产。板鸭体大形圆,带骨有头,无脚无翅,无肚腹,皮张伸展,洁净无毛,色泽呈白色或金黄色,肉质细嫩,香味浓郁。

(4)江西板鸭

江西板鸭产于江西赣南地区,是当地著名土特产。加工制作受季节和气候影响。一般在每年的立冬后和立春前进行加工,尤其在降霜、下露加工的板鸭色美、味香,又易保存。其外形美观,皮色洁白,皮薄肉嫩,骨髓可嚼,尾油丰富,味香可口。

(5)西昌板鸭

西昌板鸭是驰名全国的板鸭之一。制作原料选择饲养 10 个月左右的鸭,此鸭常吃活食,经常在池塘、溪流、稻田里游泳走动,瘦肉多,脂肪少。经腌、蒸制作后,醇香可口。

板鸭在烹饪中主要用作冷菜,也适合炖、炒、蒸等烹饪方法。此外,板鸭的头、颈和骨也是炖汤的好原料。

5)北京烤鸭

烤鸭家族中最辉煌的是全聚德,它确立了烤鸭家族的北京形象大使的地位。北京烤鸭原料是北京鸭,它是一种优质的肉食鸭。北京烤鸭有挂炉烤鸭和焖炉烤鸭两大流派。全聚德采用的是挂炉烤法,不给鸭子开膛,只在鸭身上开个小洞,将内脏取出,然后往鸭肚里灌开水,再把小洞系上,挂在火上烤。该方法既可不让鸭子因被烤而失水,又可让鸭子的皮胀开不被烤软。烤出的鸭子皮薄而脆,成了烤鸭最好吃的部分。其外观饱满,颜色呈枣红色,皮层酥脆,外焦里嫩,并带有一股果木的清香。

老字号便宜坊采用的是焖炉烤法,至今已有近600年历史。特点是鸭子不见明火(现已改成电焖炉)。焖炉烤鸭口感较挂炉烤鸭嫩,鸭皮的汁也明显更丰富饱满,外皮油亮酥脆,肉质软烂,口味鲜美。

6)南京盐水鸭

南京盐水鸭与南京板鸭齐名。它是用当年仔鸭,经宰杀、去内脏,加花椒和盐腌制、清卤浸渍、小火焐制等工序制作而成。特点是外白里红,肥嫩鲜香,清淡爽口,风味甚佳。南京盐水鸭一年四季皆可制作,以农历8—9月桂花盛开时制作的最好,故别名桂花鸭。

7)广东烤鹅

广东烤鹅是广东著名的烤制品,特点是色泽鲜红,皮脆肉香,脂肥肉满,味美适口。

广东烤鹅以经过肥育的清远黑鬃鹅为原料。宰杀后在肛门处开口净膛,向鹅体腔内放进五香粉料或酱料,封好切口。用70 ℃的热水烫洗鹅体表。用麦芽糖液涂抹鹅体表,挂起晾干。将晾干表皮的鹅坯送进烤炉,先用小火烤20 min,待鹅体烤干后,将炉温升至200 ℃,并转动鹅体,将胸部转向火口,烤25～30 min,至鹅体表呈鲜红色,可出炉。在烤出的鹅体表刷一层花生油,即为成品。

广东烤鹅携带、保存及食用方便。可加工成冷盘,也可加工成热菜。

任务6 蛋及蛋制品

5.6.1 禽蛋的结构

禽蛋横切面呈圆形,纵切面呈不规则椭圆形,一头尖,一头钝。禽蛋是由蛋壳、蛋白和蛋黄3部分组成,蛋壳约占蛋体重的11%,蛋白约占58%,蛋黄约占31%。

1)蛋壳

蛋壳主要由外蛋壳膜、石灰质蛋壳、内蛋壳膜和蛋白膜构成。外蛋壳膜覆盖在蛋的最外层,是一种透明的水溶性黏蛋白,能防止微生物的侵入和蛋内水分的蒸发,如遇水、摩擦、潮湿等均可使其脱落,失去保护作用。因此,常以外蛋壳膜的有无判断蛋的新鲜程度。

石灰质蛋壳由碳酸钙组成,质地坚硬,是蛋壳的主体,具有保护蛋白、蛋黄和固定蛋的形状的作用。蛋壳表面有颜色深浅不同的光泽,一般来说颜色越深蛋壳越厚,颜色越浅蛋壳越薄。蛋壳上密布着许多微小气孔,尤其是大头部分气孔更多,这些气孔可使微生物透过,可以进行气体交换,蛋内水分也由此蒸发,同时这些小孔是家禽孵化和蛋品加工所必需的条件,也是鲜蛋保存时是否会腐败变质的主要因素之一。

蛋壳内部有两层薄膜,紧靠蛋壳的一层叫内蛋壳膜,组织结构较疏松,里面还有一层蛋白膜,组织结构致密。这两层薄膜都是白色的具有弹性的网状膜,能阻止微生物通过。在刚产下的蛋中,这两层薄膜是紧贴在一起的,时间一长,蛋白、蛋黄逐渐收缩,蛋白膜在蛋的大头开始与内蛋壳膜分离,因而在两层膜间形成气室。时间越长,气室越大,所以蛋的新鲜程度也可以由气室的大小来鉴别。

2)蛋白

蛋白也称为蛋清,位于蛋壳与蛋黄之间,是一种无色、透明、黏稠的半流动体。在蛋白的两端分别有一条粗浓的带状物称为系带,起牵拉固定蛋黄的作用。

蛋白以不同的浓稠度分层分布于蛋内,最外层为稀薄层,中间层为浓厚层,最内层为稀薄层。蛋白中浓稠蛋白的含量对蛋的质量和耐储性有很大关系,含量高的质量好,耐储性强。新鲜蛋浓稠,蛋白较多,陈蛋稀薄,蛋白较少。受细菌感染的蛋白也会变稀。因此,蛋白的浓稠程度也是衡量禽蛋是否新鲜的重要标志之一。

3)蛋黄

蛋黄通常位于蛋的中心,呈球形。其外由一层结构致密的蛋黄膜包裹,以保护蛋黄液不向蛋白中扩散。新鲜蛋的蛋黄膜具有弹性,随着时间的延长,这种弹性逐渐消失,最后形成散黄。因此,蛋黄膜弹性的变化也与蛋的质量有密切关系。

在蛋黄上侧表面的中心有一个 2~3 mm 的白点,称为胚胎(受精蛋)或胚珠(未受精蛋)。在适宜温度下,胚胎会迅速发育,可使禽蛋的贮藏性能降低。

蛋黄内容物是一种黄色的不透明的乳状液,由淡黄色和深黄色的蛋黄层所构成。内蛋黄层和外蛋黄层颜色都比较浅,只有两层之间的蛋黄层颜色比较深。

不同种类的禽蛋,其蛋壳、蛋白、蛋黄所占的比例不同,营养价值也会有一定的差异。

5.6.2　常用禽蛋

1)鸡蛋

(1)品质特点

鸡蛋是蛋类中最主要的一种,呈椭圆形,表面颜色一般为浅白色或棕红色,鲜蛋表面有似白色的霜。

（2）烹饪应用

鸡蛋在烹饪中应用很广,适合于炒、煮、煎、炸、蒸等多种烹饪方法,可整用,也可将蛋白、蛋黄分开使用。鸡蛋做主料可以制作如炒鸡蛋、虎皮蛋、熘黄菜、三不沾等菜肴,也可制成蛋皮、蛋丝、蛋松、蛋糕等作为菜肴的辅料使用及作面点中的馅心。鸡蛋还是菜肴制作中挂糊上浆的重要原料,特别是用蛋清制作的蛋泡糊,既是制作松炸菜肴的原料,且可制成雪山、芙蓉等菜式,又是面点制作中的蛋泡膨松面团的主要膨松原料。在上至高档宴席中的山珍海味,下至家常饭桌上的普通菜肴,都有鸡蛋的应用,因此,鸡蛋是雅俗共用的烹饪原料。

2）鸭蛋

（1）品质特点

鸭蛋也呈椭圆形,个体较鸡蛋大,一般重达 70 ~ 80 g。表面颜色呈白色或青灰色,腥气较重。

（2）烹饪应用

鸭蛋在烹饪中可代替鸡蛋,但一般常用来加工成松花蛋、咸鸭蛋等蛋制品。

3）鹅蛋

（1）品质特点

鹅蛋为椭圆形,个体很大,一般每只蛋重达 80 ~ 100 g,表面较光滑,呈白色。

（2）烹饪应用

鹅蛋在烹饪中的用途与鸭蛋相似。

5.6.3 常用蛋制品

鲜蛋经过特殊处理加工制成的产品统称为蛋制品。烹饪中常用的蛋制品有松花蛋、咸蛋、糟蛋等。

1）松花蛋

松花蛋又称皮蛋、彩蛋、变蛋、五彩松花蛋等。

鲜鸭蛋经过加工后,蛋白凝固,具有弹性,呈茶色或青黑色胶冻状皮层,因此也称为皮蛋。品质优良的松花蛋,在蛋白表面有美丽的结晶状花纹,状似松花,因此称松花蛋。结晶状花纹是氨基酸和一些盐类所形成的结晶颗粒,故松花多的蛋,蛋白质含量相对减少,氨基酸含量增多,腥味低,鲜味浓。人们常说"蛋好松花开,花开皮蛋好",这表明松花是优质皮蛋的特征。松花蛋的蛋黄具有界限明显的鲜艳色层,使蛋的剖面绚丽多彩,故也称为彩蛋或五彩松花蛋。蛋黄中心有形似软糖的浆状软心,称为溏心松花蛋（溏心较大的称为汤心松花蛋）,蛋黄全部凝结的称为硬心松花蛋。

（1）品种

松花蛋的主要产地在湖南、四川、北京、江苏、浙江、山东、安徽等地。较著名的有湖南松花蛋、江苏高邮松花蛋、山东微山湖松花蛋、北京松花蛋等。

松花蛋多是以鲜鸭蛋在纯碱、石灰、茶叶、食盐、一氧化铅等辅料的综合作用下,经复杂的化学变化而成的。松花蛋的加工制作方法有浸泡法、包泥法、浸泡-包泥法等。过去传统的制作用料中要加入一氧化铅,但其含铅量未超过卫生标准,少量食用对人是无害的。现在我国已开始生产无铅松花蛋,完全能够保持传统风味。为顺应现代食品向营养型、疗效型、功能型方向发展,我国市场上已出现了富锌皮蛋、补血皮蛋、富硒皮蛋等。

（2）品质鉴别

一看：观察蛋壳是否完整,壳色灰白无黑斑、无裂纹和无破损者为好;二掂：将蛋放在手中轻掂,颤动大,有弹性的为好;三摇晃：手拿蛋靠近耳边上、下、左、右摇晃数次,听蛋的内容物无声响的为好;四照：灯光透视,若蛋内大部分呈黑色或深褐色为优质蛋,若大部分呈黄褐色透明体,则是未成熟的松花蛋。

（3）烹饪应用

在烹饪中一般多用作冷盘,也可用炸、熘的方法制成热菜,如炸熘松花、糖醋松花等,广东一带还常用来制作皮蛋粥。

2）咸蛋

蛋壳呈青色,外观圆润光滑,质地细软松沙,蛋白粉嫩雪白,蛋黄丰润鲜红,滋味鲜香可口,咸淡适中。以咸鸭蛋较为多见,腌好的咸鸭蛋蛋黄为鲜艳的橘黄色,煮熟后还会冒油。

（1）品种

咸蛋按所选禽蛋种类的不同,可分为咸鸭蛋、咸鸡蛋、咸鹅蛋等;按其在加工时所用调辅料的不同,又可分为黑灰咸蛋、黄泥咸蛋和盐水咸蛋。

咸蛋的著名品种有江苏高邮双黄鸭蛋、湖北沔阳一点珠咸蛋、湖南益阳朱砂盐蛋、河南郸城唐桥咸蛋、浙江兰溪黑桃蛋等。

（2）品质鉴别

优质咸蛋蛋壳完整,轻微摇动时有轻度水荡声。以灯光透视时,蛋白透明,蛋黄缩小。打开蛋壳,可见蛋白稀薄透明,浓厚蛋白消失,蛋黄浓缩,黏度增强,呈红色或淡红色。煮熟后蛋白洁白细嫩,蛋黄色泽黄亮,质感松沙,香味扑鼻。

（3）烹饪应用

咸蛋在烹饪中主要供蒸、煮后制作冷盘,或作为小菜;也可以咸蛋黄为馅心,制作月饼、粽子、酥饼等;另外,还常以咸蛋黄为介质,焗制菜肴,如咸蛋黄焗南瓜、咸蛋黄焗螃蟹等。

3）糟蛋

糟蛋是以鸭蛋、鹅蛋等禽蛋为原料,经裂壳后,埋在酒糟、食盐、醋等原料中腌渍而成的蛋制品。

腌渍的调料主要是酒糟,在酒精的作用下,蛋白质变性,产生较多的鲜味和香味物质,致使蛋白呈乳白色或黄红色胶冻状,蛋黄呈橘红色半凝固状,形成醇香浓郁、沙甜可口、回味悠长的独特风味。其蛋壳全部脱落或部分脱落,由蛋白膜包裹着蛋的内容物,似同软壳蛋。

（1）品种

糟蛋在我国有着悠久的历史,明清时期民间制作糟蛋就已经相当普遍了,比较著名的有浙江平湖糟蛋和四川宜宾糟蛋。

①平湖糟蛋:已有250多年的生产历史,清朝年间曾得到乾隆皇帝"御赐"金牌嘉奖,从此声名远扬。平湖糟蛋被誉为"世界饮食文化中的一朵奇葩",在南洋劝业会、英国伦敦博览会和巴拿马国际博览会都获过奖。

②宜宾糟蛋:清光绪一年(1875年)开始商品性生产,质量也有很大提高。到了民国初年,宜宾糟蛋的制作工艺和风味特色基本形成,并具有一定的生产规模。

(2)品质鉴别

优质糟蛋饱满完整,蛋壳自然脱落,蛋膜柔软,不破不流,蛋白呈乳白色,蛋黄呈橘红色半流体。

(3)烹饪应用

糟蛋主要用于冷食或作冷拼的原料,一般不加热食用,否则香味易散失。食用前先用凉开水或温开水洗去糟蛋表面的酒糟,剥去蛋膜,改刀后放入盘中,再夹住蘸糖酒(白糖上滴几滴白酒)食用。

任务7 禽类原料的品质鉴别与保藏

5.7.1 家禽肉的感官检验

家禽肉的品质检验主要以家禽肉的新鲜度来确定。采用感官检验的方法从其嘴部、眼部、皮肤、脂肪、肌肉、气味、肉汤等几个方面来检验其新鲜、不新鲜,或是腐败(表5.1)。

表5.1 家禽肉的感官鉴别标准

项目	新鲜禽肉	不新鲜禽肉	腐败禽肉
嘴部	有光泽,干燥有弹性,无异味	无光泽,部分失去弹性,稍有异味	暗淡,角质部位软化,口角有毒黏液,有腐败味
眼部	饱满,充满整个眼窝,角膜有光泽	部分下陷,角膜无光	干缩下陷,有黏液,角膜暗淡
皮肤	呈淡白色,表面干燥,稍湿不黏	淡灰色或淡黄色,表面发潮	灰黄,有的地方呈淡绿色,表面湿润
肌肉	结实而有弹性,鸡的肌肉呈玫瑰色,有光泽,胸肌为白色或淡玫瑰色;鸭、鹅的肌肉为红色,幼禽有光亮的玫瑰色	弹性小,手指按压后不能立即恢复或完全恢复	暗红色、暗绿色或灰色,肉质松弛,手指按压后不能恢复,留有痕迹
脂肪	白色略带淡黄,有光泽,无异味	色泽稍淡,或有轻度异味	呈淡灰或淡绿色,有酸臭味
气味	有该家禽特有的新鲜气味	轻度酸味及腐败气味	体表及腹腔有霉味或腐败味
肉汤	有特殊的香味,肉汤透明,芳香,表面有大的脂肪滴	肉汤不太透明,脂肪滴小,香味差,无鲜味	浑浊,有腐败气味,几乎无脂肪滴

5.7.2　活禽的品质检验

左手提握两翅,看头部、鼻孔、口腔、冠等部位有无异物或变色,眼睛是否明亮有神,口腔、鼻孔有无分泌物流出。右手触摸嗉囊判断有无积食、气体或积水,倒提时看口腔有无液体流出,看腹部皮肤有无伤痕,是否发红、僵硬,同时触摸胸骨两边,鉴别其肥瘦程度,按压胸骨尖的软硬,检验其肉质老嫩。检查肛门,看有无绿白稀薄粪便黏液。

不同生长期的活鸡鉴别:根据生长期的不同,一般可分为仔鸡、当年鸡、隔年鸡和老鸡。仔鸡指尚未到成年期的鸡,其羽毛未丰,体重在 0.5 kg 左右,胸骨软,肉嫩,脂肪少;当年鸡也称新鸡,已到成年期,但生长时间未满 1 年,其羽毛紧密、胸骨较软、嘴尖发软、后爪趾平,鸡冠和耳垂为红色,羽毛管软,体重一般已达到各品种的最大质量,肥度适当,肉质嫩;隔年鸡指生长期在 12 个月以上的鸡,羽毛丰满,胸骨和嘴尖稍硬,后爪趾尖,鸡冠和耳垂发白,羽毛管发硬,肉质渐老,体内脂肪逐渐增加,适合烧、焖、炖等烹饪方法;老鸡指生长期在 2 年以上的鸡,此时羽毛一般较疏,皮发红、胸骨硬,爪、皮粗糙,鳞片状明显,趾较长,呈钩形,羽毛管硬,肉质老,但浸出物多,适合制汤或炖焖。

5.7.3　冻禽肉的品质鉴别

冻禽肉是指健康活禽经宰杀、卫生检验合格,并经净膛或半净膛的冷冻保存禽肉。鉴别时敲击是否有清脆回音,必要时可切开检查冻结状态。如果是注水禽,切开肌肉丰满处,可见大量冰碴或白冻块。皮下也有大量冰碴或肿胀。应重点检查胸肌、腿肌是否注水。

5.7.4　禽类制品的品质鉴别

1)风鸡的品质鉴别

优质风鸡成品应该是膘肥肉满,肌肉略带弹性,皮面呈淡黄色,无霉变虫伤。保存时要防止雨淋或阳光暴晒,以免受潮和走油,引起腐败。风鸡一般宜立春前食用完,气温一高,则易变质,并因脂肪酸败而出现哈喇味。

2)板鸭的品质鉴别

好的板鸭外形呈扁圆形状,腿部发硬,周身干燥,皮面光滑无皱纹,呈白色或乳白色,腹腔内壁干燥,附有外霜,胸骨与胸部凸起,颈椎露出。肌肉收缩,切面紧密光润,呈玫瑰红色,具有板鸭固有的气味。水煮时,沸腾后肉汤芳香,液面有大片脂肪,柔嫩味鲜,有韧性。质量差的板鸭体表呈淡红或淡黄色,有少量油脂渗出,腹腔湿润,可见霉点。肌肉切面呈暗红色,切面稀松,没有光泽,皮下及腹内脂肪带哈喇味,腹腔有腥味或霉味。水煮后,肉汤鲜味较差,并有轻度哈喇味。如果板鸭通身呈暗红或紫色,则多为病鸭、死鸭所加工,吃起来色、香、味极差,不宜食用。

5.7.5　蛋品的品质鉴别

鲜蛋的品质检验对烹饪和蛋品加工的质量起着决定性作用。鉴定蛋的质量常用感官鉴定法和灯光透视鉴定法,必要时可进一步进行理化鉴定和微生物检查。

1)感官检验

感官检验主要凭人的感觉器官(视、听、触、嗅等)来鉴别蛋的质量。鲜蛋的蛋壳洁净、无裂纹、有鲜亮光泽。蛋壳表面有一层胶质薄膜并附着有白色或粉红色霜状石灰质粉粒,触摸有粗糙感。将几个蛋在手中轻磕时有如石子相碰的清脆咔咔声,用手摇晃无响水声,手掂有沉甸甸的感觉,打开后蛋黄呈隆起状,无异味;反之,则可能是陈次蛋或劣质蛋。

2)灯光透视检验

灯光透视检验是一种既准确又行之有效的简便方法。由于蛋本身有透光性,其质量发生变化后,蛋内容物的结构状态则发生相应的变化,因此在灯光透视下有各自的特征。灯光透视时主要观察蛋白、蛋黄、系带、蛋壳、气室和胚胎等的状况,以综合评定蛋的质量,见表5.2。

表5.2　鲜蛋的灯光透视检验标准

种类	检验标准
鲜蛋	蛋壳无斑点或斑块,气室固定不移动。蛋白浓厚透明,蛋黄位于中心或略偏、系带粗浓,无胚胎发育迹象
破损蛋	蛋壳上有很多细小裂纹,磕碰时有破碎声或闷哑声
陈次蛋	透视时气室较大,蛋黄阴影明显,不在蛋的中央,靠蛋黄气室大,蛋白稀薄,系带变细,明显可看到蛋黄暗红色影子
劣质蛋	黑壳蛋透视可见到蛋黄大部分贴在蛋壳某部,较明显的黑色影子,气室很大,蛋内透光度降低,有霉菌斑点等

5.7.6　家禽肉及鲜蛋的保藏

家禽肉及鲜蛋的保藏主要用低温保藏法。

1)鲜肉的保藏

购进的鲜肉一般先洗涤,然后进行分档取料,再按照不同的用途分别放置冰箱内进行冷冻保藏,最好不要堆压在一起,以方便取用。

2)冻肉的保藏

购进冻肉后,应迅速放入冷冻箱内保藏,以防解冻。最好在每块冻肉之间留有适当的空隙。冻肉与冰箱壁也应留有适当空隙,以增强冷冻效果,同时也便于取用。

3)鲜蛋的保藏

鲜蛋的贮藏保鲜方法很多,常用的有冷藏法、石灰水浸泡法、水玻璃浸泡法以及涂布法等。

(1)冷藏法

冷藏法广泛用于大规模贮藏鲜蛋,是国内外普遍采用的方法。当温度控制在 $0 \sim 1.5 \ ℃$,

相对湿度为80%～85%时,冷藏期为4～6个月;当温度控制在-1.5～2.0℃,相对湿度为85%～90%时,冷藏期为6～8个月。

（2）石灰水浸泡法

石灰水浸泡法是利用石灰水澄清液保存鲜蛋的方法。鲜蛋浸泡在石灰水中,其呼出的二氧化碳同石灰水中的氢氧化钙作用形成碳酸钙微粒沉积在蛋壳表面,从而闭塞鲜蛋气孔,达到保鲜目的。

（3）水玻璃浸泡法

水玻璃浸泡法是采用水玻璃(又称泡花碱,化学名称硅酸钠)溶液浸泡蛋的一种方法。水玻璃在水中生成偏硅酸或多聚硅酸的胶体溶液附着在蛋壳表面,闭塞气孔,起着同石灰水同样的保鲜作用。

（4）涂布法

涂布法是采用各种被覆剂涂布在蛋壳表面,堵塞气孔,以防鲜蛋内二氧化碳逸散和水分蒸发,并阻止外界微生物的侵入,借以达到保鲜的目的。常用的被覆剂有液体石蜡、聚乙烯醇、矿物油、凡士林等。

民间贮藏鲜蛋的方法还有豆类储蛋法、植物灰储蛋法等。这些方法一般是用干燥的小缸做容器,以干燥的豆类或草木灰作填充物。在缸内每铺一层填充物,就摆放一层蛋,再铺一层填充物,再摆放一层蛋,直至装满,最后还要再覆盖一层填充物,放在室温下贮藏。这种方法保鲜期一般为1～3个月。

任务评价

学生本人	量化标准(20分)	自评得分
成果	学习目标达成,侧重于"应知""应会" 优秀:16～20分;良好:12～15分	
学生个人	量化标准(30分)	互评得分
成果	协助组长开展活动,合作完成任务,代表小组汇报	
学习小组	量化标准(50分)	师评得分
成果	完成任务的质量,成果展示的内容与表达 优秀:40～50分;良好:30～39分	
总分		

练习实践

1. 家禽的种类有哪些?请举例说明。

2. 家禽如何分档取料?

3. 举例说明家禽的品质特点。

4. 鲜蛋的保藏方法有哪些?

单元 6

鱼类原料

【知识目标】
- 了解鱼类原料的分类、组织结构;
- 了解鱼制品的主要种类;
- 掌握典型鱼类原料的烹饪应用;
- 掌握鱼类原料的品质鉴别和保藏。

【能力目标】
- 能通过实物、图片、视频识别各种鱼;
- 能正确选择常见鱼的烹饪应用方法;
- 能鉴别鱼的新鲜度。

鱼类烹饪原料种类繁多,本单元将对鱼类原料的常见品种、品质鉴别及烹饪应用等方面进行介绍。

任务 1　鱼类原料概述

6.1.1　鱼类原料的结构特点

1) 鱼类的体形

鱼的种类繁多,由于其生活环境、生活习性各不相同,其外表形状也不相同。烹饪中较常用的鱼,其体形大致归纳为以下 4 种。

梭形:又称纺锤形,因其形似梭子故名梭形,其鱼体呈流线型。多数鱼属于这一类型,如鲤鱼、草鱼、黄花鱼等。

扁形:其形扁平如片状故名扁形。海洋鱼类中栖息于海底的鱼,多属于这一类型,如比目鱼等。

圆筒形:其形如细长的圆筒状故名圆筒形。此类鱼体长,较细,如黄鳝等。

侧扁形:其形侧扁故名侧扁形,如鲂鱼、鳊鱼、鳊鱼、鲫鱼、鲳鱼等。

其他:如带形的带鱼等。

2) 鱼类的外表结构

(1) 鱼鳞

鱼鳞是保护鱼体,减少水中阻力的器官。绝大多数鱼有鳞,少数鱼已退化为无鳞。鱼鳞在鱼体表呈覆瓦状排列。鱼鳞可分为圆鳞和栉鳞,圆鳞呈正圆形,栉鳞呈针形且较小。

(2) 鱼鳍

鱼鳍俗称划水,是鱼类运动和保持平衡的器官。根据鱼鳍的生长部位可分为背鳍、胸鳍、腹鳍、臀鳍、尾鳍。按照鱼鳍的构造,可分为软条和硬棘两种,绝大多数的鱼类是软条,硬棘的鱼类较少(如鳜鱼、刀鲚等)。有的鱼的硬棘带有毒腺,人被刺后,其被刺部位肿痛难忍。

从鱼鳍的情况还可以判断鱼肉中小刺(肌间骨)的多少。低等鱼类一般仅有一个背鳍,是由分节可屈曲的鳍条组成,胸鳍腹位,这类鱼的小刺多,如鲢鱼。较高等的鱼类一般由两个或两个以上的背鳍构成(有的连在一起)。其第一背鳍由硬棘组成,第二背鳍由软条组成,腹鳍胸位或喉位,或者没有腹鳍,这类鱼的刺少或者没有小刺,如鳜鱼等。

(3) 侧线

侧线是鱼体两侧面的两条直线,它是由许多特殊凸棱的鳞片连接在一起形成的。侧线是鱼类用来测水流、水温、水压的器官。不同的鱼类其侧线的整个形状、有无侧线也有不同。

(4) 鱼鳃

鱼鳃是鱼的呼吸器官,主要部分是鳃丝,上面密布的细微血管呈鲜红色。大多数鱼的鳃位于头后部的两侧,外有鳃盖。从鱼鳃的颜色变化可以判断出鱼的新鲜程度。鱼的鼻孔无呼吸作用,主要是嗅觉功能。

（5）鱼眼

鱼眼大多没有眼睑,不能闭合。从鱼死后其眼睛的变化上可以判定其新鲜程度。但不同品种的鱼,其鱼眼的大小、位置是有区别的。

（6）口

口是鱼的摄食器官。不同的鱼类其口的部位、形状各异,有的上翘,有的居中,有的偏下等。口的大小与鱼的食性有关,一般凶猛鱼类及以浮游生物为食的鱼类口都较大,如鳜鱼、带鱼、鲶鱼等。

（7）触须

鱼类的触须是一种感觉器官,生长在口旁或口的周围,分为颌须和颚须,多数为一对,有的有多对(如胡子鲶)。触须上有发达的神经和味蕾,有触觉和味觉的功能。

3）鱼类的组织特点

鱼体从外形上主要分为头部、躯干部和尾部3部分,以躯干部为供食的主要部分。除骨骼外,躯干部的组织主要是肌肉组织和脂肪组织。

（1）肌肉组织

鱼类的肌肉组织中肌纤维较短,结合疏松;白肌和红肌的分化很明显。由于白肌所含肌红蛋白较红肌少,色泽洁白,是制作鱼丸的上好原料。

由于鱼类肌肉中包裹肌束很薄、肌纤维结合疏松,加热时,鱼类原料成菜的成型性降低。因此,烹饪中常用挂糊、上浆、拍粉等方法,以保成菜的形状。

（2）脂肪组织

鱼类的脂肪在鱼体中分布广泛,通常在腹部、颈部较多,背部、尾部较少。成年鱼体内脂肪含量相对较高;雌鱼在产卵前脂肪含量最高,此时,鱼肉味鲜而肥美,为最佳食用期。另外,冷水性鱼类通常含脂肪较多,如鲑鱼。

鱼类脂肪中不饱和脂肪酸含量高,熔点低,常温下呈液态,容易被人体吸收,消化率可达95%。但同时也使得鱼类在保存时极不稳定,很容易酸败,产生哈喇味,降低食用品质。另外,由于鱼类脂肪具有特殊的腥臭味,故鱼油一般不作为食用油脂使用。

（3）骨骼组织

鱼类的骨骼由脊柱、头骨和附肢骨构成,有的鱼类在肌肉中有游离的肌间刺。在生物学分类上,根据骨骼组织的差异,将鱼类分为硬骨鱼类和软骨鱼类两大类。

硬骨鱼类的骨骼,除某些酥炸、香煎菜式外,其骨骼一般不单独用来制作菜肴。硬骨鱼类是烹饪中常用的鱼类原料。

软骨鱼类的骨骼全部由软骨组成,如鲨鱼、鳐鱼等。烹饪中,将软骨鱼类的鳍、骨等经加工后可制成相应的干制品,如鱼翅、鱼骨等,均为珍贵原料。软骨鱼类的鳞为盾鳞,较硬,深陷于皮肤内,烹饪加工时须经退砂处理。另外,由于软骨鱼无鳔,因此不能加工鱼肚。

4）鱼类原料的鲜味和腥味

（1）鱼类原料的鲜味

鱼类的鲜味主要来自于肌肉中含有的多种呈鲜氨基酸,如谷氨酸、天冬氨酸等;浸出物中的琥珀酸和含氮化合物,如氧化三甲胺。嘌呤类物质等对鱼肉的鲜美滋味也有增强作用。此外,还与蛋白质、脂类、糖类等组成成分的辅助呈鲜作用有关。

(2)鱼类原料的腥味

鱼类经捕捞出水后,其体表与空气接触不久便会有腥臭味产生。一般海水鱼刚出水时的腥味很淡,淡水鱼则较浓,但随鱼种的不同而有所差异。另外,体表黏液分泌多的鱼类,与空气接触后往往腥味较重。这是由于黏液中的蛋白质、卵磷脂、氨基酸等被污染体表的细菌分解产生了氨、甲胺、硫化氢等腥臭物质而造成的。

6.1.2　鱼类的部位分档与烹饪应用

1)鱼类的部位分档

鱼类的部位分档,见表6.1。

表6.1　鱼类的部位分档

名称	烹饪应用
鱼头	肉少骨多,皮层含胶原蛋白质较多,适合清蒸、红烧等烹饪方法
脊背	肌肉丰厚,质地较细嫩,适合多种烹饪方法
肚档	皮较多,含脂肪丰富,肉质肥嫩,柔软,适合烧、蒸等烹饪方法
鱼尾	肉质较肥美,胶质丰富,多作红烧

2)鱼类原料的烹饪应用

鱼类原料是烹饪原料中非常重要的一大类原料。其种类繁多,并且各有特点,营养价值高,质地鲜嫩,口味鲜美,因此在烹饪中应用极为广泛。

(1)刀工处理,料形多样

鱼类在烹饪中的应用相当普遍,菜品极多。除鲜鱼外,还可选用鱼类的加工制品制作菜肴,如干制品、腌制品、熏制品、冷冻鱼类等。在刀工处理上,体型较小的鱼整用较多,体形较大的鱼可先行分割处理,再分档使用。分档部位有头尾、中段、鱼块、肚档等。在烹饪中,鱼类去骨取肉应用可制作较多的菜品,净鱼肉可加工成鱼条、鱼片、鱼丝、鱼丁、鱼米等料形;色泽洁白的鱼可加工成鱼肉糜,用于制作鱼丸、鱼饼、鱼糕、鱼线等。有些种类还可整鱼出骨,制作特色工艺菜。

(2)烹饪加工,方法众多

新鲜的鱼类适合各种烹饪方法。例如,几乎所有的鱼均可红烧、油炸,新鲜且脂肪含量较高的鱼可清蒸、制汤。另外,新鲜的鱼可做冷盘、热炒、大菜、汤羹和火锅等,适合各种调味技法和味型,如咸鲜、家常、椒麻、茄汁、酸辣、糖醋、咸甜等。

除加热烹饪外,某些海产鱼类还可生吃。我国餐饮业常用三文鱼加工生鱼片食用;日本人用金枪鱼制作的刺身是上等的日本料理,但对鱼的鲜度要求很高。荷兰人也有生吃鲱鱼的习惯,为了杀死鱼中的寄生虫,以法律形式规定,出售商有在-20 ℃条件下冻结24 h 的义务。

（3）腥臭异味,抑制去除

鱼类的腥臭异味会影响菜肴的风味品质,因此要采取适当方法抑制或除去异味成分。在烹饪之前用水或淡盐水漂洗,或在剖鱼前,用食盐涂抹鱼身,再用水冲洗,可去掉鱼身上的黏液,有效减少三甲胺等各种水溶性臭气物质。在鱼类烹饪中,常使用葱、姜、酒、香料等,葱、桂皮等对三甲胺有明显的消除作用;姜汁可除去挥发性醛类的气味,对三甲胺也有明显的消除作用;料酒对挥发性胺类有掩盖作用;醋可抑制胺的挥发。淡水池塘养殖鱼类存在土腥味,它来源于某些蓝藻类、绿藻类及放线菌所合成的物质,在净水中蓄养1~2 个星期可除去。

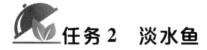

任务2　淡水鱼

6.2.1　淡水鱼类概述

广义地讲,淡水鱼是指能生活在盐度为3‰的淡水中的鱼类。狭义地讲,淡水鱼是指在生活史中部分阶段如只有幼鱼期或成鱼期,或是终其一生都必须在淡水域中度过的鱼类。

我国的淡水鱼种类很多,分布很广,几乎到处可见。如以水草为主要食料的草鱼、鳊鱼等;以浮游生物为食的鲢鱼、鳙鱼等;杂食性的鲤鱼、鲫鱼等;其他如黄鳝、泥鳅、鲶鱼以及常见凶猛鱼类如鳜鱼等;此外,还有性情温和的肉食性鱼类。除上述全国广为分布的种类外,各地水域中也有不少各地区的常见品种。

淡水鱼类型构成如下:

我国的淡水鱼不仅有寒、温、热三带的类型,还兼有平原水系、内陆高山和高原水系的类型,包括一些在完成其生命活动过程中,有周期性、定向性和集群性的迁徙运动的洄游性鱼类。因此我国淡水鱼的类型复杂多样。

冷水性淡水鱼:主要分布在我国东北寒温带或中温带水域。冷水性鱼类中,经济意义较大的常见品种有哲罗鱼、鲟鱼、狗鱼及洄游性的大马哈鱼等。

暖水性淡水鱼:主要分布在我国黄河以南及长江、珠江和西北高原的一些河流等暖温带、亚热带、热带的水域中,是种类多、分布广、产量高的一类。特色品种有胭脂鱼、卷口鱼、鳗鲡等。

山区和高原水系淡水鱼:主要分布在我国华西和西南的内陆山区以及青藏高原区。如怒江、金沙江等,许多地段水流湍急,鱼类资源一般。其中高原水系淡水鱼由于适应海拔高、气候冷的严酷环境,生长缓慢,肉厚脂多,具有无鳞、重唇、具臀鳞等特征,如鲈鲤、乌原鲤等。

6.2.2　常见淡水鱼

1）鲥鱼

鲥鱼又称时鱼、三来、三黎、惜鳞鱼等。平时生活在海中,每年4—6月溯江而上,进行生殖洄游。在江中产卵繁殖,然后返回大海。鲥鱼因其定期入江,如期返海,来往有时而得名。鲥鱼在我国长江、珠江、钱塘江均有出产,以长江下游所产最多最肥,特别是江苏省镇江市的焦山一带所产最负盛名。近年来,由于环境污染及繁捕等原因,现野生鲥鱼已近于绝迹,目前市场供应的多为养殖的鲥鱼。鲥鱼上市季节较短,以端午节前后20天左右所产最佳,过此季节,肉质较老。

（1）品质鉴别

新鲜的鲥鱼,鱼目光亮,鱼鳃鲜红,鱼体银白,鱼鳞完整,肉质坚实,嗅之无异味。鲥鱼为名贵食用鱼类。该鱼初入江时体内脂肪肥厚,蒜瓣肉,肉厚,质白嫩,细腻鲜美,肉中刺多而软,产卵后肉质变老,质量大为逊色。捕鲥鱼时,为使鱼鳞完整,应以网捕。鲥鱼性情暴躁,离水即死,肉质较嫩,变化十分迅速,只要一变质其肉即糟,因此以鲜为贵。

（2）烹饪应用

鲥鱼在烹饪中为高档菜肴原料,多用来制作宴席中的大菜。在初加工时不能去鳞,以保存脂肪。鲥鱼宜整条烹制,也可剖片或大段使用。此鱼最宜清蒸,以保持其本身鲜美滋味,辅料以鲜笋片为好。鲥鱼也可烟熏、火烤成菜,油煎、煮汤也不失其味;鲥鱼调味力求清淡,不宜浓烈,以突出清香本味。用鲥鱼制作的菜肴有清蒸鲥鱼、毛峰鲥鱼、烟熏鲥鱼、酒酿蒸鲥鱼、网油鲥鱼、铁板鲥鱼、砂锅鲥鱼等。

2）大马哈鱼

大马哈鱼又称大麻哈鱼。大马哈鱼体狭长,侧稍扁,长约0.6 m,重3~6 kg,银灰色,常见绯色宽斑,口大牙尖锐。体被覆小圆鳞,背鳍和腹鳍各一个,尾鳍凹入。

大马哈鱼性凶猛,捕食小鱼,是名贵的冷水性经济鱼类。该鱼4岁成熟,生殖季节为了产卵,千里迢迢从海洋进入乌苏里江、黑龙江、松花江等河口,然后继续溯江而上,此时雄鱼体色变为暗红或黯黑色,两颌相对弯曲如钩。雌鱼要在沙砾质江底掘穴后产卵,产卵后雌鱼死亡。大马哈鱼通常是生在哪条江河,就在哪条江河产卵,我国大马哈鱼主要产于黑龙江流域,是东北著名的特产之一。大马哈鱼的盛产期为每年9—10月。

（1）品质鉴别

大马哈鱼是名贵的大型经济鱼类,优质的大马哈鱼鱼体大,大的可达10 kg,脂肪含量高,肉呈红色,肥美细嫩,肉质较结实,刺少肉多,腥味小,是鱼中珍品。

（2）烹饪应用

最适宜清蒸,也可用炖、烧、焖等烹饪方法。刀工成形一般为块、条、蓉、泥等状。因原料本身滋味鲜美,所以口味多以咸鲜为主,如清蒸大马哈鱼、清炖大马哈鱼等。大马哈鱼鱼子颗粒较大,是名贵的鱼子酱原料。鱼肉也可腌制,制品肉质紧密,用于清蒸,其肉出油,红润香美。

3）鳗鲡

鳗鲡又称白鳗、鳗鱼、河鳗等。鳗鲡体长60 cm,前部接近圆筒形,后部侧扁,背侧灰褐色,下方白色,背鳍和臀鳍狭长与尾鳍相连,无腹鳍。鳗鲡分布于我国、日本、朝鲜等,在我国主要产于长江、闽江、珠江流域及海南岛等地。鳗鲡一年四季皆常见,但以夏、冬两季最为肥美可口。

（1）品质鉴别

优质鳗鲡肉质细嫩，色白，含脂肪，滋味鲜美，为上等食用鱼类。

（2）烹饪应用

适宜于清蒸、清炖、红烧等多种烹饪方法，刀工成型为段，也可制成蓉、泥，做丸或馅心，适合多种口味，如咸鲜、酱汁、葱油、红油、麻辣、香甜等均可，且色味俱佳。用鳗鲡制作的菜肴有清蒸鳗鱼、清炖鳗鱼、氽鳗丸、葱烧通心鳗、红焖芦笋鳗鱼、粉蒸鳗鱼、葱烤鳗鱼、鳗鱼芋头等。大鳗鱼的鳔可加工干制成鳗鱼肚。

4）银鱼

银鱼也称面丈鱼、面条鱼等。银鱼体长可达 20 cm；主要分布于渤海、黄海、东海沿岸，栖息于近海、河口或淡水处；产于春季。

（1）品种

间银鱼，上海俗称面丈鱼、面条鱼。主要分布于鸭绿江口及浙江的沿海及河口地带。每年 3—4 月成群进入长江口产卵，之后死去，鱼汛颇大。每年 3—4 月产卵期形成鱼汛。

太湖新银鱼，简称银鱼，体长 7 cm。主要分布在长江及淮河中、下游及长江口。为太湖、淀山湖等春季重要的捕捞水域，产量颇大。

（2）品质鉴别

新鲜的银鱼色泽乳白，体形较小，光滑呈半透明状，鱼身完整且富有弹性，没有过重的腥味。银鱼肉质软嫩，味鲜美，可食率达100%。

（3）烹饪应用

银鱼适宜于炸、炒、涮、氽汤等多种烹饪方法及多种味型，但多以突出其本身清鲜味的咸鲜味较多。一般因体形较小可整鱼制作，不需刀工成形。银鱼还可斩蓉作馅，制成银鱼春卷、银鱼馄饨等。用银鱼制作的菜肴有雪丽银鱼、干炸银鱼、银鱼蛋汤、银鱼涨蛋、香松银鱼、三丝扣银鱼等。银鱼也可制成鱼干。

5）鲤鱼

鲤鱼又称龙门鱼、鲤拐子、赤鲤、黄鲤、白鲤等。我国除西部高原外，各地淡水区都有产。鲤鱼适应性强，具有抗污染能力强、繁殖快和生长快等特点，特别是适应环境和抗污染能力是常见鱼类中最为突出的。它生长在江、河、湖泊甚至稻田里，无论南方、北方均随遇而安，是我国水产养殖的主要淡水鱼类之一。

（1）品种

鲤鱼的种类很多，按其生长水域可分为江鲤鱼、池鲤鱼、河鲤鱼。

江鲤鱼鳞和肉皆为白色，体肥、肉质较绵软。知名品种有产于黑龙江水系的龙江鲤，还有产于长江上游、嘉陵江、金沙江的岩鲤。

池鲤鱼鳞为青黑色、刺硬，有较浓的泥土味，肉质细嫩。

河鲤鱼以黄河鲤鱼为最佳，其口与鳍为淡红色，鱼鳞具有金黄色的光泽，腹部淡黄，尾鳍鲜红，肉质鲜嫩肥美，肉味纯正。

（2）品质鉴别

鲜活的鲤鱼，眼球突出，角膜透明，鱼鳃色泽鲜红，鳃丝清晰，鳞片完整有光泽，不易脱落，鱼肉坚实有弹性。

（3）烹饪应用

鲤鱼是我国主要的淡水鱼，在烹饪中应用极为广泛。适合多种烹饪方法，如烧、炖、蒸、炸等。一般整条使用，往往在宴席中作大菜，也可切成块、条、片等，宜于多种口味的调味，如咸鲜、咸甜、酸甜、酸辣、茄汁、麻辣、红油、咖喱、烟香等多种味型。鲤鱼的唇、舌、脑、皮、肠、鳔、子也是良好的烹饪原料，可单独成菜。著名的有山东菜糖醋黄河鲤鱼、红烧鲤鱼、醋椒鱼，陕西菜奶汤锅子鱼，河北菜金毛狮子鱼，四川菜干烧岩鲤等。

6）鲫鱼

鲫鱼又称鲫瓜子等。鲫鱼鱼体侧扁，稍高，头小，长 7 ~ 20 cm，背部青褐色，腹部银灰色，口端位，无须。背鳍和臀鳍有硬棘，尾鳍叉形。鲫鱼是小型鱼类，喜杂食，适应性较强，分布广，可生活在各种水草丛生的浅水河湾湖泊中。我国各地淡水中均产。鲫鱼四季均产，以春、冬两季肉质较好。

（1）品种

①高背鲫：20 世纪 70 年代中期，在云南滇池及其水系发展起来的一个优势种群，具有个体大、生长快等特点，因背脊高耸而得名。个体最大 3 kg，亲水性强，不宜在内地饲养。滇池高背鲫鱼肉味鲜美，肉质细嫩，极为可口。

②黑龙江鲫花：黑龙江三花（鳌花、鳊花、鲫花）之一，又称季花，但不是一般的鲫鱼，是江鲫。一般鲫鱼是梭子形，最多比梭子稍宽点，鲫花却是椭圆形，体形肥大。一般的鲫鱼，鳞色灰黑，鲫花鳞色银白。一般鲫鱼，大者半斤，再大则肉质较老，鲫花大者可长到 2.5 kg，越大越美味。鲫花体大肉鲜，可采用煨汤、清炖、清蒸、煎焖、红烧等烹饪方法。

③龙池鲫鱼：出产于江苏省南京六合区城南，其特点是体大头小，厚背小腹，头背皆乌黑色，腹部呈灰褐色，鳞细肉嫩，出肉率高。还有一个显著特点：其他品种的鲫鱼越大肉质越老，而龙池鲫鱼与鲫花一样，越大肉质越嫩。

（2）品质鉴别

鲫鱼体形较小，肉味鲜美，营养价值较高，但刺细小且多。

（3）烹饪应用

用鲫鱼制作菜肴一般都是整条使用，且最宜用来制汤，以体现其鲜美滋味，如奶汤鲫鱼、萝卜丝鲫鱼汤等菜，汤鲜味美。也可用清蒸、红烧、干烧、白煮、炒等烹饪方法，适合咸鲜、咸甜、香甜、茄汁、麻辣、红油、酸辣、家常、烟香等多种味型；鲫鱼还可解体成菜，广泛用于冷菜、热菜、汤菜、火锅中。用鲫鱼制作的菜肴有干烧鲫鱼、酥小鲫鱼、红烧鲫鱼、荷包鲫鱼、芙蓉鲫鱼、双皮鲫鱼、奶汤鲫鱼、蛤蜊鲫鱼汤等。

7）鲢鱼

鲢鱼又称白鲢、鲢子等。鲢鱼鱼体侧扁较高，体长 10 ~ 40 cm，最大可达 1 m，重 30 kg，鱼头占体长的 1/4，口大眼下侧位，体银灰色，鳞片细小，腹部的腹鳍前后均有肉棱。胸鳍末端伸达腹鳍基部。鲢鱼各地均产,主要以长江中下游较多。鲢鱼四季均产,与鳙鱼、草鱼、青鱼合称四大家鱼。

（1）品种

①红头湖鲢鱼:其肉质肥嫩,富含营养,出水入席,烧、烩俱佳,具有爽滑鲜美、酥而不腻的特色,可制作多种名菜。该鱼大多为红鳍,捞捕出水后鲜血如注,体表顷刻殷红,在鲢鱼家族中,可谓独具一格。

②天目湖野生灰鲢:像鳙鱼,鱼头小而形体扁,有细小的鱼鳞和肥大的肚腹。典型的滤食性鱼类,适宜在肥水中养殖,在天然河流中可重达 30~40 kg。以此鱼为主要原料制作的名菜有天目湖砂锅鱼头等。

（2）品质鉴别

鲢鱼肉软嫩细腻,刺小且多。

（3）烹饪应用

鲢鱼肉质肥美,滋味醇厚,胶糯香甜,酥松盈口。常用烧、炖、清蒸等烹饪方法,可整条使用,刀工成型以块居多。鲢鱼大者可切割成段、块、条、片、丝、丁等形态,可用炸、熘、煎、烹、炒、烩等烹饪方法;取肉斩蓉,可作鱼饼、鱼丸、鱼糕等多种再制形菜肴。由于其鱼头大,故常用来制作鱼头类菜肴,鲢鱼的吻部、眼下核子肉、鱼云、鱼舌、鱼下巴肉等均为良好的烹饪原料。用鲢鱼制作的菜肴有鲢鱼豆腐、红烧鲢鱼、糟熘鱼片、鱼吻虫草、枸杞五核、蟹粉鱼云等。

8）鳙鱼

鳙鱼又称花鲢、胖头鱼。鳙鱼体侧扁,体长 10~40 cm,大的可达 1 m,重 40 kg,头占体长的1/3,口较大,眼下侧位,鳞细小,体背暗黑色,体侧有不规则的小黑点。

（1）品种

①产芝水库鳙鱼:产芝水库鳙鱼是莱西市产芝水库的特产之一,属高蛋白、低脂肪、低胆固醇鱼类。头大而肥,肉质雪白细嫩,无土腥味,含有丰富的蛋白质、氨基酸以及钙、磷、铁、维生素 B_1、维生素 B_2、维生素 PP 等。2010 年获得农业部"农产品地理标志"登记。

②洪门鳙鱼:出产于江西南城县洪门水库,体态均匀,体表色泽鲜明,鳞片紧密。黏液透明。鳃丝清晰、较长。口大,下唇内侧有黑色斑块。眼球饱满,角膜透明。因其细嫩味鲜,美名远播。

（2）烹饪应用

在烹饪中用途基本与鲢鱼相同。但鳙鱼头较鲢鱼头大,富含胶质,肉质肥润,配以豆腐或粉皮、粉丝制作菜肴风味独特,可制成清蒸鳙鱼头、砂锅拆烩鳙鱼头等。

9）草鱼

草鱼又称鲩鱼、草鲩、草青、猴子鱼等。草鱼体形长,亚圆筒形,尾部稍侧扁,体重为 1~2 kg,大者达 40 kg,青黄色,头宽平口端位,无须。背鳍与腹鳍相对,各鳍均无硬刺。草鱼分布于我国各地水系。长江、珠江水系是主要产区,四季均产,以每年 5—7 月为旺季,人工养殖的草鱼一般 9—11 月上市。

（1）品种

①金草鱼：引进于俄罗斯，目前在广东南海与顺德有较大规模养殖。金草鱼因其鱼苗呈金黄色而得名，肉质相比本地草鱼更脆、更爽滑。

②五大连池草鱼：农产品地理标志产品，产地为黑龙江五大连池。五大连池草鱼肉质肥厚，味道鲜美，深受人们喜爱。五大连池草鱼中少量会出现"倒鳞"现象，其鳞 2/3 倒长，据专家分析，这可能与五大连池风景区独特的火山地质环境有关。

（2）品质鉴别

肉质细嫩洁白，肥厚多脂，紧实，有弹性。

（3）烹饪应用

小的整条使用，大的可切块，也可剔肉加工成片、条、丁、丝、蓉、泥等，还可加工花刀。适宜炸、熘、烧、炖、蒸等，如西湖醋鱼、清蒸草鱼、五柳居鱼、煎糟鱼、豆豉辣椒蒸腌鱼等。

10）青鱼

青鱼又称乌鱼。鱼体形长，亚圆筒形，尾部稍侧扁，青黑色，鳍为黑色。头宽平，口端位，无须。水底层栖息。青鱼分布于我国各大水系，主产长江以南平原地区水域。其中以长江水系种群最大。青鱼秋冬所产质量较好。

（1）品种

①绍兴青鱼：主产于境内鉴湖、瓜渚湖、贺家池、铜盘湖和小越湖等水体。体似圆筒，尾部侧扁，腹部微圆，背显青黑，腹露乳白，多生长于水域的中、下层。以螺、蚬等贝壳类软体动物为食。青鱼生长快，个体大，肉厚刺少，富脂肪，味鲜美，有"荡鱼以此为最美"之赞誉。由绍兴青鱼制成的茶油青鱼干，作为绍兴各档酒家之"过酒坯"深受人们喜爱，名扬中外。

②太湖青鱼：又称螺蛳青，由于其在太湖中专吃大田螺，所以味极清隽。此鱼头尾清氽最鲜，中段或红烧，或做熏鱼、鱼丸子、炒鱼片、氽鱼卷、鱼粥等，无鱼腥味，肉质紧密，味道鲜美。

（2）品质鉴别

青鱼肉厚多脂，少刺味鲜，肉质结实，富有弹性。

（3）烹饪应用

适宜多种烹饪方法，多种风味，多种刀工成型，整条可用烧、蒸、熘等方法，也可加工成丁、丝、条、片、蓉等。头尾可制成红烧头尾、红烧划水等，中段可制作油浸中段、红烧瓦块鱼，青鱼广泛应用于冷盘、热炒、汤羹和火锅中，湖北沔阳还以青鱼为主料制作"青鱼全席"。用青鱼制作的菜肴有三丝鱼卷、菊花青鱼、老烧鱼、青鱼塌、青鱼煎糟、豆瓣青鱼、下巴甩水等。

11）鳜鱼

鳜鱼又称季花鱼、桂鱼、花鲫鱼等。鳜鱼为凶猛鱼类，喜食鱼、虾，分布在我国各大河流、湖泊，为我国名贵淡水鱼类。主要产于洞庭湖、微山湖一带。鳜鱼一年四季均产，但以春季为最好，故唐人张志和有"桃花流水鳜鱼肥"之传世名句。鳜鱼的品种很多，如有长体鳜、大眼鳜等，均可食用。

（1）品质鉴别

鲜活的鳜鱼，眼球突出，角膜透明，鱼鳃色泽鲜红，鳃丝清晰，鳞片细密完整有光泽，鱼鳍完整，鱼肉坚实有弹性。鳜鱼肉质紧实，细嫩洁白，肉多刺少，肉味鲜美，是名贵的烹饪原料。

（2）烹饪应用

鳜鱼常用作高档宴席中的大菜，多为整条入烹，大者也可加工成块、片、条、丁、粒、米等。鳜鱼经初步加工后，既可用凉拌、熟炝、油焖、酒糟等方法制作冷菜，又可用炸、熘、炒、爆、煎、烹、塌、贴等旺火速成法以及煮、扒、蒸、烩、煨、炖、烧、焖等较长时间的加热烹法制作热菜。鳜鱼除了采用突出其自身特点的咸鲜味型外，还适合其他多种味型。湖北武汉还以鳜鱼为主料制作"鳜鱼全席"。用鳜鱼制作的菜肴有山东名菜清蒸鳜鱼、奶汤鳜鱼、干蒸鳜鱼，江苏名菜松鼠鳜鱼，浙江名菜宋嫂鱼羹，孔府名菜烤花篮鳜鱼等。

鳜鱼的硬棘有毒，被刺后能引起剧烈肿痛，所以粗加工时要注意。

12）黑鱼

黑鱼又称鳢、活头、乌鳢等。鱼体亚圆筒形，体长 25～40 cm，青褐色，具有三纵行黑色斑块，眼后至鳃孔有 2 条黑色横带。头大，头部扁平，口大牙尖，吻部圆形。背鳍臀鳍特长。腹部灰白色。除西北地区外我国各地均有出产。黑鱼四季均产，冬季最肥。

（1）品质鉴别

优质黑鱼肉多刺少，肉厚致密，味鲜美，熟后发白而较嫩。

（2）烹饪应用

烹饪中一般都要经刀工处理，体形较小的黑鱼整条烹制，大黑鱼出肉后切段、块、片、丝、丁、条、米、蓉、泥等，特别易于花刀造型，也可切段，如江苏名菜将军过桥，鱼肉质特别结实不容易散碎，容易成型。可制作炒鱼片、炒鱼丝、爆鱼丁等。凡烹饪鱼品的方法几乎都适用于黑鱼，也适合多种味型，黑鱼的皮、肠、头、尾、骨架也是制作奶汤的良好原料。用黑鱼制作的菜肴有葱椒炝鱼片、肝肠生鱼卷、玉带黑鱼卷、龙井鱼丝、兰花鱼片、烧荔枝鱼、清炖黑鱼、蒜煨黑鱼、酸菜黑鱼、醋椒黑鱼汤等。

13）鳊鱼

鳊鱼又称团头鲂、武昌鱼、团头鳊等。鱼体高，菱形，体长 32～40 cm，腹面后部具有肉棱。头小，口宽银灰色，鳞片基部灰黑，边缘较淡，腹部灰白。鳊鱼主产于湖北省与长江相通的梁子湖。

（1）品种

①武昌鱼：毛泽东的著名诗句"才饮长沙水，又食武昌鱼"，使武昌鱼名扬中外，香飘万里，成为湖北的一道当家名菜。武昌鱼俗称团头鲂、缩项鳊。据《武昌县志》载，"鲂，即鳊鱼，又称缩项鳊，产樊口者甲天下"，并指出以"鳞白而腹内无黑膜者真"。

②虎山鳊鱼：出产于江西景德镇境内乐安河虎山段的深潭。潭水很深，枯水季都有 22 m之深。该河段深水处盛产鳊鱼，当地称为"虎山鳊鱼"，是难得的深水鱼类。鱼肉细嫩，味道鲜美，营养丰富。

③长春鳊：黑龙江、松花江名产"三花"（鳌花、鳊花、鲫花）之一——鳊花，长得有点像武昌

鱼,却不是武昌鱼。鳊花虽然脂肪含量极其丰富,但脂肪含在肌肉中,因此并不显得肥腻。其肉嫩味鲜,营养价值高,是淡水鱼佳品。

（2）品质鉴别

鳊鱼肉质细嫩,脂肪丰富,肥腴鲜美。

（3）烹饪应用

鳊鱼骨少肉多,适宜多种烹饪方法及多种调味,如清蒸、干烧、白煮、干炸、烟熏、火烤、红烧等方法,做汤亦佳,但以清蒸最能保持原汁原味,鳊鱼可解体切割成段、块、条、丝、丁乃至斩蓉为馅;解体后的鳊鱼适合炒、熘、汆等方法。鳊鱼调味除了采用咸鲜、咸甜等突出鳊鱼自身风味的调味方法外,还可采用椒麻、豉汁、五香、烟香、家常、麻辣等多种味型,鳊鱼可制作"鳊鱼席"。鳊鱼可制作菜肴清蒸武昌鱼、油焖武昌鱼、海参武昌鱼、红烧鳊鱼、葱油鳊鱼、剁椒蒸鳊鱼、香辣豆豉鳊鱼、干烧鳊鱼等。

14）白鱼

白鱼与鳊鱼、鲤鱼、鳜鱼并称我国淡水四大名鱼。白鱼栖息于江、河、湖泊的流水及大水体的中上层,游泳迅速,善跳跃,以小鱼为食,性凶猛;主要分布于我国黑龙江、长江、黄河、辽河等干、支流及其附属湖泊中。

白鱼以其鲜美肥腴、味美不腥被称为淡水鱼中的上品。经常规加工后,整条烹制,略施刀纹美化,最宜清蒸、红烧、白煮等;个体较大的白鱼也可切割解体为段、块、条、片、粒等形态;既适宜蒸、烧、煎、煮烹饪,又适宜炸、熘、炒、烹等烹饪方法。由于白鱼肉斩蓉后,吸水性强,最能体现其细腻爽滑的滋味,因此是加工鱼丸、鱼线、鱼饼、鱼糕等的首选原料。用白鱼制作的菜肴有清蒸白鱼、糟蒸白鱼、稀卤白鱼、烟熏白鱼、油浸白鱼等。

15）鲴鱼

鲴鱼为肉食性鱼类,主要食物为小型鱼类和水生昆虫,分布于我国东部的辽河、淮河、长江、闽江至珠江等各水系,以长江水系为主。

鲴鱼肉质厚实,质地肥腴,具有鲜嫩、爽滑等特点。鲴鱼整条烹制,花刀处理后清蒸、白煮、红烧成菜皆宜,鱼小则味薄,鱼大则粗老;成菜素雅,肉厚而肥润,肉质细腻如豆腐,清香四溢;鲴鱼又可加工成段、块、条、片等形态,广泛应用于热菜、大菜、汤羹、火锅中。用鲴鱼制作的菜肴有白汁鲴鱼、翠竹粉蒸鲴鱼、剁椒蒸鲴鱼、砂锅鲴鱼、春笋烧鲴鱼、干锅鲴鱼、龙井菊花鲴鱼等。

16）松江鲈鱼

松江鲈鱼为极具地方特色的烹饪原料,与黄河鲤鱼、松花江鳜鱼、兴凯湖白鱼并称中国四大名鱼。松江鲈鱼每年春天幼鱼从长江口游到内河生长繁育,秋季性成熟后到长江口海水与淡水交界处产卵、繁殖,周而复始。此鱼昼伏夜出,捕食浮游动物、鱼、虾等。分布于我国渤海直至福建厦门沿岸,以上海松江秀野桥下所产最知名。

松江鲈鱼肉质肥嫩鲜美,少刺无腥,宜整形使用,汆汤、清烩、红烧、白煮成菜均可;还可清炖、清蒸,但不宜炸、烤,以免失去鲜味。此鱼调味力求清鲜,以体现此鱼鲜美的本味。用松江鲈鱼制作的菜肴有红烧鲈鱼、清烩鲈鱼片、八珍烩鲈鱼、鲈鱼羹、鲈鱼汆鸡汤等。

17）鳝鱼

鳝鱼又称黄鳝、长鱼等。鳝鱼体细长，长 25 ~ 50 cm。黄褐色，具有暗色斑点。头部大，口大，唇厚眼小。腹部以前呈圆筒形，尾部尖细侧扁，无胸鳍和腹鳍。背鳍臀鳍低平与尾鳍相连。体黏糊无鳞，无须。鳝鱼栖息池、塘、河、稻田等，除西部高原外，各地均产。鳝鱼6—8月最肥，民间有"小暑鳝鱼赛人参"之说。

全身只有一根三棱刺，肉质鲜嫩，味美。鳝鱼加工成段，适合烧、焖、炖等烹饪方法，剔肉后可加工成丝、条等，也可斩蓉、做馅，适合爆、炒、炸、熘等多种烹饪方法，广泛应用到冷菜、热炒、大菜、汤羹、火锅、面点、小吃中。烹制鳝鱼，对其分档应用很精细，从鱼肉到鱼皮，从鱼肠到鱼血，从鱼头到鱼尾，皆可烹饪；鱼骨也是良好的制汤原料。

用鳝鱼制作的菜肴有大烧马鞍桥、炒软兜、炝虎尾、生炒蝴蝶片、干炸鳝鱼干、锅贴鳝鱼、红烧鳝鱼等。

18）泥鳅

泥鳅又称鱼鳅、泥鳅鱼等。泥鳅体圆滑细长，黄褐色，有不规则的黑色斑点，鳞细小。泥鳅主要栖息于湖泊、池塘、水田中的泥底，除西部高原外，各地均产。

肉质细嫩少刺，口味清新但土腥味重，烹制前可放入清水盆中，滴几滴植物油活养，让其排尽体内污物后再加工。泥鳅可整条应用，也可加工成段、片、丁等；最适宜烧、煮、制汤，用炸、熘、炖等烹饪方法；口味以咸鲜为主，也适用于椒盐、红油、茄汁、麻辣等多种味型。用泥鳅制作的菜肴有泥鳅钻豆腐、干炸泥鳅、泡椒泥鳅、炝锅泥鳅、干煸泥鳅、黄焖泥鳅等。

19）昂刺鱼

昂刺鱼又称黄刺鱼、金丝鱼、黄昂子等。昂刺鱼为杂食性鱼类，栖息在江、河、湖泊中，常食昆虫、小虾、螺蛳和小鱼等；除西部高原外，我国长江、黄河、珠江和黑龙江等流域各水系均有分布。

昂刺鱼肉细嫩、味清鲜、无肌间刺，宜整条使用，很少加配料，多用红烧法，小火久煮，其较厚皮层的溶胶析出，口感醇厚腴滑；也可用于白煮，汤汁奶白，此外，尚可用炒、熘、烩、炖、焖、煮、煨等烹饪方法成菜。用昂刺鱼制作的菜肴有金丝鱼片、红烧昂刺鱼、油焖昂刺鱼、茭笋昂刺鱼、干锅昂刺鱼、雪菜炖昂刺鱼、木瓜炖昂刺鱼等。

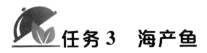

任务3 海产鱼

6.3.1 海产鱼概述

我国海域辽阔，从北到南分布有渤海海区、黄海海区、东海海区、南海海区四大渔场。海洋鱼类的种数呈南多北少的趋势，南海种类最多，黄海、渤海种类少。黄海、渤海海区常见鱼类有大黄鱼、小黄鱼、带鱼等；东海大陆架海区常见鱼类有大黄鱼、小黄鱼、带鱼、海鳗、石斑鱼等；南海北部大陆架海域常见鱼类有大黄鱼、带鱼、鳗鱼、石斑鱼、金枪鱼等;南海大陆架海域的常见鱼类有金枪鱼、鲨鱼等。

6.3.2　常见海产鱼

1)大黄鱼

大黄鱼又称大黄花、大王鱼、大鲜等。大黄鱼的鱼汛旺季广东沿海为10月,福建为12月至翌年3月,浙江为5月。大黄鱼主要分布于黄海南部、东海和南海,以浙江舟山群岛产量最多。

（1）品质鉴别

大黄鱼出水即死,故通常只有冷冻产品出售。优质的黄鱼,口部呈白色,近鳃部有黑色斑块,鱼体呈淡黄色,腹部金黄色。鱼肉结实有弹性,肉质细嫩,呈蒜瓣状。

（2）烹饪应用

大黄鱼是沿海产区烹饪中应用较广泛的鱼类。大黄鱼的粗加工可从口腔中取出内脏。适宜于清蒸、清炖、干炸、炸熘、红烧等多种烹饪方法;一般整条使用,刀工成形也可切块、条;可经花刀处理加热后形成多种形状。大黄鱼可制成多种口味的菜肴,如山东的家常熬黄花鱼,上海的蛙式黄鱼,浙江的雪菜大汤黄鱼等。还有各种花色工艺菜,如松鼠黄鱼、糖醋棒子鱼等,也可出肉做羹,如黄鱼海参羹。

大黄鱼经干制后即为鱼鲞,有咸干品、淡干品之分;大型黄鱼鳔干制后即为黄鱼肚。

2)小黄鱼

小黄鱼又称小黄花、小王鱼、小鲜等。鱼汛期在每年的4—6月和9—10月。小黄鱼主要分布在我国黄海、渤海、东海。小黄鱼与大黄鱼统称为黄花鱼,但却是两个独立的品种。两者的区别在于:大黄鱼头部较大,小黄鱼头部较长;大黄鱼眼睛较大,小黄鱼眼睛较小;大黄鱼嘴部略圆,小黄鱼嘴部略尖;大黄鱼鳞片较小,小黄鱼鳞片较大;大黄鱼尾柄较长,小黄鱼尾柄较短。

小黄鱼在烹饪中因其形体小,不如大黄鱼应用广泛。一般以干炸、熬汤等方法制作菜肴,用小黄鱼制作的菜肴有葱油小黄鱼、清蒸小黄鱼、香酥小黄鱼、酸菜小黄鱼等。

3)带鱼

带鱼又称刀鱼、裙带鱼、鳞刀鱼等。带鱼口大,牙锋利,性凶猛,贪食鱼类、毛虾和乌贼,故又有净淘龙之称。带鱼体形侧扁呈带形,尾细长如鞭,可长达1 m多,口大,牙锋利,背鳍很长,胸鳍小,无腹鳍,尾鳍退化呈鞭状,鳞退化呈无鳞状,体表有一层银白色的粉。带鱼性凶猛,贪食鱼类、毛虾和乌贼。带鱼在我国沿海均有出产,以东海产量最高,浙江、山东两省沿海产量较多,为我国四大经济鱼类之一。带鱼一般每年9月至翌年3月为鱼汛旺季。

（1）品质鉴别

带鱼的脂肪含量高,可食部位多,肉多刺少,肉质细嫩肥软,味鲜香。腹部虽有游离的小刺,但质地软糯。新鲜的带鱼以外表呈银白色,鱼鳃鲜红,鱼肚没有变软破裂,肉质肥厚者为上品。如果表面颜色发黄,有黏液,或肉色发红,属保管不当,是带鱼表面脂肪氧化的表现,也是带鱼变质的开始,不宜选用。

（2）烹饪应用

带鱼宜鲜食,多用炸、炖、蒸、煎、烧等多种烹饪方法。带鱼没有整条使用的,一般刀工成形为块、段等。在口味上一般以咸鲜为主,以突出带鱼本身的鲜美滋味,也适合咸鲜、咸甜、酸辣、麻辣、红油、家常、椒麻、芥末等味型。因带鱼脂肪含量高,烹饪时宜用冷水,热菜烹饪后的带鱼腥味较重,影响成菜口味;用带鱼制作的菜肴有清蒸带鱼、炸带鱼、红烧带鱼、煎带鱼、香肥带鱼、豆豉熏带鱼、五香熏汁带鱼等。

4）鲳鱼

我国的鲳、燕尾鳍鲳、中国鲳等,其中银鲳最多。鲳鱼也称银鲳、镜鲳、平鱼、白鲳等。鲳鱼在我国沿海均有出产,以东海、南海出产较多,以河口和秦皇岛产的为最好。鲳鱼4—5月产的品质最佳,数量最多,9—10月也有出产,但产量较少。

（1）品质鉴别

新鲜鲳鱼鱼体色泽银亮,鱼鳃鲜红,鱼眼澄清。如取内脏时有鱼刺露出则不新鲜。鲳鱼是名贵食用鱼类,肉质厚而细嫩洁白,味鲜美,且刺少,骨软,内脏少,肉多,头部也几乎全是肉,可食部分多。

（2）烹饪应用

鲳鱼在烹饪中的刀工成形较少,多为整条使用;最宜清蒸、炖、干烧、焖、煎等烹饪方法;其口味多以突出本身鲜味为主的咸鲜味型居多,也有酱味、咸鲜、辣味等;用鲳鱼制作的菜肴有清蒸鲳鱼、干烧鲳鱼、酱焖鲳鱼、葱油鲳鱼、椒盐鲳鱼、白汁鲳鱼、干菜烧鲳鱼、烤鲳鱼等。

5）鲅鱼

鲅鱼的种类较多,有中华马鲛、康氏马鲛和蓝点马鲛等,其中常见的是蓝点马鲛。鲅鱼又称蓝点马鲛或蓝点鲅等。鲅鱼为中型海产经济鱼类,我国沿海均有出产。渤海、黄海鱼汛期在4—5月,东海在7—8月。

（1）品质鉴别

新鲜鲅鱼体背部呈青褐色,有黑蓝色斑点,腹部呈灰白色,鱼鳍完整,鱼眼清亮。肉多刺少,无小刺,肉厚坚实,肉质细嫩富有弹性,味鲜美,其尾部味道尤佳,山东沿海民间有加吉鱼头、鲅鱼尾之说。

（2）烹饪应用

鲅鱼在烹饪中可整条使用,也可切成块、条等;适宜红烧鲅鱼、干炸鲅鱼、汆鱼丸、糖醋鱼条、五香鲅鱼块、炸熘鲅鱼条等菜肴;鲅鱼肉制成蓉泥还可作面点的馅心,细腻鲜美。山东胶东沿海著名的小吃鲅鱼水饺饶有风味;鲅鱼蓉泥也是制鱼丸子的上好原料;鲅鱼还可腌制,是著名的咸鱼制品。

6）鲈鱼

鲈鱼又称花鲈、鲈子鱼、板鲈。体侧扁口大,下颚突出,背厚,鳞小,肚小,背部和背鳍有小黑斑点,第一背鳍由硬棘组成。该鱼栖息近海,早春在咸淡水交界处的河口产卵。主要产于黄海、渤海,以辽宁的大东沟、山东的羊角沟、天津北塘产量多。产季为3—8月,立秋前后为旺季,有"春鳖秋鲈"之说。

（1）品质鉴别

肉多刺少,肉质白嫩,味道鲜美,肉为蒜瓣形,鱼肉韧性强不易碎。

（2）烹饪应用

适宜清蒸、红烧、炸、炒等。除整条使用外,鱼肉还可加工成片、丝、蓉、泥等。辅以火腿、香菇、笋之类烹饪,鲈鱼最宜清蒸,肉为蒜瓣形。用鲈鱼制作的菜肴有软熘鲈鱼片、清蒸鲈鱼、姜汁鲈鱼片、花雕鲈鱼球、糟煎鲈鱼卷、蟹汁蒸鲈鱼、菊花鲈鱼羹、萝卜丝炖鲈鱼等。

7）海鳗

海鳗别名狼牙鳝、牙鱼等。体狭长,1 m以上,亚圆筒形,后端侧扁,银灰色,无鳞光滑,口大,牙大尖锐。背鳍和臀鳍与尾鳍相连,无腹鳍。海鳗以冬至前后捕捞最适宜。

（1）品质鉴别

海鳗是重要的食用经济鱼类。肉质细嫩,含脂肪量高;鱼肉多、刺少,肉质细嫩洁白,味鲜美。鳔可作鱼肚,为名贵食品。

（2）烹饪应用

海鳗多以焖、炖、蒸等烹饪方法制作菜肴。刀工成形上可加工成鱼段、鱼块,也可剔下鱼肉制成鱼片或蓉泥制馅心。在口味上以突出本身鲜美为主。著名的菜肴及面点有清蒸鳗鱼、清炖鳗鱼、油浸鳗鱼等。

8）石斑鱼

石斑鱼是暖水性的大中型海产鱼类。体形中长,侧扁,其色彩变异很多,常呈褐色或红色,并有条纹和斑点,体附栉鳞,口大,牙细尖,第一背鳍和臀鳍都有硬棘。品种有红点石斑鱼、青石斑鱼和网石斑鱼。产季为4—7月。

（1）品质鉴别

石斑鱼肉质嫩,味道美,是上等食用鱼类。

（2）烹饪应用

石斑鱼适合多种烹饪方法,如清蒸、红烧等,其肉剔下后可制成鱼丸或馅心。石斑鱼属于上等食用鱼类,是广东菜中的常用原料。著名菜点如广东菜麒麟石斑鱼等。

9）金枪鱼

金枪鱼又称鲔鱼、吞拿鱼、青干。金枪鱼产于我国南海和东海。春夏为金枪鱼的捕捞期。

（1）品质鉴别

金枪鱼肉赤红,富含脂肪,肉质细嫩,味鲜美,肉多刺少。

（2）烹饪应用

金枪鱼在烹饪中刀工成形可切块、条、蓉、泥等。烹饪方法多以炸、熘、烧、焖等方法为主,也可制作面点馅心。

10）鳕鱼

鳕鱼又称大头鱼、大口鱼、阔口鱼、大头青、大头腥等。鳕鱼有冬、夏两汛期，我国主产于黄海和东海北部，为北方海洋经济鱼类之一。

鳕鱼肉质细嫩，清口不腻。经初步加工后，鲜品可制作生鱼片；加热烹制最宜清蒸、红烧成菜，也可用于红焖、清炖、熏制等烹饪方法；鳕鱼净肉经斩蓉处理，制成的鱼糜洁白细腻，弹性特别好，能加工出鱼丸、鱼饼、鱼卷、鱼肠等系列海鲜食品。用鳕鱼制作的菜肴有冰糟鳕鱼冻、香煎鳕鱼、鸡汁银鳕鱼、雪菜蒸鳕鱼、香草扒鳕鱼、香辣鳕鱼炖羊肉等。

任务4 鱼类制品

6.4.1 鱼类制品的分类

鱼类制品是指新鲜鱼类经过脱水干制、腌制、糟醉、熟制、糜制等加工方法制成的便于运输、保藏的独具风味的鱼类制品。鱼类种类很多，按照加工方法主要可分为干货制品、腌制品、糟醉制品、熟制品、鱼糜制品等。

1）鱼类干货制品

鱼类的干制加工就是在天然条件和人为控制条件下，尽可能地除去鱼类原料的水分，或除去一定水分后再加添加物，以防止细菌性腐败，保证贮藏效果的完整过程。它既包括晒干、风干等天然干制法，也包括焙干、烘干、辐射等人工干制法。

天然干制法是我国长期以来广泛采用的干制方法。它具有方法和设备简单，操作和管理简便，生产费用低，在渔区可以及时大量加工干制鱼货等优点；而且经适当的自然分解作用，还能使制品具有独特的风味特点。但天然干制法也存在明显的缺点，如难以控制质量，易使制品污染，不卫生，受天气条件的制约等不足之处。

人工干制法是在室内进行的。它依靠一定的技术、设备，人工控制温度、湿度、气流速度，在较短时间内对原料进行干制。能保证质量，提高产品的出品率，特别是不受天气变化的影响。但消耗一定的能源，需要一定的技术、设备，成本较高。

2）鱼类腌制品

鱼类的腌制加工在我国历史悠久，是传统的鱼类加工保藏方法之一。由于其设备投资少、工艺简单，并具独特的风味，被各地渔区广泛使用。无论是在船上直接腌制，还是在鱼汛期间鱼货量大时陆上加盐腌制，都能有效地解决产销矛盾，弥补其保存手段之不足。

3）鱼类糟醉制品

鱼类糟醉制品是采用酒糟、酒对盐渍品再加工的过程，以提高鱼类的风味和耐藏性。按加工过程可分为盐渍脱水和调味料渍藏两个阶段。工艺流程一般要经过原料处理、盐渍、晒干、糟醉、封存5个步骤。

4）鱼类熟制品

鱼类熟制品加工范围很广，内容非常丰富。一般是指经过专门烹饪加工，能直接食用的产品，有些产品的保藏期可长达数月，如鱼松、熏鱼等。还有调味烘烤制品，它是鱼类原料用调味品处理后的烘烤（或烘干）制品，如烤鱼片等。它具有鲜香味美、直接食用、便于保存、携带方便、营养丰富等特点。

5）鱼糜制品

鱼糜制品是利用小型杂鱼、低值鱼类加工而成的。它具有制作原料来源广、食用方便、蛋白质利用率高、减少冷藏容积、降低费用、能实现机械化加工等好处。

6.4.2　鱼类制品的种类及特点

1）鲞

鲞是鱼类、软体动物类等水产品的腌干或淡干的干货制品的统称。鲞的种类很多，因加工方法及加工季节的不同而异。主要品种有黄鱼鲞、鳗鱼鲞、鲨鱼鲞等。

黄鱼鲞：用大黄鱼加工而成，故又称大黄鱼干。黄鱼鲞主要产于浙江、福建沿海，以每年三伏天所产者为好，头伏产者最佳。黄鱼鲞肉厚实，色白，背部青灰色，撕之可成丝。以洁净有光泽、刀口整齐、盐度轻、干度足者为上品。黄鱼鲞的吃法一般是切条煨汤、蒸食，或与白菜、豆腐同熬，味甚鲜美。名菜有黄鱼鲞焯肉，风味独特。

鳗鱼鲞：用海鳗加工而成，故又称海鳗鲞、风鲞等。鳗鱼鲞主要产于浙江、福建、广东沿海一带，以产于浙江沿海的产品质量最佳。鳗鱼鲞的淡干品以体形完整、肉质紧密厚实、皮面洁净无油污为上品。其半咸品以盐度轻、干度足为好。如肉色呈橙黄或深黄，肉质可见沙线状筋纹，是贮藏过久，太干，老而乏味，质次。鳗鱼鲞以蒸食为多，也可蒸熟后撕成条状，作冷菜。若蘸姜醋味更鲜美。名菜有炒鳗丝，配以笋丝、大白菜丝，脍炙于浙江东部。

鲨鱼鲞：又称鲨鱼干，多以小鲨鱼加工而成。鲨鱼鲞主要产于浙江、福建沿海。

鲨鱼鲞以体长不超过60 cm、盐度轻、干度足、肉厚而结实、背部为浅灰色、腹部白或淡黄色、洁净有光泽者为上品。食用鲨鱼鲞时先用开水泡5 min，再用凉水去掉盾鳞，用于红烧、清炖等烹饪方法皆可。

2）银鱼干

银鱼干是鲜银鱼经干制而成的。银鱼主要产于江苏太湖、洪泽湖，安徽巢湖、芜湖等地。银鱼干以鱼体完整均匀、乳白色、有光泽、味鲜美为上品。

3）咸鲤鱼

咸鲤鱼是鲜鲤鱼经腌制而成的。咸鲤鱼以体形完整、无机械伤、有光泽、肉质坚实紧密、气味正常、含盐量不超过18%为佳。其他淡水鱼，如青、草、鲢、鳙等也可腌制。

4）咸黄花鱼

咸黄花鱼是黄花鱼经腌制而成的。咸黄花鱼以形体完整、色白有光泽、鳞片紧密、胸鳍下部仍残存着金黄色、肉质结实、气味正常、眼球饱满、含盐量不超过18%者为佳。

5）糟小黄鱼

糟小黄鱼是选用新鲜、品质一致、咸淡适宜的卤鲜或加轻盐腌制的小黄鱼,除去鱼头和黑色肚肠、鱼鳞等入清水浸泡后沥水,再经日晒,然后用酒糟、高粱酒或黄酒、花椒等调味品将鱼装坛后封坛腌制30~50天即可开坛食用。

6）糟青鱼

糟青鱼是选用鲜青鱼开腹去内脏、去头尾,经盐腌渍、日晒后,再用烧酒、砂糖、食盐及花椒等装坛腌制,经封坛最少40天,冬天经2~3个月后即可开坛食用。

7）熏鱼

熏鱼是采用淡水鱼类的青、草、鲤、鲢及海水鱼的鲅鱼、鲳鱼等,经初步加工去鳞、去鳃、去内脏、洗净。然后开片、切块,再用食盐腌渍,而后油炸,加葱、姜、香料、白砂糖、黄酒、味精、酱油等调味。最后经适当的熏制即可。熏鱼鱼块要大小均匀,呈酱红褐色,富有光泽。鱼肉组织紧密,软硬适度,香味浓郁,甜美可口,咸淡适中。熏鱼可直接食用,也可作为冷菜的原料使用。

8）鱼松

鱼松是用鱼类肌肉制成的金黄色或褐黄色茸毛状的调味干货制品。鱼松有味道鲜美、营养丰富、携带方便、保藏期长等特点。鱼松选用白色肉鱼制成的质量较好,目前多以带鱼、鲱鱼、鲐鱼、黄鱼、鲨鱼、马面鲀等为主要原料,也可用鲤鱼、鲢鱼等原料制作。制作鱼松将原料先去鳞、鳍、内脏、头等,洗去血污、杂质沥水,再蒸熟取肉,压榨搓松,调味炒干即成。鱼松以色泽金黄或褐黄、形状不碎呈蓬松的茸毛状、味道鲜美为上品。鱼松可直接食用,也可作为冷菜的原料使用。

9）烤鱼片

烤鱼片是用鱼类原料经调味处理后的烘烤(或烘干)制品。它具有鲜香味美、直接食用、便于保藏、携带方便、营养丰富等特点。烤鱼片选用马面鲀、小带鱼、大鲨鱼等一些低值鱼类为原料制成。现以马面鲀为原料制成的烤鱼片为例简单介绍其加工程序,先去头、皮、内脏,再剖片、检片、漂洗、调味、摊片(配片)、烘干、揭片、烘烤、滚压拉松即成。

10）鱼香肠

鱼香肠是以鱼肉为主要原料灌制的香肠。它具有外包衣(畜肠衣或塑肠衣),使鱼肉与外界隔绝,便于运输、清洁卫生等特点。

鱼香肠选用的原料一般以新鲜的小杂鱼为主,适当搭配一定数量的其他鱼肉和少量的畜肉并添加适当的调味品,使之具有独特的口味。鱼香肠的加工程序一般是先将原料擂溃,即将原料空磨、盐磨、搅磨,再添加调味品,然后灌肠、加热熟制、冷却、展皱、包装即成。

11）鱼丸

鱼丸又称鱼圆,是圆形鱼糜制品。鱼丸有水发和油炸之分,这里介绍水发鱼丸。水发鱼丸对原料鱼及淀粉要求较高,如海鳗、鮸鱼、白姑鱼、鲨鱼、乌贼及草鱼、鲢鱼等,主要选用弹性强的白色鱼肉,淀粉应选色泽洁白、黏性好的上等淀粉。鱼丸制作程序一般是先取鱼肉、绞鱼肉、搅溃、加调味品、成形、熟制,冷却即可。鱼丸以色泽洁白、表面光滑、富有弹性、圆正、大小均匀、咸淡适宜、味道鲜美者为佳。夹馅鱼丸要求肉馅鲜美,不破裂。

任务5　鱼类原料的品质鉴别与保藏

6.5.1　鱼类的鲜度变化

鱼体死后会发生一系列变化,大致分死后僵硬、解僵和自溶、细菌腐败3个阶段。与畜类相比,其肌肉组织的水分含量高,肌基质蛋白较少,脂肪含量低,死后僵硬、解僵和自溶的进程快。

1)死后僵硬

活鱼死后,由于所含成分的变化和酶的作用而引起肌肉收缩变硬,鱼体进入僵硬状态。其特征是肌肉缺乏弹性,如用手指压,指印不易凹下;手握鱼头,鱼尾不会下弯;口紧闭,鳃盖紧合,整个躯体挺直。此时鱼仍然是新鲜的,因此,人们常把死后僵硬作为判断鱼类鲜度良好的重要标志。

2)解僵和自溶

鱼体僵硬持续一段时间后,又缓慢地解除,肌肉重新变得柔软,但失去了僵硬前的弹性,感官和商品质量下降,同时,肌肉中的蛋白质分解产物和游离氨基酸增加,给鱼体鲜度质量带来各种感官、风味上的变化,其分解产物为细菌的生长繁殖创造了有利条件,因而加速了鱼体腐败的进程。

3)细菌腐败

随着细菌繁殖数量的增多,鱼体的蛋白质等被分解成多种腐败产物,使鱼体产生具有腐败特征的臭味,这种过程就是细菌腐败。当鱼肉腐败后,它就完全失去了食用价值,误食后还会引起食物中毒。腐败变质现象主要表现在鱼体表面、眼球、鳃、腹部、肌肉的色泽、组织状态以及气味等方面。

6.5.2　鱼类的品质鉴别

鱼类的品质鉴别主要是从鱼鳃、鱼眼、鱼嘴、鱼皮表面、鱼肉的状态等几个方面鉴别其新鲜程度。鱼类的品质鉴别标准见表6.2。

表 6.2　鱼类的品质鉴别标准

状态	新鲜鱼	不新鲜鱼	腐败鱼
鳃	色泽鲜红或粉红,鳃盖紧闭,黏液少呈透明状,无异味,鱼嘴紧闭,色泽正常	呈灰色或暗红色,鳃盖松弛。鱼嘴张开,苍白无光泽	呈灰白色,有黏液、污物,有异味
眼	清澈透明,向外凸出,黑白分明,没有充血发红现象	灰暗,稍有塌陷,发红	眼球破裂,位置移动
鳞	表面黏液少,透亮清洁。鳞片完整有光泽,紧贴鱼体	表面有黏液,透明度降低,鱼鳞松弛,有脱鳞现象	表面色泽灰暗,鱼鳞特别松弛,极易脱落
腹	肌肉坚实无破裂,腹部不膨胀,腹色正常	腹部发软,有膨胀	鱼腹部膨胀较大,有腐臭味
肌	紧密有弹性,肋骨与脊骨处的鱼肉结实,不脱刺	组织松软,无弹性,肋骨与脊骨易脱离、脱刺	肌肉松弛,用手触压能压破鱼肉,骨肉分离

6.5.3　污染鱼类的鉴别

有些水域受到大量化学物质的污染,生活在这种水域中的鱼把富含有毒化学物质的食物摄入体内,通过食物链的放大(富集)作用,使得各种鱼特别是食肉性鱼类的体内大量聚集有毒物质。据测定,其体内毒物的浓度比水中毒物浓度高几万倍,甚至几千万倍。这些富集有毒物质的鱼虾,一旦被人食用就会严重地威胁人们的身体健康。尽量避免误食污染鱼类,可以从4个方面鉴别鱼类品质。

1)看鱼形

凡是受污染较严重的鱼其体形一般有变化,如外形不整齐,脊柱弯曲,与同类鱼比较其头大尾小,鱼鳞部分脱落,皮发黄,尾部发青,肌肉有紫色的瘀点。

2)辨鱼鳃

鳃是鱼的呼吸器官,主要部分是鳃丝,上面密布细微的血管,正常鱼应是鲜红色。被污染的鱼,其水中毒物可聚集在鳃中,使鱼鳃大多变成暗红色,不光滑,比较粗糙。

3)观鱼眼

有些受污染的鱼其体形和鱼鳃都比较正常,但有的眼睛出现异常,如鱼眼混浊,失去正常的光泽,甚至向外鼓出。

4)尝鱼味

污染严重的鱼经煮熟后,食用时一般都有一种怪味——煤油味。这种怪味是由于生活在污染水域中的鱼,鱼鳃及体表沾有较多的污染物,煮熟后吃到嘴里有一股煤油味或其他不正常的味道,无论如何清洗及用其他方法处理,这种不正常的味道始终不会去掉,故不能食用。

6.5.4　鱼类的保藏

鱼类捕获后,很少立即进入原料处理,而是带着易于腐败的内脏、鳃等运输及销售,细菌侵入鱼体机会增多,同时,鱼类除消化道外,鳃及体表也附有各种细菌,而体表的黏性物质更起到培养液的作用,是细菌繁殖的好场所。因此,鱼类是最不易保存的烹饪原料,特别是夏季,有些鱼类很难保存一天以上。因而鱼类保鲜是餐饮业很重要的问题。

1)活养与运输

鱼类活养是餐饮业常用的方法。活的淡水鱼适于清水活养;部分海产鱼可采用海水活养,但因受地域限制运用较少。活养可使鱼类保持鲜活状态,又能减少其体内污物,减少腥味。

市场采购的少量新鲜活鱼,可采用密封充氧运输。将水和鱼装入袋中充氧密封,用纸板盒包装。运输用水必须干净,运输中要防止破袋漏气。可使用双层袋,避免太阳暴晒和靠近高温处。

2)低温保鲜

对已经死亡的各种鱼类,以低温保鲜为宜。低温环境可延缓或抑制酶的作用和细菌繁殖,防止鱼的腐败变质,保持它的新鲜状态和品质。鱼类低温保鲜的方法主要有冰藏、冷海水保鲜、冷藏和冷冻等。餐饮业常用的是冷藏和冷冻保鲜。

(1)冷藏保鲜

冷藏保鲜是将去净内脏的鲜鱼放在 $-3 \sim -2\ ℃$ 的微冻温度环境下保藏。此法贮存期短,但对鱼类的质量影响较小。一般仅用于鱼类的暂时保鲜。

(2)冷冻保鲜

利用低温将鲜鱼中心温度降至 $-15\ ℃$ 以下,使鱼体组织水分绝大部分冻结,然后在 $-18\ ℃$ 以下进行贮藏。由于采用快速冻结方法,并在贮藏过程中保持恒定的低温,可在数月至接近1年的时间内有效地抑制微生物和酶类引起的腐败变质,使鱼体能长时间较好地保持其原有的色、香、味和营养价值。

任务评价

学生本人	量化标准(20分)	自评得分
成果	学习目标达成,侧重于"应知""应会" 优秀:16～20分;良好:12～15分	
学生个人	量化标准(30分)	互评得分
成果	协助组长开展活动,合作完成任务,代表小组汇报	
学习小组	量化标准(50分)	师评得分
成果	完成任务的质量,成果展示的内容与表达 优秀:40～50分;良好:30～39分	
总分		

练习实践

1. 举例说明鱼类原料的烹饪应用。

2. 针对某一种鱼从品种特点、品质鉴别、烹饪应用、代表菜式(主配料、调味料、制作工艺流程、操作步骤、成菜特点)等方面写一篇小论文。

3. 如何鉴别污染鱼?

4. 鱼类保藏的方法有哪些?

单元 7

其他水产品

【知识目标】
- 了解虾、蟹等水产品类原料的品种及形态；
- 掌握虾、蟹等水产品类原料典型品种的烹饪应用；
- 掌握虾、蟹等水产品类原料的品质鉴别和保藏。

【能力目标】
- 通过实物、图片、视频能够识别虾、蟹等水产品类原料；
- 能对本单元所述原料选择适合的烹饪加工方法；
- 能鉴别常见虾、蟹等水产品类原料的新鲜度。

　　虾、蟹等水产品类烹饪原料种类繁多、形态各异、口感多样、味道鲜美。本单元将对虾、蟹等水产品的常见品种、品质鉴别和烹饪应用等方面进行介绍。

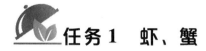

任务1 虾、蟹

7.1.1 虾类

1)对虾

对虾在我国北方以一对为单位出售,故名对虾;新鲜的对虾,保持着一定的透明度,故对虾又称明虾;雄性颜色略呈青蓝色,也称青虾;雌性略呈棕黄色,也称黄虾;因其体形大,也称大虾。它是一种暖水性经济虾类,主要分布于世界各大洲的近海海域。对虾栖于浅海的泥沙底,主要产于黄海、渤海,是我国北方水产品中特有的海珍品,以山东、河北、辽宁3省近海产量最大。对虾体较长,侧扁,整个身体分头胸部和腹部,头胸部有坚硬的头胸盔,腹部披有甲壳,有5对腹足,尾部有扇状尾肢。对虾的春汛在每年的3—5月,秋汛在每年的10—11月。对虾体大肉肥,寿命短,一般为一年。

(1)品种

①中国对虾:世界三大名虾(中国对虾、墨西哥棕虾、圭亚那白虾)之一,主要分布在我国黄海、渤海和朝鲜西部沿海。我国辽宁、河北、山东省及天津市沿海是中国对虾的重要产地。中国对虾鲜品可烹制红焖大虾、煎明虾、熘虾段、琵琶大虾、炒虾仁等;还可加工干制成虾干、虾米等上乘的海味品。

②斑节对虾:又称草虾、花虾、牛形对虾。体被黑褐色、土黄色相间的横斑花纹。分布区域甚广,在日本南部、韩国、我国沿海、菲律宾、印度尼西亚、澳大利亚、泰国、印度至非洲东部沿岸均有分布。

(2)品质鉴别

优质对虾体形完整、外壳坚硬、头体连接紧密、有弹性、有光泽、颜色青蓝或棕黄。

(3)烹饪应用

烹饪应用广泛,可整只使用,也可加工成段、片。以新鲜虾用盐水卤制,佐以姜醋保持原味,也可煮、烧、蒸、煎等。对虾去壳取肉,经刀工处理后既可用炒、熘、烹、炸等技法成菜,又可出肉斩蓉,制成虾丸、虾饺、虾面、虾糕等菜式。此外,由于对虾体大、肉多、脑肥,还可做成一虾三吃(虾头烧、虾身炒、虾尾炸)。对虾干制后即为别具风味的大金钩。用对虾制作的菜肴有干烧对虾、滑炒虾花、白炒虾球、干炸凤尾对虾、煎烹大虾、煎对虾饼、琵琶对虾、干烤大虾等。

2)龙虾

龙虾属爬行虾类,体粗壮,圆形而略扁平,长约30 cm,色彩鲜艳,带有美丽斑纹。头胸甲坚硬多刺。两对触角发达,不善游泳,是虾类中最大的一类。龙虾生活在温暖的海洋里,在我国的东海和南海一带,如浙江、福建、台湾和广东沿海的许多浅水区都有出产。

(1)品种

我国产的龙虾有8种以上,数量最多的一种是中国龙虾。这种虾只产于我国南海和东海南部,广东东部和西部浅海产量较大,是我国龙虾中最重要的经济虾种。澳大利亚龙虾属于名贵海水经济虾种,通体火红色,爪为金黄色,肉质最为鲜美,主要产地为大洋洲。另外,还有波纹龙虾、密毛龙虾和日本龙虾等品种。

（2）品质鉴别

龙虾死后,肉质发生变化不可食用,龙虾接近死亡时,头背之间的颈部会出现一道明显陷落的肉痕,色泽似荔枝,越接近死亡,肉痕越深,头部与身躯宛如分开两截。

（3）烹饪应用

龙虾体大肉厚,滋味鲜美,以生吃龙虾颇为流行;龙虾烹法较多,可煮、蒸剥食,或拆肉后烹制,适用炒、炸、烹、熘等多种烹饪方法,可制成冷盘、大菜、汤羹等多种菜式,还可斩蓉后用于制作虾片、虾线、虾丸、虾饼、虾糕等,或用于制馅。用龙虾制作的菜肴有油泡龙虾球、蒜蓉蒸龙虾、酥皮大龙虾、上汤焗龙虾、豉椒焗龙虾、牛油焗龙虾、奶香碳烤大龙虾等。

3）河虾

河虾又称沼虾,因体色青绿俗称青虾。河虾全身淡青色,体长 4~8 cm,头胸粗大,甲壳厚而硬,前两对步足钳状,第二步足超过体长,腹部短小。河虾产季在每年的4—9月。

（1）品种

①日本沼虾:虾体较短,有青绿色及棕色斑纹。头胸部较粗大,头胸甲前缘向前延伸呈三角形突出的剑额。日本沼虾是我国产量最大的淡水虾,主要栖息于淡水湖泊、河流多水草的岸边,有时也出现在低盐度河口水域。河北的白洋淀、山东的微山湖、江苏的太湖所产河虾质量最佳,产期在每年的4—9月。

②罗氏沼虾:又称马来沼虾,雌性体长25 cm,质量可达200 g,雄性体长可达40 cm,体重可达600 g。体大呈青褐色,剑额前端上扬,上下缘有锯齿。通常栖息于热带和亚热带的淡水或半盐水域中,生长迅速。

（2）烹饪应用

河虾一般整只使用,可炒可爆,可炸可煎,还可采用烧、扒、焖、煮等烹饪方法成菜,可制作盐水虾、油爆虾、蒜爆河虾、香辣大虾等。去头壳后的完整虾肉就是虾仁。可制作炒虾仁、炸虾仁、龙井虾仁等。挤虾仁时留下虾尾,可烹制凤尾虾;虾肉斩蓉后调和成虾胶,可制作虾丸、虾线、虾饼、虾糕或做菜点馅料;挤虾仁时留下虾头、虾壳,经捣制成糊,以纱布挤出深藕色汁液,可用于制作虾脑汤,鲜美胜于虾肉;以虾仁、虾脑、虾子与豆腐一同烹制的三虾豆腐,特色鲜明,风味甚佳。

抱卵的河虾称为带子虾,晒干后即为虾子;小虾晒干去壳后称为虾米,也称湖米。

4）白虾

因其死后呈白色,故名白虾。白虾体色透明,微带蓝色或红色小点,腹部各节后缘体色较深。白虾多生活在近岸浅海,泥沙地上或河口附近的半咸水域,也有的生活在淡水里或江河湖泊中。我国沿海各地均产,以黄海和渤海产量最多。产季为每年的3—5月。白虾体色透明,微带蓝色或红色小点,肉质细嫩,滋味鲜美。白虾的主要品种有秀丽白虾、脊尾白虾、安氏白虾、东方白虾。

白虾肉质细嫩,味道鲜美,尤其是六七月间的秀丽白虾,因虾子饱满、虾脑充实、虾肉鲜美,被苏州人称为"三虾";可带壳用炒、爆、烧、煮等烹饪方法成菜,也可出肉制成虾仁式菜品,烹饪方法类似河虾。用白虾制作的菜肴有碧螺虾仁、水晶虾饼、三虾豆腐、干炸虾球。

脊尾白虾干制后即为海虾米,其卵干制后即为海虾子,经济价值较高。

5)小龙虾

小龙虾又称克氏螯虾、克氏原螯虾、大头虾、淡水小龙虾等,属中小型淡水螯虾类品种。小龙虾原产于美国南部路易斯安那州,第二次世界大战期间,小龙虾从日本传入我国,现已成为我国淡水虾类中的重要资源,广泛分布于长江中下游各省市。每年6—8月是小龙虾形体最为丰满的时候,也是人们捕捞和享用它的最佳时机。

(1)品质鉴别

鉴别小龙虾是清水还是浑水养出来的,首先看背部是否红亮干净;其次翻开看它的腹部茸毛和爪上的毫毛,如果是白净整齐的,则是干净水质养出来的。小龙虾是吃腐殖动物尸体的,细菌和毒素会越来越多地积存在体内,所以尽量购买刚刚长大的小龙虾。老龙虾或红得发黑或红中带铁青色,青龙虾则红得艳而不俗,有一种自然健康的光泽。用手捏壳,较硬的是老龙虾,像指甲一样有弹性的才是刚长大才换壳的。死亡的小龙虾不能食用。

(2)烹饪应用

小龙虾肉质结实,有弹性,味道鲜美。可整只烹饪,如烧、煮、卤制等,剥壳食用,也可出肉应用,还可制成蓉状烹制成菜。制作小龙虾时,建议用清水浸泡小龙虾2~3 h后,刷洗干净、高温煮熟之后再食用。

7.1.2 蟹类

蟹多数种类生活在海洋中,少数种类生活在淡水或咸淡水中。有些种类在淡水中生长,却要到浅海中繁殖,另有少数种类是水陆两栖或在陆地上穴居,但产卵和早期发育需要在海水中进行。常见的经济意义较大的品种有河蟹、梭子蟹等。

1)河蟹

河蟹又称螃蟹、毛蟹、湖蟹等,学名中华绒螯蟹。河蟹是我国最大的淡水蟹类。头胸甲呈方圆形,褐绿色。螯足强大,密生绒毛,步足侧扁长。河蟹分布广,从辽宁到福建沿海各省凡通海的河川均产。长江下游的安庆、芜湖、昆山、阳澄湖、微山湖等较为著名。每年9—11月为生产旺季。雌的呈圆形,俗称"团脐";雄的呈三角形,俗称"尖脐"。民间有"九月团脐十月尖"的说法,即农历9月吃雌蟹,农历10月选雄蟹。

河蟹烹饪,一是带壳烹制;二是成熟后去壳取肉、黄、膏成菜或用作馅料;三是直接取熟蟹肉、黄、膏制成蟹粉应用。带壳整蟹最宜清蒸,又可醉制。糟蟹、糖蟹也具特色。从熟蟹中取出的蟹肉、蟹黄、蟹膏,可烹制多种菜肴和点心,适合煎、炒、炸、熘、炖、焖、扒、烧、蒸、烩、焗、烤等烹饪方法成菜。可作主料,又可作配料及馅料,还可熬制蟹油充当调味料。以河蟹制作的菜肴有炒蟹粉、雪衣蟹黄、芙蓉蟹斗、菊花蟹斗、蟹瓤橙、香辣蟹、醉蟹炖鸡、醉蟹狮子头等。

死蟹不可食用,一旦死亡,体内病菌会很快侵入肌肉并大量繁殖,使蟹腐败变得有毒。

2)三疣梭子蟹

三疣梭子蟹又称梭子蟹、枪蟹、海螃蟹、海蟹、海虫等。头胸甲表面有3个显著的疣状隆起,故有三疣梭子蟹之名。梭子蟹头胸甲呈斜方形,前侧缘各有9个锯齿,最后1个锯齿特别大而向左右凸出,因此体形呈梭子形。头胸中表面有3个起伏不平的瘤状隆起,左右对称暗紫色,有青白色云斑。螯足长大,第四对步足扁平,成熟的雄蟹腹部呈锐角三角形,雌蟹腹部呈半圆形。产地分布于我国南北沿海,以黄海北部产量最高,是我国产量最高而又最著名的一种梭子蟹。三疣梭子蟹的生产旺季为春夏之交,在渤海和黄海产季为4—7月,福建沿海为3—11月。

蟹肉滋味鲜美,色泽洁白,膏如凝脂,雌蟹红膏满盖,味鲜回甜,口味极佳,洗刷干净即可烹制。烹饪方法与河蟹类似,蟹肉、蟹黄、蟹膏又可用于做馅料,制成包子、饺子、春卷等,或做瓤料制作各种瓤式菜品。用梭子蟹制作的菜肴有清蒸梭子蟹、香辣梭子蟹、姜葱炒花蟹、红烧花蟹、水晶蟹粉卷、咖喱年糕蟹、铁板梭子蟹等。梭子蟹蟹黄可捣制研磨成蟹酱,蟹卵可干制成蟹子,均属珍味调味品。

3)青蟹

青蟹俗名蟳(xún),广东称膏蟹,台湾、福建称红蟳,浙南地区称蝤蛑。青蟹在我国主要分布在广东、广西、福建、台湾、浙江等沿海地区,尤以浙江、福建、广东3省为多。浙江台州三门锯缘青蟹最为著名。青蟹一年四季均产。每年农历八月初三到二十三这段时间,青蟹壳坚如盾,脚爪圆壮,只只都是双层皮,民间有"八月蝤蛑抵只鸡"之说。

蟹肉滋味鲜美,蟹黄更是别有风味。整蟹宜于清蒸。蟹肉、蟹黄可制作著名菜肴,如蟹黄海参、蟹黄蹄筋、蟹黄鱼翅、蟹粉狮子头、炒全蟹等;也可用于面点馅心,如"蟹黄汤包""蟹黄水饺"等。用蟹制作菜肴要注意突出其鲜味,故多用咸鲜口味。

蟹爱吃腐败的东西,因此蟹胃成了藏污纳垢的地方,故蟹胃不能食用。蟹的心脏性大寒,勿食。蟹性寒,食用时要有姜醋佐食,既可暖胃祛寒,又可杀菌消毒,还可去腥增加美味。蟹不能与柿子同食,否则将引起腹泻等胃肠不适。

任务2　软体贝类及其他

7.2.1　软体贝类

1)鲍鱼

鲍鱼又称大鲍等。鲍鱼壳坚厚,低扁而宽,呈耳状,螺旋部只留痕迹,占全壳极小的部分,壳的边缘有一列呼吸小孔。表壳粗糙,内呈美丽的珍珠光泽。因只有一个右旋的贝壳性状似耳朵,故称海耳。鲍鱼壳即中药材石决明。每年7—8月水温升高,鲍鱼向浅海做生殖移动,此时最为肥美。

鲍鱼的肉足软嫩而肥厚,鲜美脆嫩,是名贵的烹饪原料,被视为海味珍品。鲍鱼鲜品、速冻品、罐头制品应用多,鲍鱼可切片生食,可整只使用,也可刀工处理成片、块、条、丝、丁、粒状,烹饪鲜鲍鱼十分讲究火候,欠火候则味腥,过火则肉质变韧发硬;可采用爆、炒、红烧、干烧、白煮、煨炖、清蒸、汆汤、脆炸、油浸、拌、焗扒、熏烤乃至糟腌等烹饪方法,凉拌多种方法烹饪成菜;适合多种味型,为突出其鲜香特色,口味以清鲜为好,用鲍鱼制作的菜肴有扒原壳鲍鱼、蚝油鲍鱼、清汤鲍鱼、滑熘鲍鱼球、五彩炒鲍鱼、四味鲍鱼、麻酱紫鲍、红烧鲍鱼、鲍鱼干锅鸡、扒鲍鱼冬瓜球、鲍鱼粥、鲍鱼拌面等。

2)海螺

海螺又称红螺。边缘轮廓呈四方形,壳大,厚1 cm,螺层6级,壳口内为杏红色,有珍珠光泽。海螺生活在浅海底,我国沿海均产,以山东、河北、辽宁沿海产量较多。产期在9月中旬至翌年5月。

海螺肉味鲜美,肉质脆嫩,制作菜肴忌加热过度,否则肉质老咀嚼不烂。海螺适合多种烹饪方法,适宜爆、炒、汆汤等旺火速成烹饪方法,也可用炝拌、熘、汤烩、红烧等烹饪方法成菜。用海螺制作的菜肴有油爆海螺、红烧海螺、冬笋熘海螺片、芙蓉烩海螺、鸡蓉海螺丝羹、蘑菇汤泡海螺、竹荪海螺汤等。

3)牡蛎

牡蛎又称蚝、海蛎子。牡蛎壳不规则,大而厚重,左壳较大较凹,附着他物,右壳较小,掩覆如盖。壳面有青灰色或黄褐色。壳面层层相叠,粗糙坚硬。上壳覆于下壳上。黏着力和闭合力强。牡蛎在我国黄海、渤海、南沙群岛均产。主要产于广东、辽宁、山东等地。牡蛎产季在每年的9月至翌年3月。

(1)品种

①大连湾牡蛎:因其在大连湾附近海域而得名。贝壳大,壳顶尖,延至腹部渐扩张,近似三角形,背腹缘呈八字形,右壳外面淡黄色,具疏松的同心鳞片,鳞片起伏呈波浪状,内面白色。左壳同心鳞片坚厚,自壳顶部射出放射肋数条,内面凹下呈盒状。

②近江牡蛎:贝壳大,质坚厚,呈圆形、卵圆形或三角形等,以有淡水入海的河口生长最繁盛而得名。右壳外面稍不平,有灰、紫、棕、黄等色,环生同心鳞片,幼体者鳞片薄而脆,多年生长后鳞片层层相叠,内面白色,边缘有时淡紫色。

(2)烹饪应用

牡蛎肉质细嫩,味鲜美,色洁白,牡蛎含液汁乳白色。适宜清蒸、软炸、生炒、煎制、煮汤等烹饪方法,口味咸鲜为主,用牡蛎制作的菜肴有清汆牡蛎、炸芙蓉蚝、酥炸生蚝、金裹牡蛎、鸡蓉蛎糊、烤蛎黄、生炒明蚝、蟹黄牡蛎饼等。

4)文蛤

贝壳呈弧线三角形,厚而坚实,两壳大小相等,壳面滑似瓷质,色泽多变,具放射状褐色斑纹,内面白色。文蛤产于我国沿海沙岸,主要产区在山东莱州湾,长江口以北沿岸。江苏如皋是盛产区,广东及广西等沿海一带也出产。以夏季出产的质量较好。

文蛤是蛤中上品,肉肥厚,初加工时要洗净,否则有泥沙。文蛤肉制作菜肴忌加热过度,适宜旺火速成烹饪方法,烹饪时多用爆、炒、煎成菜,也可制羹、氽汤、煨炖等,也可作面点馅心。文蛤烹饪,肉质细腻,鲜而不腻,鲜活者可直接用酒、酱腌后生食。用文蛤制作的菜肴有文蛤蒸蛋、铁板文蛤、文蛤狮子头、火腿笋熬文蛤、文蛤煨猪蹄、冬瓜文蛤汤等。

5)江珧

江珧贝壳大而薄,前尖后宽呈楔形,表面有放射肋,淡褐色至黑褐色,闭壳肌称江珧柱。江珧在我国沿海均产,近年来福建沿海颇多,每年1—3月为捕捞季节,现已人工养殖。

(1)品种

①栉江珧:呈三角形,表面光滑或具棘刺或放射肋;壳质薄透明,成年贝随年龄增长而变厚,顶尖细,位于壳的最前端;背缘较直,腹缘后端渐膨出,后缘宽大;壳色也因成长而变化,一般幼壳淡黄色,老后淡褐色至黑褐色。栖息于泥沙质海底,我国南北沿海均有分布。

②紫色裂江珧:壳顶至中部有一条细长的裂缝;壳呈紫褐色,壳顶多呈银灰色。喜栖息于水流不急,风平浪静的内湾,分布于我国南海。

③多棘江珧:贝壳质薄而半透明,土黄色或杂有白色,生活于潮间带中区或下区,我国海南省及西沙群岛均有分布。

④旗江珧:壳呈短扇形,黑褐色或紫褐色。我国分布于广东至西沙群岛各处沿海。

(2)烹饪应用

江珧以整只连壳蒸食居多,又可加入豉汁蒸或用蒜蓉等料蒸制。江珧还可以沸水氽烫后取肉拌、炝,也可批片爆、炒、熘成菜,但需注意火候,过火则老韧。江珧闭壳肌肥大,呈乳白色,味道鲜美,肉质脆嫩,可直接蘸辣根生食,也可用爆、炒、蒸、涮等烹饪方法成菜,还可制作羹汤,用江珧制作的菜肴有珧柱炒滑蛋、三鲜熘珧肉、蒜子珧柱脯、松仁蔬粒炒珧柱、什锦带子螺等。

6)河蚌

(1)品种

①无齿蚌:壳稍膨胀,外形呈卵圆形,栖息于水深1 m左右静水或环流环境中,为江河湖泊以及池塘的常见品种,我国平原水域广有分布。

②冠蚌:贝壳大而膨胀,呈不等边三角形,前背缘突出不明显,后背缘伸展成巨大的冠,壳面有生长纹,表面黄褐色、黑褐色或淡绿色;壳内面有珍珠光泽。栖息于湖泊、池沼、小溪等水流较缓的泥底,冬季潜入泥中。

③帆蚌:贝壳大而扁平,背缘向上伸出一个帆状突出,故名;壳顶具褶纹。壳面黑褐色,有放射色带;壳内珍珠层白净光亮。栖息于水清、流急,底质为泥或泥沙的大、中型湖泊或河流中,主要分布于华北、华东地区。

(2)烹饪应用

河蚌肉丰盈厚实,鲜嫩晶亮,以无齿蚌最为肥美,肉质较好。小河蚌肉质较嫩,大河蚌则次之。河蚌制汤居多,汤汁浓白,味鲜美;也可用炖、烧、煮、烩、炒、爆等方法成菜;民间常用河蚌与咸肉(或腊肉)、猪脚等同炖,富含胶质,蚌肉绵韧,肥美异常;冬天,河蚌火锅是品味河蚌的良好选择。用河蚌制作的菜肴有西兰花炒河蚌、豉椒贵妃蚌、黄金预蚌、雪菜烧河蚌、腊肉炖河蚌、蚌肉炖老鸭、煲蚌鸽、田螺肉汤等。

7）蚶子

因表面有自壳顶发出的放射肋,形如瓦楞子。

（1）品种

我国沿海约有 10 种,其中较为著名的有泥蚶和毛蚶两种。

①泥蚶:栖息在浅海软泥滩,故名泥蚶。外形为壳卵圆形,坚厚顶凸出,放射肋发达,18～20 条,有细密咬合齿。壳表面白色,覆有褐色薄皮,内面灰白色。泥蚶在我国南北沿海均产。泥蚶在广东、福建、浙江、山东等省早已人工养殖,是我国著名的经济水产品之一,其产期为春秋季节。

②毛蚶:被覆有绒毛状的褐色表皮,故名毛蚶,又称毛蛤,壳坚厚,长卵圆形,比泥蚶大,右壳稍小,壳面有放射肋 35 条,壳面白色,被覆有绒毛状的褐色表皮。毛蚶栖息在稍有淡水流入的浅海泥沙中,我国南北沿海均产。其肉味不如泥蚶鲜美,但产量多,经济价值也较大。春秋季为毛蚶生产旺季。

（2）烹饪应用

蚶子肉质肥嫩,味鲜美,适宜做汤、凉拌。加热忌过度,以七八成熟为上,倘若火候不当,即老韧难嚼,风味大减。蚶子最宜沸水速烫至熟后拌、炝或氽汤成菜,也可采用炸、熘、爆、炒、煎、蒸、炖、烩、涮、烤等烹饪方法,还可用来斩碎制馅等。蚶子可制成干制品,用蚶子制作的菜肴有芥末炝蚶肉、姜末拌蚶子、葱爆蚶肉、豉椒炒泥蚶、清蒸辣味蚶等。

8）扇贝

扇贝常见的为栉孔扇贝。因贝壳呈扇形得名,扇贝表面有放射肋,表面颜色有紫红或橙红色,极美丽,开闭壳肌发达,取下即为鲜贝。扇贝在我国北方沿海均出产,现已人工养殖。每年 7 月下旬为扇贝的捕捞季节。

（1）品种

①栉孔扇贝:左壳面的放射肋少而发达,右壳多而较弱,各肋上具有呈扇状或强或弱的棘刺,各肋间并具细肋;壳面颜色通常为紫褐色或淡褐色等;其垂直分布于海底岩石处,以浮游植物为食,我国黄海、渤海均有分布。其巨大的闭壳肌干制后即为"干贝"。

②华贵栉孔扇贝:肋上有密集而翘起的小鳞片,肋间呈沟状。壳色有紫褐色、黄褐色、淡红色等,或具枣红云斑纹。喜栖息低潮线下的浅海、有岩礁及碎石块砂的海底,分布于我国广东、海南等省区的沿海。闭壳肌也可干制为"干贝"。

③嵌条扇贝:壳近半圆形,左壳扁平,右壳膨凸。左壳表面橘黄色或近紫色,肋间沟较宽;右壳白色。栖息于泥质沙及软泥质的海底,我国沿海广有分布,东海较多。

此外,还有虾夷扇贝、海湾扇贝等品种可供食用。

（2）烹饪应用

鲜贝肉质细嫩洁白,味道鲜爽。在烹饪中作主料,刀工少,适宜爆炒、熘、焗、焖、涮、炸、扒、氽、煲汤、烧烤等烹饪方法,口味由咸鲜向多种口味延伸,清蒸是最能凸显其新鲜的本味,可制作油爆鲜贝、青椒炒鲜贝、蒜蓉粉丝蒸扇贝、八宝原壳鲜贝、白酒焖扇贝、野山杂菌扇贝皇、鲜贝冬瓜球等菜肴。

9) 乌贼

乌贼又称墨鱼、乌鱼等。体呈袋形,背腹略扁平,侧缘绕以狭鳍。头发达,眼大。头部前端有五对腕,其中一对较长,腕顶端长有许多小吸盘,其他四对短,上面生有四列吸盘。背肉中间有一块背骨,通称乌贼骨即中药材海螵蛸,雄性背宽有花点,雌性肉鳍发黑。乌贼体内墨囊发达。乌贼沿海各地均有,舟山群岛产量多,乌贼产季在我国广东为每年 2—3 月,福建、浙江为 5—6 月,山东黄海为 6—7 月,渤海为 10—11 月。

乌贼肉色洁白,脯肉柔软,鲜嫩味美,整形经铁签串起后,可直接用于烧烤,刷上调味料即可食用;刀工成形以乌鱼卷、乌鱼花较多,适宜拌、炝、卤、汆、炸、熘、爆、炒、烧、熏、烤、涮等烹饪方法。将乌贼肉剁成蓉后,可加工成小丸子,还可做馅。乌贼适合多种味型。用乌贼制成的菜肴有油爆乌鱼卷、炒乌鱼花、苦瓜凉拌墨鱼丝、滑炒乌鱼丝、椒盐墨鱼卷、香辣墨鱼花、竹笋咸菜烧墨鱼、铁板花枝卷、蛋黄烤墨鱼等。

10) 章鱼

章鱼又称蛸、八带蛸、八带鱼等。章鱼体短,卵圆形,无鳍无骨。头上有八腕,故名八带鱼。鱼多栖息于浅海沙砾、软泥及岩礁处。我国常见的有短蛸、长腕蛸、真蛸,其中,长腕蛸和真蛸体长可达 80 cm,主要产于渤海、黄海。每年 3—6 月为捕捞章鱼旺季。

章鱼肉色较白,肉质柔软,鲜嫩味美。个体较小的章鱼经沸水焯烫后,可直接加入调味料拌、炝食用,也可将其酱、渍、煮、蒸后食用,还可将章鱼切块、条,用爆炒、炖制、熏烤等烹饪方法。用章鱼制作的菜点有醋腌章鱼拌黄瓜、章鱼排骨炖山药、章鱼炖猪脚、辣烤章鱼串、章鱼跳柱饭、火烤海鲜饭等。

11) 贻贝

贻贝又称淡菜、壳菜、海红、青口等。贻贝壳为膨胀起的长三角形,壳顶向前,表面有环形条纹,覆有黑褐色壳皮,内侧白色,带有青紫,生活在澄清的浅海海底岩石上。每年 1—4 月采捕活鲜品。

(1)品种

贻贝种类繁多,我国沿海有 30 余种,其中经济价值较高的有 10 多种,如紫贻贝多产于黄海和渤海,尤以大连沿海最丰富,现大多数为人工养殖。

①翡翠贻贝:分布于东海南部及南海,贝壳后端宽大,呈椭圆状,壳面前端隆起。贝壳内面灰白瓷状,珍珠层较厚,具有明显的光泽,角质层狭缘外为淡绿色,内为碧绿色。壳内面前闭壳肌缺损,足丝淡黄色。

②紫贻贝:在我国主要分布于北部沿海,生活在浅海,以足丝附着岩礁上。贝壳楔形,壳顶在前方稍钝,腹缘略直,足丝伸出处略凹陷,背缘弧形,后缘稍圆,壳面由壳顶沿背缘隆起,将壳面分为上部宽大而斜向背缘,下部小而弯向腹缘的两部分。

（2）烹饪应用

贻贝肉质细嫩,滋味鲜美。雄性肉呈白色,雌性肉呈橘黄色。适宜爆、炒、炸、氽、拌、烩等烹饪方法,口味以咸鲜为主。用贻贝制作的菜肴有烩海红、炸贻贝、油爆贻贝、拌海红、蒲酥贻贝、葱白扒贻贝等。

12）蛏子

蛏子又称蛏子皇,是竹蛏、缢蛏的统称。

（1）品种

①竹蛏:壳质脆薄,呈长竹筒形,两壳像两片竹子片故名壳面黄色,有铜色斑纹,肉黄白色,每年夏季盛产。肉质细嫩,味鲜美。鲜食、干制均可。

②缢蛏:壳长方形,两端圆,生长线显著,壳面黄绿色,常磨损脱落而呈白色,壳质薄脆。肉质细嫩,味鲜美。可鲜食,可干制。适宜爆、炒、拌、烩等多种烹饪方法。

（2）烹饪应用

蛏子肉丰满,味道异常鲜美,一般无刀工处理,烹饪前先用水洗净,放入清水中活养几天,让其吐净泥沙,用沸水焯一下,剥去外壳,去除蛏子肉即可。用蛏子制作的菜肴有油爆蛏子、木樨蛏子、肉片蛏子、拌蛏子、烩蛏子等。

13）鱿鱼

鱿鱼又称枪乌贼、柔鱼等。鱿鱼体稍长,在后端左右内鳍相合呈菱形,与乌贼在外形上最大的区别是腹部为长筒形,头部有一对触腕,四对腕,皆有吸盘。我国南北沿海均有分布。产期在每年4—5月和8—9月。

（1）品种

一种是躯干部较肥大的鱿鱼,称"枪乌贼";一种是躯干部细长的鱿鱼,称"柔鱼",小的柔鱼俗称"小管仔"。枪乌贼产量最大的是中国枪乌贼,其次是日本枪乌贼。

（2）烹饪应用

鲜品肉色洁白,肉质柔软,鲜嫩味美,肉比乌贼稍薄,质量比乌贼好。烹饪上使用广泛,以爆炒为佳,也有采用白灼、清蒸、醋熘等方法烹饪,常用花刀处理,如爆鱿鱼卷。

14）螺蛳

螺蛳分布广,常栖息于河溪、湖泊、池塘及水田,以长江、珠江两大流域出产较多。螺蛳以冬、春季捕捞为佳。

螺蛳水分多,质地脆嫩,也有结缔组织,肉味鲜美。螺蛳在烹饪中多以旺火速成为主,适宜于爆、炒、烩等烹饪方法,调味多以清淡为主,以突出自身的鲜味。但在烹饪前要洗净表面污物,清水养3天左右,天天换水,直至体内污物、粪便全部排出为止,去尾剔出肉洗净待用。螺蛳基本没有刀工,可制成"油爆螺蛳""辣子炒螺蛳""酱油螺蛳"等菜肴。广东、香港嗜好吃螺,即将螺蛳经焖、煮后,用嘴吮食。

任务 3　人造水产品

7.3.1　人造水产品的优点

人造水产品之所以能迅速地发展,是因为它具有以下优点:

①人造水产品的原料来源广泛,就地取材。如目前生产的大量低值鱼虾和藻类都能作为人造水产品的原料,解决低值鱼、虾的综合利用和销路问题。

②人造水产品的色、香、味、形均与天然水产品相似,可满足人们对高档水产品需求与日俱增的需要。

③人造水产品的营养价值与天然水产品基本相同,因而受到消费者的青睐。

④人造水产品的生产工艺较为简单,一般中、小型食品加工厂均可生产。

7.3.2　人造水产品的种类

1)人造虾肉

利用低值鱼类制成肉,经加工使其蛋白质纤维化,再与小型虾肉混合,进行调味、调色,最后挤压成形,制成外观、味道和质地与天然虾相似的人造虾肉。

2)人造蟹肉

目前生产人造蟹肉主要利用明胶蛋白、鱼肉、蛋清、乳酪蛋白、褐藻酸钠,有的用低值鱼、虾等,经加工制成与蟹肉肌肉纤维束相同的纤维束,再经调味、着色成形,即得到口感、风味、外观均与蟹肉极为相似的人造蟹肉。

3)人造海蜇皮

20 世纪 70 年代初,日本利用食用褐藻胶、大豆蛋白试制人造海蜇皮,另外,还有一种是用新鲜猪皮为原料,经加工、调味后制成人造海蜇皮,它不需要像天然海蜇皮那样进行特别处理,且质量稳定。

4)人造鱼子

大马哈鱼的鱼子含有丰富的卵磷脂、脑磷脂、维生素等多种营养成分,十分珍贵,但因数量少,价格极为昂贵。目前日本利用胶果、卡拉胶、糊精、明胶、琼胶等胶中的一种或几种为主要原料,经调味后,加维生素、油料,然后经凝胶、包膜、干燥等工艺,制成人造鲑鱼子,酷似真品。

5)人造乌贼制品

人造乌贼制品是用大豆和乌贼及鱼肉经加工后,再进行调味、成形、整形后烘烤,二次调味干燥制成的色、味、口感等均与天然乌贼制品相似的风味食品。

6）海洋牛肉

海洋牛肉是一种灰白色、细粒状的食品。它以新鲜的、肌肉纤维可溶的鱼为原料。经采肉、水洗与碱洗、脱水、调整 pH、捏合、挤压和乙醇处理、干燥等加工制成。

海洋牛肉是一种复水率高，且具有肉状的鱼肉蛋白质。它是生产浓缩鱼肉蛋白的延伸物。

海洋牛肉不需冷冻保藏，浸水膨润后可按地方的习惯口味烹饪，富于营养，与鸡蛋一样易被人体消化，深受消费者的青睐。

7）人造海参

以海带菜为主要原料，经化学处理成为浆液再配入鸡蛋清和大豆蛋白，然后注入海参模具，再浸入葡萄糖酸钙与乳酸钙混合液中进行固化，成形后再软化处理得到人造海参。人造海参中原海带的营养成分被保留下来，营养价值高，是较好的减肥食品和疗效食品。

任务评价

学生本人	量化标准（20分）	自评得分
成果	学习目标达成，侧重于"应知""应会" 优秀：16～20分；良好：12～15分	
学生个人	量化标准（30分）	互评得分
成果	协助组长开展活动，合作完成任务，代表小组汇报	
学习小组	量化标准（50分）	师评得分
成果	完成任务的质量，成果展示的内容与表达 优秀：40～50分；良好：30～39分	
总分		

练习实践

1. 举例说明虾类原料的烹饪应用。

2. 举例说明蟹类原料的烹饪应用。

3. 针对某一种软体贝类从品种特点、品质鉴别、烹饪应用、代表菜式（主配料、调味料、制作工艺流程、操作步骤、成菜特点）等方面写一篇小论文。

4. 人造水产品有哪些种类？

单元 8

果品类原料

【知识目标】
- 了解果品类原料的概念和种类；
- 掌握果品类原料的烹饪应用和品质鉴别及保藏。

【能力目标】
- 通过实物、图片、视频能够识别各种常见果品；
- 能根据不同的烹饪方法和菜点制作要求选择果品类原料。

果品类原料种类繁多，口感丰富，是日常生活中重要的一类原料。本单元将对果品类原料的基本概念、分类、种类、烹饪应用等方面进行介绍，使读者对果品类原料进行全面的了解和认识。

任务 1 果品类原料基础知识

8.1.1 果品类原料的概念

果品是对人工栽培的木本和草本植物的果实及其加工制品等一类烹饪原料的总称。

8.1.2 果品类原料的分类

1）按市场分类

在商品经营中,一般将果品分为鲜果、干果和果品制品。其中,鲜果是果品中种类最多、最为重要的一类。

按照上市季节,鲜果可分为伏果和秋果两大类。伏果即夏季采收的果实,包括伏苹果、桃、李、杏、樱桃等,不耐贮运。秋果是在晚秋或初冬采收的果实,如梨、秋苹果、柿子、鲜枣等,较耐贮运。按照分布,鲜果可分为南鲜和北鲜。南鲜水果,一般指常绿果树所产的果实,如柑橘、香蕉、荔枝、杧果、火龙果、山竹、榴梿、菠萝、枇杷等。北鲜水果,一般指落叶果树所产的果实,如梨、苹果、桃、杏、葡萄等。

2）按结构分类

仁果类:其果实由果皮、蛤肉和子房构成,内生长有种仁,故称为仁果类,如苹果、梨、山楂等。

核果类:由外果皮、中果皮、内果皮和种子构成。果实是由子房发育而成的,外果皮较薄;中果皮肥厚为食用部分;内果皮硬化形成本质硬壳,故称"核果"。其主要品种有桃、李、杏、樱桃等。

浆果类:果实形状较小,由一个或多个心皮的子房发育而成的。果肉成熟后因柔软多汁,故称"浆果"。其主要品种有葡萄、龙眼、猕猴桃、香蕉、荔枝等。

坚果类:以种仁(子叶)供食用,果实是由子房发育而成的。果实特征为外包木质或革质硬壳,成熟时干燥而开裂,故又称"壳果"。其主要品种有核桃、栗子、松子等。

柑橘类:又称"柑果""橙果"。由外果皮、中果皮、内果皮、种子柳条构造而成。内果皮内侧生长许多肉质化的囊状物,称为"沙囊",富含浆液,是主要食用部分。其主要品种有柑橘、柠檬、柚子等。

复果类:由整个花序组成,肉质的花序轴及苞片、花托、子房等可供食用。其主要品种有菠萝、草莓等。

瓜果类:又称瓠果类。这类果实是由花托、外果皮、中果皮、内果皮、胎座、种子构成。甜瓜可食部分为中果皮和内果皮;西瓜可食部分还包括胎座,主要品种有西瓜、白兰瓜、甜瓜等。

8.1.3　果品类原料的品质

果品的色泽、形状大小、风味成分、硬度、汁液等共同构成果品的品质。

1)色泽

色泽是反映果实成熟度和品质变化的主要指标之一。色泽与果实的风味、质地、营养成分密切相关。通过色泽,在一定程度上可以了解果品的内在品质。果品绿色减退,底色开始发白或发黄,说明其已开始成熟;红色苹果着色良好,能够全红的,说明果实含糖量高,品质风味好;香蕉、菠萝果实颜色退绿,变得橙黄或金黄,说明果实已完成后熟,风味品质达到最佳程度。色泽的变化和程度,可以作为果品果实成熟度的标志;而另一些果品则可作为贮藏过程中质量变化的标志。不论何种情况,通过色泽的变化可以判断果实是否好吃,或者是否达到最佳食用期。

2)形状大小

各种果品通常具有其特有的形状和大小,可作为识别品种和鉴别成熟度的一种参考。在同一批果品中,中等大小的个体恰恰表明在生长期中营养状况最良好,发育充实,营养物质含量高,风味品质好;个体大的组织疏松,呼吸旺盛,消耗营养物质快,风味差,品质易劣变;个体小的生长发育不充实,营养物质含量低,或者说明成熟度不够。因此,通常真正质量最佳的水果往往是那些中等大小的果实,选购果品时不要一味贪大。

此外,每种果品都有特有形状,如四川的锦橙,又称鹅蛋柑,以椭圆的果形最受欢迎;脐橙,则需要有明显的果脐;鸭梨,则要求具有其特征性的鸭嘴。近年来,驰名中外的天津鸭梨的鸭嘴特征变得不明显了,严重影响了鸭梨的出口。果品具有其特有的形状,一方面反映了品种的纯正性,另一方面也说明了在生长发育中营养状态良好,发育充实。

3)风味成分

每一种果品或蔬菜具有自己特有的风味物质和呈香成分。果实的甘甜酸味形成的主要成分是各种糖和酸,果实含糖量和含酸量之比,形成了各种果实的风味特征,如柑橘、苹果、梨,根据不同品种、栽培条件、区域不同,其果实的甜酸味可表现出纯甜、甜酸、酸甜等令人愉悦的、和谐的滋味,必定具有最佳的糖酸比值。因而很多国家均以糖酸比作为果实是否能采收、贮藏或加工的主要衡量指标之一。

果品的香气源于它所含有的呈香物质,通常为油状的挥发性物质,主要是有机酸酯和萜类化合物,例如,柑橘是以烯萜类的氧化衍生物(如醇、醛、酮、酯)来构成各种柑橘的特殊香气物质。呈香物质在果品中的含量甚微,只有当水果成熟或后熟时才大量产生,没有成熟的水果缺乏香气。因此,在判别果品成熟度和是否已达到最佳可食期时,香气是重要的标志之一。

4)质地

质地是人们对果品在口腔里被咀嚼时所产生的感觉的总评价。不同的果品质地给人们提供了多种多样的享受和口感,若鲜食有柔软、嫩脆、脆、绵、粉等感受,脆如苹果、大部分梨,柔软多汁如桃、少部分梨、荔枝、龙眼、香蕉等。果品的质地主要由细胞间的结合力、细胞壁的机械强度、细胞的膨胀性、细胞的内含物 4 个因素构成。它是由果品种类、品种的遗传因素决定的，也与其产地、栽培条件、生长期、成熟度等有关。

8.1.4　果品类原料的烹饪应用

1）作为制作菜肴的主料，多用于甜菜的制作

大多数果品原料都呈现甜酸、酸甜或甜味，而且带有独特的芳香气味，在烹饪中多以制作甜菜为主，以顺应其味，达到和谐统一的目的。而味淡的鲜果或自身无显味的干果（果仁）除制作甜菜外，还可制作咸味菜肴，且味型多变，虽然菜品不多，但各款菜式各具特色。

一般甜菜品常采用拔丝、挂霜、软炸、蜜汁、果羹、果冻、鲜熘和酿蒸等方法制成，如蜜焖三鲜、拔丝白果、琥珀桃仁等；咸菜品多以炝炒、煨、炖、烧等方式成菜，如白果炖鸡、宫爆鲜贝、蛋酥花仁、怪味桃仁、红枣煨肘等。

2）作为制作菜肴的配料

果品可以和家畜、家禽、水产品搭配，也可与蔬菜、粮食制品等原料相配成菜。鲜果的香甜、干果的软酥或酥香能赋予菜肴独特的风味，不仅使菜肴具有良好的色、香、味、形，还提升了菜肴的营养价值，如桃仁鸡丁、板栗烧鸡、杏仁西芹、腰果海参等。

3）作为菜肴的点缀、围边和装饰用料

果品类原料色泽丰富、形态各异，可利用果品本身的色和形，应用于菜肴的造型，具有自然、美观和实用等特点。因此，常将果品应用于花色冷盘造型、配色及热菜的点缀、围边等，还用于造型别致、风味独特的罐式菜、盅式菜和水果拼盘，如樱桃、柠檬、番茄、梨罐、西瓜盅等。

4）作为面点制品的馅心用料或点缀

配料的多样化造就了糕点、小吃等面点制品的品种及花色造型的多样化。干果、果干以及果脯、蜜饯常用于面点制作中，一般常用做馅心或为提升风味点缀于成品之上，如莲蓉月饼、红枣糕、葡萄干面包、八宝饭、粽子等。果品不仅提供了香甜或酥香的味感，还丰富了成品的色泽。

5）作为调味料

果品无论作为主料还是配料使用时，都将其风味表现于菜品中。直接作为调味料使用更有其独特之处，如鲜果汁可直接用于菜肴和饮料的调味，柠檬汁、柑橘汁、菠萝汁和椰汁常用于烹制味酸或味甜而且带有浓郁果香的菜肴。将果酱作为菜肴淋汁也能起到调味的作用，可为菜肴增色，从而也增加了菜肴的新味型。

6）用于药膳及保健粥品的制作

有些果品不仅具有良好的味感和色泽，还具有滋补调养的功效，常被用于药膳和保健粥的制作，如红枣莲子粥、冰糖贝母蒸梨等。

任务 2　鲜果

鲜果通常是指新鲜的,可食部分肉质化,柔嫩多汁或爽脆适口的植物果实。

鲜果具有独特的果香和甜味,是果品中种类和数量较多的一类。苹果、梨、香蕉、石榴、柑橘、柠檬等为常见的鲜果,而热带的水果如番石榴、榴梿、杧果、红毛丹等也是人们喜爱的水果。

8.2.1　仁果

1)梨

梨为蔷薇科梨属植物,多年生落叶果树,乔木,叶子卵形,花多白色,果实圆形或扁圆形。一般梨的颜色为外皮呈现出金黄色或暖黄色,果肉则为通亮白色,鲜嫩多汁,口味甘甜,核味微酸,是国内常见的水果之一,栽培面积和产量仅次于苹果。8—9月,果实成熟时采收,鲜用或切片晒干。

(1)品种

梨可分为中国梨和西洋梨两大类。其主要类型有秋子梨、白梨、砂梨、洋梨4种。

①鸭梨:果实美观,呈倒卵形,果实梨梗部突起,状似鸭头。9月下旬至10月上旬收获,初呈黄绿色,贮藏后呈淡黄色。套装栽培的果实黄白色,也称为水晶鸭梨或水晶梨。其主要特点是果实中大(一般单果重185 g,最大者重400 g),皮薄核小,汁多味甜,酸甜适中,清香绵长,脆而不腻,素有"天生甘露"之称。以河北泊头、河北晋州、山东阳信最有名。

②香梨:新疆特产水果之一,维吾尔语称为"奶西姆提"。其特点是香味浓郁、皮薄、肉细、汁多甜酥、清爽可口,属梨之上品。香梨以库尔勒香梨产量大,质量好。1924年法国万国博览会展出的1 432种梨中,库尔勒香梨仅次于法国白梨被评为银奖,有"世界梨后"之称。库尔勒香梨在国际市场上还被誉为"中华蜜梨""梨中珍品""果中王子"等称号。

③雪花梨:河北赵县特产。赵州雪花梨栽培历史悠久,可上溯到1 800多年以前,早在秦汉时代就被选作贡品进贡朝廷。因其果肉洁白如玉,似霜如雪而得名,史有赵州御梨"大如拳,甜如蜜,脆如菱"之说。其果实以个大、体圆、皮薄、肉厚、色佳、汁多、味香甜而与赵州桥齐名天下。

④砀山梨:又称砀山酥梨,以果大核小、黄亮形美、皮薄多汁、酥脆甘甜而驰名中外。砀山酥梨果实近圆柱形,顶部平截稍宽,平均单果重250 g,大者可达1 000 g以上;果皮为绿黄色,贮后为黄色,果点小,果肉白色,中粗,酥脆,汁多,味浓甜,有石细胞。砀山酥梨原产于安徽省宿州市砀山县,是古老的地方优良品种。

(2)烹饪应用

梨的质量以果皮细薄,有光泽,果肉脆嫩,汁多味甜,香气浓,果形完整,无疤痕,无病虫害者为佳。梨除了当水果直接食用外,还可作主、配原料应用于菜肴中,多以酿蒸、拔丝、蜜汁、果羹、软炸的手法作甜菜品,也可制作有特色的咸味菜品,如爆鲜梨腰花、熘鲜梨鸭肝。

2）苹果

苹果属于蔷薇科,落叶乔木,叶椭圆形,有锯齿,果实球形,味甜。苹果是普通的水果,也是最常见的水果,富含丰富的营养,是世界四大水果(苹果、葡萄、柑橘和香蕉)之冠。果实通常为红色,也有黄色和绿色。苹果是双子叶植物,花淡红或淡紫红色,大多自花不育,果实需异花授粉,果实由子房和花托发育而成。果肉清脆香甜,能帮助消化。

（1）品种

目前,我国苹果有30多个品种,按成熟期不同可分为早熟种、中熟种和晚熟种。

①红玉苹果:原产美国,1800年在纽约州被发现,据说为可口香的实生后代。19世纪末至20世纪初曾广泛发展,栽培遍及世界各洲,20世纪初传入中国辽东半岛。红玉苹果果实扁圆形、中大,平均单果重145 g。底色黄绿,阳面浓红色,充分着色者可全面浓红。果皮薄韧,果心小,果肉黄白色,肉质致密而脆,汁液多。初采时酸味较大,贮藏月余后酸味减少,甜酸适口,风味浓郁,品质上等。

②金冠苹果:又称黄香蕉、黄元帅、金帅,是苹果中的著名品种,也是一种重要的高产品种,果实品质优良。金冠苹果个头大,成熟后表面金黄。色中透出红晕,光泽鲜亮,肉质细密,汁液丰满,味道浓香,甜酸爽口。栽培面积较广,日照时数长、昼夜温差大的地方都适合其生长,我国辽宁、甘肃、新疆等地皆出产优质金冠苹果。

③红富士苹果:其果形为扁形和桩形。果面光滑、蜡质多、果粉少、干净无果锈。果皮底色黄绿,果面条红或片红,果肉黄白色,肉质细密,硬度大,果汁多,味香,含糖高,酸甜适度,耐贮运。10月中旬成熟,可贮存至次年6—8月。

（2）烹饪应用

苹果的质量以色泽鲜艳、香气浓郁、风味适口、果形端正、表面光滑、无刺伤、无病虫害者为佳。苹果除鲜食外,在烹饪中多用于作甜菜,并多以拔丝、果羹、软炸等方式成菜,如拔丝苹果、熘苹果、苹果布丁等。还可将苹果加工成果丁、果脯、果汁、果酱、果酒等多种制品。

3）山楂

山楂又称山里果,蔷薇科山楂属。核果类水果,果实近球形,直径约1.5 cm,红色,有褐色斑。核质硬,果肉薄,味微酸涩,稍甜。

（1）品种

山楂品种繁多,在山东、河南、江苏、浙江、辽宁、吉林、黑龙江、内蒙古、河北等地均有栽培。山楂按照其口味分为酸、甜两种,其中酸口山楂最为流行。

①大金星山楂:果实呈扁球形,紫红色,具蜡光。果点圆,锈黄色,大而密。果顶平,显具五棱。萼片宿存,反卷,梗洼广、中深。果肉绿黄色或粉红色,散生红色小点,肉质较硬而致密,酸味强。10月中、下旬成熟,耐贮藏。果个大,每千克72～82个。宜于加工制作糕、脯、酒、汁等,色、香、味俱佳,为优良加工品种。

②大绵球山楂:果实扁圆形,果皮橘红色,果个较大,果实整齐度高,可食率85.1%。果肉黄绿色,质地松软细密。

③歪把红山楂:顾名思义在其果柄处略有凸起,看起来像是果柄歪斜,故而得名,单果比一

般山楂大。歪把红山楂酸甜可口,是制作冰糖葫芦的主要原料。

(2)烹饪应用

山楂品质以果皮颜色红亮、无虫眼、裂口,果大均匀,果肉较硬,酸中带甜,果肉厚,核小者为佳。山楂可鲜食,作甜菜多用于蜜汁、拔丝和汤羹,既可增加风味,又可起增色作用;山楂可咸食,切片、块后,也可与禽、畜等动物性原料用炒、熘、爆、煎、炖等烹饪方法成菜;山楂还可加工成山楂糕、果冻、果酱、果茶、果酒、果脯等,如山楂肉片、冰糖葫芦、蜜三果、烤红果、山楂元宵、油炸山楂糕等。

山楂果可生吃或作果脯果糕,干制后可入药,是中国特有的药果兼用树种,具有降血脂、降血压、强心、抗心律不齐等作用,同时也是健脾开胃、消食化滞、活血化痰的良药,对胸膈脾满、疝气、血瘀、闭经等症也有很好的疗效。

8.2.2　核果

1)桃

桃为蔷薇科桃属植物桃树的果实。桃原产于我国,各地均有栽培,以浙江、江苏、山东、河南、河北和陕西较多,每年6—10月上市。桃外表有茸毛,果近圆形或扁圆形,底部凹陷,果肉厚,颜色有白色、黄色和红色,成熟的果实甘甜多汁,有香味,甜或酸甜。果实有种核,果肉离核或黏核,部分核仁作为药食同源的原料使用。

(1)品种

桃根据分布的地区和果实的特点,可分为北方桃、南方桃、黄肉桃、蟠桃和油桃等几大类。

①水蜜桃:成熟的水蜜桃略呈球形,表面裹着一层细小的茸毛,青里泛白,白里泛红。水蜜桃一般重100～200 g,大的重300多克。水蜜桃皮薄,果肉丰富,宜于生食,入口滑润不留渣。刚熟的桃子硬而甜,熟透的桃子软而多汁。我国水蜜桃的主要产地有无锡阳山、深圳、成都龙泉等。

②肥城桃:因产于山东肥城故称肥城桃,又称肥桃、佛桃、大桃,其果实肥大,外形美观、肉质细嫩、汁多甘甜、营养丰富,被誉为"群桃之冠"。肥城桃作为一个品系,品种有十几个,其中以红里桃、白里桃、柳叶桃最有栽培价值,以红里桃为代表,品质最佳。肥城桃果重250～300 g,最大果重900 g。除以生食为主外,还可制成罐头、果汁、果脯、果酱等系列产品。

③黄桃:又称黄肉桃,因果肉为黄色而得名。黄桃果皮、果肉均呈金黄色至橙黄色,肉质较紧,致密而韧,食时软中带硬,甜多酸少,有香气,水分中等。常吃可起到通便、降血糖血脂、提高免疫力等作用,还能促进食欲。由于黄桃极不耐贮藏,除加工成罐头外,也可制成桃汁、桃酱,还可直接用于甜点。黄桃在华北、华中、西南一带栽培较多。

(2)烹饪应用

桃的品质以果实大小适中、形状端正、色泽鲜艳、皮薄肉厚、肉质柔软、汁多味甜、香气浓郁、粗纤维少者为佳。桃在烹饪中适于酿、蜜渍等方法,如枸杞桃丝、蜜汁桃、猪肉炒桃丁、脆皮鲜桃夹、鲜桃栗子羹等。此外,还可加工成桃脯、桃酱、桃汁、蜜桃罐头等。

2）杏

杏原产于我国，栽培历史悠久，其果又称杏子、杏实，是李属李亚属植物，果肉、果仁均可食用。杏的果实呈圆形或长圆形，稍扁，形状似桃，但少毛或无毛。果肉为艳黄或橙黄色，味甜多汁，有香味。果核表面平滑，略似李核，但较宽而扁平，多有翅边，有的品种核仁甜，有的品种则有毒。

（1）品种

全世界杏属植物划分为6个地理生态和24个区域性亚群，共有10个种，其中中国就有9个种，如普通杏、西伯利亚杏、辽杏、紫杏、志丹杏、政和杏、李梅杏、藏杏、梅杏等，栽培品种近3 000个，普通杏种分布最广。

①金太阳：果实圆形，平均单果重66.9 g，最大果重90 g。果顶平，缝合线浅不明显，两侧对称。果面光亮，底色金黄色，阳面着红晕，外观美丽。果肉橙黄色，味甜微酸，可食率95%，离核。肉质鲜嫩，汁液较多，有香气，可溶性固形物为13.5%，甜酸爽口。5月下旬成熟，花期耐低温，极丰产。金太阳杏以陕西产的较为著名。

②凯特杏：1991年从美国加州引入中国。凯特杏果实近圆形，缝合线浅，果顶较平圆，果个特大，平均单果重106 g，最大果重183 g。果皮橙黄色，阳面有红晕，味酸甜爽口，口感醇正，芳香味浓，可溶性固形物为12.8%，糖为10.9%，酸为0.9%，离核。属早熟型，6月初上市，四川、重庆和山东等地盛产。

③红金榛杏：产于山东省招远市。果实长圆形，果顶平，梗洼深，缝合线明显且深，两侧对称，平均单果重81 g，最大果重168 g。果面金红色，果肉橙红色，柔软多汁，甜酸适口，品质上乘，含可溶性固形物为13%，离核，甜仁。果实发育期90天左右，8月上、中旬成熟，是优良的中晚熟种，为鲜食、加工兼用杏。

（2）烹饪应用

杏的品质以果个大、色泽鲜艳、酸甜适口、红维少、核小、有香味、无病虫害为佳。杏可鲜食，具有解暑消夏的功效，也可制成杏干、杏脯、杏酱或榨取杏汁，酿造杏酒及制罐头等。杏仁是制成高级点心的原料，如杏仁霜、杏仁露、杏仁酪、杏仁酱、杏仁酱菜、杏仁油、杏仁粉等。

3）樱桃

樱桃为蔷薇科李属植物，中国樱桃的果实，又称含桃、莺桃、车厘子等。原产我国，为初夏佳果。樱桃外表色泽鲜亮，晶莹美丽，红如玛瑙。核果，球形，果柄长，果实较小，鲜红色，果肉柔软多汁，味甜而带酸。

（1）品种

我国是樱桃原产地之一，根据其品种特征可分为中国樱桃、甜樱桃、酸樱桃和毛樱桃。

①大鹰嘴：又称大鹰紫甘桃，是安徽太和县樱桃的主要栽培品种。其色泽紫红，果实为心脏形，单果重1.8 g，果肉淡黄，肉厚汁多，味道甜香，果汁内含可溶性固形物为22.2%。此果于4月底成熟，是优良生食品种。

②垂丝樱桃：产于江苏南京，平均果重2.16 g，因果柄细长，故称垂丝樱桃。果色鲜艳，肉质细腻，汁多，味甜，品质极佳。果实发育期为35～40天，4月中下旬成熟。早熟，丰产，是中

国樱桃中的优良品种之一。

（2）烹饪应用

樱桃以果质均匀、色泽鲜艳、柄短核小、味甜多汁、肉质软糯、无溃烂、裂皮者为佳。鲜樱桃不耐贮藏，除鲜食外，常加工成果酱、果汁、果酒及罐头。中西餐烹饪常用罐制樱桃（红、绿色车厘子）作围边，以及甜菜、冰激凌、鸡尾酒、生日蛋糕等的装饰。以樱桃参与制作的菜肴有樱桃龙眼、红珠桃脯、樱桃白雪鸡、樱桃虾、樱桃枣泥软饼等。

8.2.3　浆果

1）葡萄

葡萄是葡萄属落叶藤本植物，又称蒲桃、草龙珠等，是世界上最古老的果树之一，原产于里海、黑海和地中海沿岸，我国引进栽培的历史有两千多年。果实多为圆球形或椭圆球形，果皮与果肉不易分离，色泽随品种而异，有绿色、紫色等，大多具有独特的香气。果味酸甜或纯甜，果肉柔软多汁。

（1）品种

葡萄品种较多，按照食用目的可分为酿酒葡萄和食用葡萄两大类；按照其原产地不同可分为东方品种群和欧洲品种群。

①无核白葡萄：简称无核白，又称无籽露，中晚熟鲜食品种，味道甜，制干品质优良，也可酿酒。无核白果穗大，平均重338 g，果粒着生紧密或中等紧密。果粒较小，在自然状况下平均粒重为1.64 g，椭圆形，黄白色，果粉中等厚，皮薄脆。果肉浅绿色，半透明，肉脆，味甜，汁少，无香味。含糖量22.4%，含酸量0.4%，素有"珍珠"美称。

②牛奶葡萄：又称沙营葡萄、宣化白牛奶、白牛奶、白葡萄、玛瑙葡萄、马奶子、脆葡萄。原产阿拉伯半岛，欧亚种，为我国最早栽培的优良品种。牛奶葡萄果穗大，平均重350 g以上，最大穗可达1 400 g，长圆锥形，果粒着生中等紧密。果粒大，长圆形，果粒平均重6 g，果皮黄绿色，果皮薄。果肉脆而多汁，味甜清爽，含糖量15%左右，含酸量0.5%，每果有种子1～3粒。

③玫瑰香葡萄：也称为麝香葡萄，欧亚种，也有译为莫斯佳、汉堡麝香等。玫瑰香葡萄是一个古老的品种，是世界上著名的鲜食、酿酒、制汁的兼用品种。果穗中等大小，圆锥形，平均穗重350～400 g。果粒着生疏松至中等紧密，紫红色或黑紫色，果肉较软，多汁有浓郁的玫瑰香味，可溶性固形物含量为15%～20%。有大小粒和小清粒现象，这是该品种的突出特征。品质为上等。

（2）烹饪应用

葡萄除部分鲜食外，主要用于干制、酿酒、制汁、酿醋，如制罐头与果酱等。葡萄在烹饪中主要用来制作甜菜，选料要求粒大、肉脆、无核、风味好，如拔丝葡萄等。葡萄干常作为点心的辅料。

2）柿子

柿子原产地在中国，栽培已有1 000多年的历史，是柿科植物浆果类水果，又称米果或猴枣,成熟季节在10月左右。果实形状较多,如球形、扁圆、近似锥形、方形等。不同品种的颜色,从浅橘黄色到深橘红色不等,大小2~10 cm,质量100~350 g。柿子柔软多汁,甜腻可口。

(1)品种

柿子的品种有1 000多个,主要分为甜柿(也称"甘柿")和涩柿两类,甜柿成熟时已近脱涩,涩柿需要人工脱涩。

①磨盘柿:果实扁圆,腰部具有一圈明显缢痕,将果实分为上下两部分,形似磨盘,体大皮薄,无核,平均单果重230 g左右,最大果重可达500 g左右,直径8 cm。果顶平或微凸,脐部微凹,果皮橙黄至橙红色,细腻无皱缩,果肉淡黄色,适合生吃。脱涩硬柿,清脆爽甜;脱涩软柿,果汁清亮透明,味甜如蜜,耐贮运,一般可存放至翌年二三月份。磨盘柿产自河北、北京一带。

②牛心柿:产于渑池县石门沟,因其形似牛心而得名。牛心柿属柿科,落叶乔木,6月初开花,花期8~12天,果实牛心状,且顶端呈奶头状凸起,果实由青转黄,10月成熟,果色为橙色。牛心柿个大、肉细、汁多、味甜。无核或少核,平均单果重250 g,最大果重385 g。脱涩吃,脆酥利口;烘吃,汁多甘甜。晒制的牛心柿饼,甜度大,纤维少,质地软,香甜可口。将柿饼放在冷水中搅拌,能化成柿浆,可和蜂蜜媲美,别有风味。

③大红袍柿子:又称满地红、绵柿,是河北省柿树中之良品。它具有皮薄、肉细、个大丰满、色泽红艳、醇甜多汁、无籽、软绵适口、易脱核等特点。柿果营养丰富,含糖量高达15%以上,还含有多种维生素和钙、磷、铁、钾、锌等矿物质。柿果晒干后与杂粮混合磨成的沙面香甜可口,可做主食。

(2)烹饪应用

柿子多供鲜食或制柿饼。因柿中含有大量的可溶性收敛剂,不宜空腹食用,且一次不宜多食,以免形成"胃柿石",也不宜与寒性的螃蟹同食。在烹饪制作中,柿子可用于菜肴的制作,如柿子沙拉、酿水果柿子、柿子炒火腿等。

3)香蕉

香蕉为芭蕉科芭蕉属植物的果实,又称甘蕉、牙蕉果、蕉子、蕉果、中国矮蕉、梅花蕉等。香蕉与荔枝、菠萝、龙眼一同号称"南国四大果品"。香蕉果实弯曲,横断面有五棱,皮绿色,成熟时棱角小且近圆形,皮薄黄绿色,皮上有黑麻点,果肉乳白色,质地柔滑,味香甜。

(1)品种

香蕉主产于我国南方,按其经济价值和形态特征分为香蕉、大蕉和粉蕉3类。

①高脚顿地雷:属高干型香牙蕉,为广东省高州市优良品种之一。植株最高大,果穗中等长大,果梳及果指数均较少,但单果长且重,果指长20~24 cm,单果重150 g以上,可溶性固形物为20%~22%,品质中等。

②天宝蕉:属矮干型香牙蕉,又称矮脚蕉、本地蕉、度蕉,原产福建省天宝地区,现为福建闽南地区主要栽培品种之一。天宝蕉果肉浅黄白色,肉质柔滑味甜,香味浓郁,品质甚佳,单株产量一般为10~15 kg,为北运和外销的最佳品种。

(2)烹饪应用

香蕉品质以果实肥大,果形整齐美观,成熟后皮薄,色泽鲜艳,无机械损伤,无霉烂,无冻伤,无病虫者为佳。香蕉除鲜食外,取肉可切成块、条、片、丁、末,也可塌成泥,可作主料单独成菜,也可与其他原料搭配成菜肴。香蕉烹饪多为甜味菜,也可加工成咸味菜肴,适用于炒、炸、熘、冻、拔丝、蜜汁、烩羹、甜汤等成菜方法,如松炸香蕉、炒香蕉泥、拔丝香蕉、香蕉蛋卷、蜜汁香蕉等。

8.2.4　柑橘

1)柑橘

柑橘为芸香科柑橘,属柑橘类植物果实的统称,原产于我国,是世界上最重要的商品水果之一,包括柑和橘两大类型。柑又称甘、金实,如柑子、黄苞、黄甘等;橘又称黄橘、金衣果、橘奴、橘千头等,其共同特点是果实扁圆形,果皮黄色、鲜橙色或红色,薄而宽松,容易剥离,故又称宽皮柑、松皮橘。两者的区别在于橘的果蒂处凹陷,柑的果蒂处隆起。柑橘口感清甜,果肉汁多,酸甜可口。

（1）品种

①蕉柑:通常扁圆形至近圆球形,果皮甚薄而光滑,或厚而粗糙,呈淡黄色、朱红色或深红色,甚易或稍易剥离。橘络甚多或较少,呈网状,易分离,瓤囊8～14瓣,囊壁薄或略厚,柔嫩或颇韧。果肉酸或甜,或有苦味,或另有特异气味。蕉柑产于秦岭南坡以南、伏牛山南坡诸水系及大别山区南部,向东南至台湾,南至海南岛,西南至西藏东南部海拔较低地区。

②芦柑:别名柑果,是日常生活中常见的水果。芦柑果实硕大,色泽鲜艳,皮松易剥,肉质脆嫩,汁多化渣,味道芳香甘美,食后有香甜浓密之感,风味独特,饮誉中外。

③红橘:原产我国,主产四川、福建,又常称川橘、福橘,其他产柑橘省（区）也有栽培。红橘果实扁圆形,中等大,单果重100～110 g,果皮薄,色泽鲜红,有光泽,皮易剥,富含橘络。肉质细嫩、多汁、化渣,甜酸可口,可溶性固形物11%～13%,糖含量8～10 g/100 mL。果实11月下旬至12月成熟。

柑类著名品种有广东蜜柑、温州蜜柑等;橘类著名品种有福建芦柑、广东芦柑、四川红橘、温州蜜柑等。

（2）烹饪应用

柑橘的品质以果实形态饱满,色泽鲜艳,含水分足,口感酸甜适宜,无损伤,无霉斑者为佳。柑橘除鲜食外,在烹饪中主要用于制作甜菜或果盘,如拔丝橘子、水晶橘冻等,也可加工成罐头、果酱、果汁、果粉、果酒和蜜饯等。

2)甜橙

甜橙又称广柑、黄果、广橘、橙,原产于我国东南部,栽培历史悠久。甜橙个大,径长8～9 cm,圆形至长圆形,果皮与果肉不易分离,果心小而充实。种子多,少或无,因品种而异,卵形或长圆形,多胚,白色。

（1）品种

甜橙品种丰富,一般分为普通甜橙、脐橙和血橙。按成熟期可分为早熟、中熟和晚熟。

①新会橙：又称滑身仔、滑身橙，原产于广东新会县，目前以广州附近，桂、闽南部栽培较多，国内其他产区也有种植。新会橙果实短椭圆形或圆球形，较小，单果重110 g左右，果蒂部稍平，果顶部常有印圈，果皮橙黄色，光滑而薄。汁胞脆嫩少汁，味极甜，清香。11月下旬至12月上旬成熟。

②锦橙：又称鹅蛋柑26号。原产中国重庆江津，是20世纪40年代从地方实生甜橙中选出的优良变种。四川、重庆各柑橘产区几乎都有分布，湖北（主要是宜昌南津关以西）、贵州、福建也有一定数量的栽培。果实长椭圆形，形如鹅蛋，故得名。果大，单果平均重180 g左右，果皮橙红色或深橙色，有光泽，较光滑，中等厚。肉质细嫩化渣，甜酸适中，味浓汁多，微具香气，品质上乘，适鲜食，也可加工果汁，果汁橙黄色，组织均匀，热稳定性好，略有香气。一般在11月下旬成熟。

③大红甜橙：原产湖南黔阳，是从当地普通甜橙中选出的红色变异类型，故此得名，黔阳当地也称红皮甜橙。大红甜橙果实圆球形或椭圆形，果皮橙红色，果面光滑，平均单果重140～150 g，果肉柔嫩，多汁化渣，甜酸适度，种子5～10粒，耐贮运。成熟期为11月中旬。

（2）烹饪应用

甜橙品质以色泽鲜艳，皮薄肉厚，含水量高，有特殊的香甜味为佳。橙可供鲜食，作餐后水果、榨取果汁、制作蜜饯和果饼，也可用于甜菜的制作，如橙子羹小汤圆，还可用于菜肴的制作，如海带拌橙丝、橙子酿鲜虾等。

3）柚子

柚子又称朱栾、胡柑、文旦等，为芸香科植物柚的果实，我国特产鲜果之一。果圆球形、扁圆形、梨形或阔圆锥状，果肉呈红色或黄白色，白色更为常见，富含汁水，有浓郁香味，呈甜味或酸甜味，有时带有苦味。

（1）品种

①文旦柚：度尾文旦柚是莆田四大名果之一，是仙游县度尾镇特有的名贵佳果。果实品质优良，气味芳香，肉嫩汁醇，甜酸适度，无籽或少籽，清香爽口，风味独特。外观形似大秤砣，色泽青黄，果重800 g左右。内含物质丰富，具有较高营养价值和药用功效。

②沙田柚：果实圆球形、扁圆形、梨形或阔圆锥状，横径通常为10 cm以上，淡黄色或黄绿色，杂交种有朱红色的果皮，甚厚或薄海绵质油胞大凸起。果心实但松软，瓢囊10～15或多至19瓣，汁胞白色、粉红或鲜红色，少有带乳黄色，种子多达200余粒，也有无籽的。柚肉甜润多汁，甜脆爽口，是秋冬的佳果。沙田柚主要产于中国广西（容县、桂林、柳州等地），广东梅州也多有种植。

（2）烹饪应用

柚子的品质以表皮薄而光润，色泽呈淡绿色或淡黄色，芳香味浓郁者为佳。柚子可鲜食、制罐和榨汁，果皮可制果脯，如柚皮糖、青红丝等。将柚皮在水中浸煮可提取果胶，而除去苦味的果皮可制作菜肴，如蚝油柚皮、柚皮炖鸭、豉汁柚皮等。

8.2.5 瓜果

1)西瓜

西瓜为葫芦科西瓜属植物的果实,又称灵瓜、青灯瓜、寒瓜、夏瓜、水瓜、马铃瓜等。西瓜果实较大,呈圆形或椭圆形,皮色浓绿、绿白或绿中夹蛇纹,其瓜瓤是由胎座发育而成的,果肉多汁而味甜,呈鲜红、淡红、黄色或白色,有瓜子或无瓜子。

(1)品种

西瓜的品种较多,根据用途可分为果肉用和种子用两种类型。

①京欣西瓜:山东省泗水县特产,有数十年栽培历史。京欣西瓜体圆、肉厚、沙甜、个重。一般重 4 ~ 7.5 kg,瓜皮一般厚 1.5 cm 左右,是制作蜜饯的原料,用它加工而成的西瓜酱清醇甜美。

②金钟冠龙西瓜:果实椭圆形,皮色浅绿,上覆有 16 ~ 18 条绿色条带,肉色鲜红,质脆,不易空心,中心可溶性固形物含量为 12.0% 左右,单果重 7 ~ 8 kg,皮厚约 1.2 cm,耐贮运。

③红小玉西瓜:果实高球形,单果重 2 kg 左右,果形端正。果皮深绿色,有 16 ~ 18 条细虎纹状条带,皮极薄,仅 0.3 cm,果皮硬度强,较耐贮运。果肉浓桃红色,质脆沙,味甜,中心含糖量为 11% 左右,口感风味佳。

(2)烹饪应用

西瓜品质以敲击声音沉闷,皮薄瓤多,汁多味甜,呈浓红、淡红、黄色者为佳。西瓜可加工成西瓜汁、糖水西瓜、西瓜酱、西瓜酒等;瓜皮可直接炒食或腌渍食用,如瓜皮丝拌木耳;瓜肉可制西瓜冻及羹汤,如鲜藕西瓜汤;整瓜可制作西瓜鸡等高档菜式。此外,西瓜还是食品雕刻的重要原料,如各种西瓜盅、西瓜灯,用以点缀宴席。

2)香瓜

香瓜是葫芦科甜瓜属植物的果实,因味甜、清香袭人而得名。果实呈球形,乳白色、淡绿色或金黄色,表面光滑或有沟棱,有些品种具有少量裂纹,果肉有白、橘红、绿黄等色,具有香气。

(1)品种

①江西梨瓜:我国甜瓜中的珍品。瓜色洁白,外形像梨,入口脆、甜、香,瓜重 500 ~ 1 000 g。江西梨瓜属于薄皮瓜,肉质细嫩多汁,而且皮极薄,带皮吃依然香甜宜人,无余渣。

②银瓜:以山东省青州市所产较为著名。圆桶形,长 12 ~ 25 cm,粗 8 ~ 12 cm,重 400 ~ 1 500 g,果皮未成熟时淡绿色,成熟后白色或黄白色。银瓜表皮洁白个大,肉脆,味甜,香气浓郁。

(2)烹饪应用

香瓜的品质以外表光滑,无外伤,色泽自然,果肉香甜,有香气者为佳。香瓜主要供鲜食,烹饪中可用于制作甜菜,如香瓜拌梨丝、蜜渍香瓜等。

3)哈密瓜

哈密瓜又称厚皮甜瓜,为葫芦科植物甜瓜的变种。哈密瓜卵圆形,一般瓜重 1.5 ~ 3 kg,瓜肉厚,橘红色或白色,质脆,味甜香浓,风味独特。

(1)品种

哈密瓜的栽培几乎遍及全新疆,为新疆特产。主要分为蜜极甘(维吾尔语"花裙")和可口奈(维吾尔语"绿而脆嫩")两大品系。

①黄金龙哈密瓜:果实长卵圆形,成熟后果皮金黄色,中粗网纹布满全瓜,果肉橘红色,肉质松脆甜蜜,品质佳,风味上等,单瓜重 4 ~ 5 kg。

②红心脆哈密瓜:果形椭圆,果皮底色杏黄,复有绿色条斑,网纹细密。中心糖 12 ~ 14 度,果实橘红色,脆甜爽口,单瓜重 2.5 ~ 3 kg,品质好,口感佳,耐贮运。

(2)烹饪应用

哈密瓜的质量以果实新鲜,成熟度八成以上,瓜肉肥厚多汁,香气浓,含糖量高,无裂纹,无碰伤者为佳。哈密瓜可供鲜食,或作餐后果品,或制作果盘、瓜盅,也是维吾尔族人制作抓饭的必备配料,还可晒制瓜干、制作蜜饯等。

8.2.6　复果

1)草莓

草莓又称凤梨草莓,为蔷薇科多年草本植物草莓的果实。草莓果实为聚合果,鲜美红嫩,花托增大肉质化,柔软多汁,含有特殊的浓郁水果芳香,其上着生多枚种子状瘦果,聚合成红色浆果状体,形状有圆锥形、圆形、心脏形。

(1)品种

①五月香草莓:大果型优良品种,果色明亮鲜红,不易变色,有光泽,中早熟,平均单果重 26 g,最大果重约 50 g。该种特点为果形外观美丽,特别整齐一致,果实大小适中,果味极为甜美,香味好,含酸量低。

②美香莎:美香莎草莓是欧、美、日市场公认的鲜食草莓品种。一级序果平均单果重 48.4 g,最大果重 102 g。果实为长圆锥形,果面深红色,有光泽。种子红色或橙黄色,凹入果面。果肉红色,微酸,香甜,香味浓,品质上乘。可溶性固形物平均为 10.9%,最高达 14%。果肉硬度大,保质期长,极耐贮运。

(2)烹饪应用

草莓的质量以果形整齐粒大,色泽新鲜,汁液多,香气浓,甜酸适口,无污染物者为好。草莓以生食为主,也可拌以奶油或甜奶,制成"奶油草莓"食用,风味别致,也可加糖制成果酱、果汁、果酒和罐头。

2)菠萝

菠萝又称凤梨、黄梨、草菠萝等,为凤梨科凤梨属,多年生常绿草本植物菠萝的果实。原产于巴西,是著名热带水果之一。菠萝果实为球形果状,由肉质增厚的中轴、肉质的苞片和螺旋排列不发育的子房合成一个多汁的聚花果,顶端冠有退化、旋叠状的叶丛。果实汁液丰富,香味浓烈,一般果重 1 ~ 5 kg。

（1）品种

通常菠萝的栽培品种分 4 类,即卡因类、皇后类、西班牙类和杂交种类。

①无刺卡因:又称美国种、南梨(广东潮汕)、千里花(海南、广东湛江)等,属卡因类。果重 1.5～2.5 kg,最大果重达 6.5 kg,长筒形;果大而扁平,呈 4～6 角形,果丁浅;果肉淡黄或淡黄白,汁多。由于果大、丁浅,最适制高档全圆片糖水罐头。

②巴厘:巴厘菠萝,主产于广西、广东、海南等地。果重 0.85～1.5 kg,短圆形或近圆锥形,果丁较深;果肉黄或深黄,肉质较致密,稍脆;香味浓郁,品质上乘,以鲜食为主,也可制罐、榨汁。

③土种:土种菠萝引入我国最早,又称北梨。果重 0.8～1 kg,果实上大下小,基部多果瘤。果丁深,果肉黄,纤维多,汁少,香味浓,含糖低,含酸高,风味差。其叶纤维多而韧,是良好的纺织原料。因品质差、迟熟、低产,已逐渐被其他良种代替。

（2）烹饪应用

菠萝的质量以个大,果形饱满,果身硬挺,肉厚质细,色泽鲜艳,汁多,味清香者为佳。烹饪中可用于各种香甜、咸香菜式的制作,如酿菠萝、菠萝鸡片、鲜虾烩菠萝、菠萝牛肉汤等。此外,由于菠萝中含有较多的蛋白酶,烹饪中可用菠萝汁进行肉类的嫩化处理。

3）木菠萝

木菠萝又称波罗蜜、树菠萝,原产于印度和马来西亚。其果实生长在树干上,非常高产,单果质量可达 80 kg,其香气浓烈。果实大若冬瓜,长椭圆形,棕绿色,成熟时,果皮为黄绿色,采收之后会转变为黄褐色,皮像锯齿,有六角形瘤,突起,坚硬有软刺。果肉被乳白色的软皮包裹着,质地为肉质,金黄色,鲜果肉香甜爽滑,有特殊的蜜香味。

（1）品种

木菠萝通常可分为干浆果(干苞)和多浆果(湿苞)两种。前者果肉厚,果汁少,香甜爽脆;后者果肉湿软,果汁多,味道特别蜜甜。

①马来西亚 1 号:波罗蜜果实大,长筒形,皮中等厚,平均单果质量为 10～15 kg。属干苞波罗蜜,果实成熟时胶汁极少。包大肉厚,果肉金黄色。香气浓郁,宜鲜食,更适宜加工。

②马来西亚 6 号:果实大,平均单果质量为 12～16 kg,果实椭圆形,果实上、下部颜色有差异,下部浅黄色,上部呈灰绿色。属于苞波罗蜜,成熟时胶汁少,果肉颜色有变异,有棕红色,也有的出现黄色。包大肉厚、腱少,肉脆,爽口,适合鲜食。

（2）烹饪应用

除食用果肉外,圆形果仁也可煮食或炒食。波罗蜜主要供鲜食,蘸盐水食用风味更佳,也可制作蜜饯。果核经煮、炒等烹制后,口感糯沙,可与肉、鸡、鸭等同炖,口味甚佳。

任务 3　干果

干果在植物学上是指果实成熟后,果皮呈干燥状态的果实。商品学上也称果仁,是各种可食干果种子的总称。干果有些可直接食用,但常进行熟制,如炒、焙等,熟制后香气浓郁,口感酥脆,各具独特的风味。

8.3.1 裸子植物的种仁

1)松子

松子为松科植物各种松树种子的种仁的统称,又称松实、松仁、松子仁、海松子、新罗松子、松元等。松子形状为倒三角锥形或不规则卵形,外包木质硬壳,壳内为乳白色果仁,果仁外包一层薄膜,具松脂香,风味独特。

(1)品种

我国松子主产区在东北、西南、西北地区,以东北所产质量最好。松子按产地和颗粒大小分为东北大只、西南中只、西北小只3种。东北大只仁肉肥满,颗粒粗大,品质最好;西南中只颗粒中等,仁肉肥满,瘪粒较多;西北小只壳厚肉少,粒小。

①东北松子:也称东北红松子,主要产于黑龙江和吉林。红松子为松科植物红松的种子,又称海松子。卵长圆形,长9~14 cm,径6~8 cm。籽仁饱满,颜色白洁,味道清香可口。

②西北松子:主产于陕西、山西、甘肃,颗粒最小,仁肉少,含油量40%,壳厚。

(2)烹饪应用

松子品质以粒大完整,均匀干燥,壳色明亮,籽仁玉白,无哈味,不出油者为佳品。松子除常制作炒货外,烹饪应用也十分广泛,可制作多种甜、咸菜肴,如松仁鱼米、松子酥鸭、网油松子鲤鱼等。此外,还可作为糕点馅料,如松仁黑麻月饼等。

2)白果

白果为银杏科落叶乔木银杏的种子,又称平仲果、银杏等,是我国特产干果之一。白果外观为白色核果状,表面光滑,呈橄榄形或侧卵形,外种皮肉质,中种皮骨质,内种皮膜质,内有白色种仁,口感软糯,有清香味,略有苦味。

(1)品种

我国白果主产于江苏、浙江、安徽一带,尤以江苏泰兴所产最为著名。白果按栽培品种分为梅核果、佛手果、马铃果3类。

①大佛指:主产于江苏泰兴、邳州和浙江长兴等县。味甜,核大,洁白,出核率高,核重3.0~3.5 g。

②圆底佛手:主产于浙江诸暨等地。核重2.8 g,种仁香味浓,最为稀贵,常作果店陈列品。

③家佛手:近年选出的新品种。广西灵川、兴安县及江苏泰兴、邳县均有栽培。晚熟,核大,色白,商品价值高。

(2)烹饪应用

白果品质以个大均匀,种仁饱满,壳色白黄,无僵仁、瘪仁者为佳。白果不可生食,因种仁中含有氰苷类毒素,绿色胚芽中含量较多,烹饪前应去除。白果既适用于炒、熘、煎、炸,又能用于蒸、煮、煨、炖、焖、烧、烤、烩等烹饪方法,可制成多种甜、咸菜式或作药膳用料、糕点配料,如蜜汁白果、白果鸡丁、白果炖鸡等。

8.3.2　被子植物的种仁

1）核桃

核桃又称胡桃、羌桃，是胡桃科胡桃属植物核桃的果实，与腰果、榛子、扁桃并称为世界著名的"四大干果"。核桃果实有椭圆形或球形，果壳坚硬，有浅色皱褶，呈黄褐色，核仁质脆，凹凸不平，整体似球形，由两瓣种仁组成，种皮棕褐色不易脱落，种仁含油质，味微甜。

（1）品种

我国核桃的产地主要在西北部，以河北、山东、河南、陕西等地种植较多，每年的9—10月成熟上市。核桃一般分为绵桃和铁桃两种。

①新疆阿克苏核桃：新疆阿克苏的薄皮核桃品质最佳，其皮薄如纸，一捏即破，俗称"一把酥"。外形美观，壳色黄白，果仁橙黄饱满，味醇香甘甜，营养价值极高，属老幼皆宜的滋养佳品，主要分布在温宿县、阿克苏市、拜城县、乌什县、沙雅县、库车县、阿瓦提县、新和县等地。

②石门核桃：具有个大、仁丰、皮薄、易取仁，脂肪和蛋白质含量高，风味香甜等特点。坚果圆形，单果重13～15 g，壳皮厚1.2 mm，可取整仁，味浓香，品质优。

③鸡爪绵核桃：品种坚果近圆形，基部稍大，尖小，黄褐色，中型果，纵径4～5 cm，横径4～5 cm，一般单果重12～16 g。表面较光滑，具浅色裂状网纹，缝合线窄而中凸，壳薄而脆，种仁充实饱满，皮薄，淡黄色，洁净，生食无涩味，质地脆香，适宜多种食品加工。

（2）烹饪应用

核桃品质以果仁大而身干，肉质肥厚，色泽黄白，光泽清新，含油量高，无霉变虫蛀者为佳。在烹饪制作中，鲜桃仁可烹制各种时菜，如桃仁炒鸡丁、鸡粥桃仁等，以突出其清香；干桃仁适宜于冷菜的制作或作为馅心甜菜的配料，如琥珀桃仁、怪味桃仁等，以突出其干香爽口的口感。

2）板栗

板栗又称栗、毛栗子，原产我国，为山毛榉科植物板栗的坚果。板栗果呈半圆形或半球形，壳坚硬，棕红色，生板栗肉脆，熟板栗肉软糯。

（1）品种

板栗可分为北方栗和南方栗。

①北方栗：特指北京以东燕山山脉一带出产的板栗，在国际市场上又称天津甘栗、北京板栗等。它主产区在河北省兴隆、遵化、迁西一带，以色泽鲜艳、含糖量高、甘甜芳香和营养丰富闻名，在国内外市场久负盛名。北方栗个大皮薄，色泽鲜艳，外观整洁，果肉细腻有糯性，风味芳醇独特。

②南方栗：果形小，果皮棕红色，有光泽，果坚部瘦削，基部略宽，底部较大，顶部尖细。果肉淡黄色，脆嫩香甜，单果均重9.25 g，属中迟品种。9月下旬至10月上旬成熟。

（2）烹饪应用

板栗以果实饱满，颗粒均匀，壳色鲜明有光泽，肉质细，甜味突出，带有糯性者为佳。在烹饪中,板栗适于烧、煨、炒、炖、扒、焖、煮等多种烹饪方法,咸甜均可。可用于制作冷盘,或作为菜肴的配料。代表菜式如菊花板栗、菊花鲜栗羹、西米栗子、板栗烧鸡、栗子红焖羊肉、栗子炒冬菇等。板栗粉还可制作各种糕点,而糖炒板栗则是人们普遍喜爱的大众炒货。

3)榛子

榛子是桦木科落叶灌木或小乔木榛树的种子。榛子坚果近球形或卵形,托于钟状总苞中,总苞较坚果长,具有6~9个三角形裂片。坚果外有木质果皮,果仁肥白,圆形。榛子大致分为两大类,小榛子(包括毛榛子和平榛子)和进口大榛子。小榛子的口感较好,香味纯正;毛榛子的根部略向外鼓出,呈圆弧形,果仁甘醇芳香;平榛子的根部则较为平滑,果仁香甜;大榛子多是从土耳其或美国进口的,色泽好,个头大,但味道较淡。

(1)品种

①毛榛子:因营养丰富被称为"坚果之王"。毛榛子属于野生灌木榛树的果实,锥圆形,皮薄有细微茸毛,果仁甘醇而香。

②美国大榛子:果实个头大,单果重2~4 g,果实壳薄,榛瓤饱满,出仁率达40%~50%,果仁甘香可口。

(2)烹饪应用

榛子的品质以果实饱满,壳薄无木质毛绒,果仁白净,口感细腻者为佳。榛子主要以炒货供食,一般先用盐水浸泡后,沥干炒熟即可。此外,也可作为糕点、糖果的配料。

4)杏仁

杏仁为蔷薇科植物杏的种子,又称杏扁,一般取之于仁用杏。杏仁扁圆或滚圆形,皮色浅黄或深黄略带红色,味甜或微苦,口感脆香。

(1)品种

仁用杏主要产于北京市郊、河北、新疆、陕西、辽宁等地。按味感的不同,可将仁用杏分为甜杏仁、苦杏仁两类。甜杏仁可供食用,或作为食品工业的优良原料;苦杏仁因含有毒的苦杏仁甙,只有焙炒脱毒后方可入药使用。

①苦杏仁:我国北方产的杏仁属于苦杏仁(又称北杏仁),带苦味,多作药用,具有润肺、平喘等功效,对于因伤风感冒引起的多痰、咳嗽、气喘等症状疗效显著。

②甜杏仁:我国南方产的杏仁属于甜杏仁(又称南杏仁),味道微甜、细腻,多用于食用,还可作为原料加入蛋糕、曲奇和菜肴中。

(2)烹饪应用

杏仁的品质以个大、皮色浅黄,纹路清晰,味甜脆香,无霉变者为佳。杏仁可作炒货,也可用于制作糕点馅料,腌制酱菜,或入馔制作多种杏仁味的甜、咸菜式,如杏仁奶露、杏仁豆腐、杏仁酪、杏仁鸡卷等。

5)花生

花生为豆科落花生属植物落花生的种仁,又称落花生、长生果、落地松等。花生荚果呈长椭圆形,长1~4 cm,内含果实1~4粒。果皮厚,革质,具有凸起网脉,色泽近黄色,硬而脆。花生仁呈长圆形、长卵形或短圆形,种皮红色或粉红色,种仁白色,脆而微甜。花生的主要品种有普通型、多粒型、珍珠型和蜂腰型 4 类。

（1）品种

①鲁花花生：果柄短，不易落果，荚果普通型，百果重 216.8 g，百仁重 86.0 g，种皮粉红色，出米率 81.4%，籽仁含油量 52.12%，含蛋白质 26.24%。

②小白沙花生：仁呈长圆、长卵、短圆等形，淡红色，以花生仁饱满、果皮洁白、皮薄、果仁细腻、香脆可口、出油率高、营养丰富、易于贮存、品质优良等特点而著称于世。

（2）烹饪应用

花生品质以形态饱满，大小均匀，体干燥，无空壳、瘪粒、虫蛀、霉变者为佳。花生的应用极为广泛，可制成多种炒货，如花生糖、花生酥等，也可加工成花生蛋白乳、花生蛋白粉等营养食品，还可用于腌制，制作酱菜。烹饪入馔，制作佐餐小菜、面点馅心或甜咸菜肴，如扁豆花生羹、盐水花生、花生米虾饼、糖粘花仁、宫保鸡丁等。

任务 4　果品制品

8.4.1　果脯

果脯是指将鲜果直接用糖液浸煮后，晒干或烘干的干性制品，具有果身干爽、保持原色、质地透明等特点。果脯营养丰富，含大量的葡萄糖、果糖，极易被人体吸收利用。另外，还有果酸、矿物质、多种维生素、氨基酸及膳食纤维等对人体健康有益的物质。

1）品种

果脯按其加工方法的不同，可分为北方果脯和糖衣果脯两大类。

北方果脯是将鲜果经糖液浸煮后干燥制成。表面较干燥，一般呈半透明，不黏手，基本保持鲜果原来的色泽，如北京、河北产的苹果脯、杏脯、桃脯、梨脯、青梅脯、金丝蜜枣等。

糖衣果脯是将鲜果用糖液浸煮后冷却而成。表面挂有细小的砂糖结晶，质地清脆，如浙江、江苏、福建、广东、四川等地生产的橘饼、糖冬瓜、糖藕片、糖姜片、青红丝等。

（1）苹果脯

苹果脯色泽鲜亮，块形端正，果香浓郁，绵甜爽口，集色、香、味于一身，是人们喜爱的食用佳品。苹果脯是原料经糖渍后，再经干燥而成，成品表面不黏不燥，有透明感，无糖霜析出。

（2）杏脯

杏脯是将杏去核、糖渍、晒干后而成的。杏脯可分为黄杏脯和青杏脯两种，尤以黄杏脯味道最佳，色泽金黄，肉质柔软，酸甜适口。杏脯色泽美观，酸甜可口，色、香、味俱全，保持了鲜杏的天然色泽和营养成分，并具有生津止渴，去冷热毒之功效。

（3）金丝蜜枣

金丝蜜枣又称京式蜜枣、北式蜜枣，是我国三大蜜枣之一（另两种是徽式和桂式蜜枣），呈琥珀色，透明或半透明，素有"金丝琥珀"之称，驰名中外。其色泽鲜艳，花纹细腻，纹路清晰，枣体饱满、肉质透明，柔韧不黏，外形端正，是一种富有营养的甜味食品。

2）烹饪应用

果脯常作为糖果零食，入馔则多作为甜点、甜菜中的配料，既可食用，又具有增色点缀的作用，如江苏的蜜枣扒山药，蜜枣甜糯色红，山药细腻绵软，是良好的甜味佳品。八宝饭中放入苹果脯和杏脯、蜜枣，也有增色增味的效果。果脯切碎与其他果料糅合，还可作为许多甜菜、甜点的馅心。

8.4.2 蜜饯

蜜饯是指用鲜果或干果坯作原料，经糖液浸煮后，加工而成的半干性制品。蜜饯成品略有透明感，表面干燥，有（或无）白色糖霜，具有果形丰润、甜香俱浓、风味多样等特点。

1）品种

蜜饯按其制法可分为糖衣蜜饯、带汁蜜饯和甘草蜜饯3类。

（1）冬瓜蜜饯

冬瓜蜜饯是云南玉溪的著名小吃之一，具有清凉甜脆、透明无渣等特点。其分为红蜜饯（红蜜饯用红糖加工）和白蜜饯两种，两种蜜饯均呈透明状，且色泽鲜艳，呈琥珀色，红润透明，肉质脆嫩，味道芳香，清凉适口，有养肝润肺、化痰解暑的功能，被誉为"琥珀蜜饯"。

（2）金橘

金橘采摘后经过洗涤、切果、脱子、脱酸、去苦味、腌糖、加蜜、拌糖而制成，是一种具滋养强壮功效的蜜饯零食。金橘在传统订婚习俗中，还是行聘礼品中的"四色糖"之一。金橘饼色泽明纯，性味甘凉，含有丰富的维生素C、糖类化合物、有机酸、金钱贰及矿物质等营养成分，能生津开胃、通气化痰、止咳散寒。用少许金橘饼和葱泡水，可治感冒，用少许金橘煮粥能解暑止渴，还可作为各种糕点的原料。

2）烹饪应用

蜜饯是传统的果品制品，一般直接作休闲或开胃食品利用。除直接食用外，烹饪中多用于甜菜和甜点的混合用料或糖馅心，在其中起着调味、增色和增果香的作用。蜜饯可作八宝饭、西瓜果盅等的用料，有时也作菜点的点缀和装饰用料。

8.4.3 果干

果干是以鲜果为原料经脱水干制而成的制品。果干含水量低，表皮干燥，有细纹皱纹并泛光泽，肉质紧实细腻，营养丰富，风味独特，口感柔韧，甜味绵长。

1）品种

果干根据脱水方法的不同，可分为晾干制品、晒干制品和烘烤制品3类。

（1）红枣

红枣原产我国，主产于河北、山东、河南、山西和陕西五省。经营中常分为大枣、小枣两类。大枣的果粒较大，皮厚，核大，肉松，口味甜；小枣果粒小，果肉紧密，皮薄色红，核小，甜味足，味鲜糯。枣为我国民间滋补品之一，营养丰富。

干枣可直接供食。制成枣泥可用作各种糕点、面饼的馅心或配制果酱，如枣泥月饼、枣泥油糕。可作为饭粥、糕饼以及粽子、八宝饭等的配料，还可制作各种甜、咸菜式，如枣泥桂鱼、红枣煨蹄、枣泥夹沙肉、软炸枣卷等。

（2）葡萄干

葡萄干是葡萄的干制品，一般是以皮薄、果肉丰满、含糖量高的葡萄为原料经阴干或烘干制成。

葡萄干可分为绿葡萄干和紫葡萄干两类。绿葡萄干主产于新疆，粒大无核，皮薄晶莹，肉质细腻，味甜鲜纯，为葡萄干中的上品；紫葡萄干主产于山西，色泽紫红，半透明，肉质稍硬，有核的略带酸涩，无核的味甜。葡萄干除直接食用外，常作为糕点的馅料、甜菜的原料或八宝饭的配料。

（3）桂圆干和桂圆肉

桂圆干是龙眼的干制品。桂圆肉又称元肉，为龙眼去壳、核后干制而成。桂圆干和桂圆肉的食用价值和药用价值都很高，为著名的滋补佳品，具有补气血、益心脾、安神等功效。烹饪中可供制作多种甜、咸菜式，也可做各式糕点的馅心，如桂圆莲子汤、桂圆红枣汤、桂圆童子鸡、桂圆炖肉等。

2）烹饪应用

果干除可直接食用外，还常用作面食的馅心、酒会的果盘或制成营养粥品供食用。

8.4.4　水果罐头

水果罐头以用料不同而命名不同。原料取材最为常见的有黄桃、苹果、荔枝、草莓、山楂等。水果罐头颜色以水果本色为主，可加工成块状、瓣状或整粒使用，口味以酸甜为主。

1）品种

（1）糖水橘子

糖水橘子是指以新鲜或冷藏的橘子为原料，经加工成全去或半去囊衣碎屑存在，甜酸适口，无异味。糖水橘子除了可直接食用外，还可加工成甜品类小吃。

（2）黄桃罐头

黄桃罐头以新鲜的黄桃为原料，经过切块、挖核、去皮、漂洗、预煮、修煮、装罐、排气、封罐、杀菌、冷却而成。

黄桃罐头的质量以果块大小均匀，色泽一致，糖水透明，有少量果肉碎屑，具有黄桃的风味，无异味者为佳。除直接食用外，可将黄桃罐头做成甜味菜肴和甜品。

（3）草莓罐头

草莓罐头以新鲜草莓为原料，经除果柄、萼片，清洗、烫漂、装罐、排气、密封、杀菌、冷却等工艺加工而成。

草莓罐头的质量以粒形大小均匀,色泽一致,糖水透明,有少量果肉碎屑,具有草莓的风味,无异味者为佳。除直接食用外,可将草莓罐头做成甜品,蛋糕装饰等。

2)烹饪应用

水果罐头可直接食用,可加工成不同水果风味的甜品,也可用来点缀和装饰蛋糕、点心等。

8.4.5　果酱

果酱是将优质的鲜果破碎或榨汁后,与糖一起熬煮而制得的呈浓稠酱膏状的制品。有的含块状果肉,有的不含,呈均匀酱状。用一种果品制得的称为"单一果酱",如苹果酱、杏酱、草莓酱、梨酱和山楂酱等,有不同鲜果的独特风味和特有色泽,也有用多种鲜果制成的,称为"什锦果酱"。

1)品种

(1)苹果酱

苹果酱选用无病虫、无机械伤、无腐烂、新鲜、成熟适度、风味正常的新鲜苹果为原料,清洗去皮去果核后,经绞碎、稀释而成。

(2)杏酱

杏酱宜选择成熟适度、风味正常、果肉纤维少的新鲜杏为原料,经洗涤去核、稀释、煮沸、打浆、筛滤,加入浓度为85%的糖液,加热熬煮,浓缩至可溶性固形物含量达66%～68%(折光计)或浓缩温度达103～105 ℃,立即出锅装罐即成。

杏酱成品色呈黄色、金黄色或浅棕色,有光泽,均匀一致,味酸甜,无焦煳味及其他异味,酱体呈胶黏状,细腻,无糖的结晶。杏酱可直接涂抹于面包上食用,也可作为面包馅心来应用。

2)烹饪应用

果酱的制作源于欧美,是一种传统的食品,常用于佐食面包、馒头等面食品;也常做糕点的点缀、配色和提味之用,如镶嵌于卷筒蛋糕、花卷中,用于标花蛋糕的表面装饰造型等;也充当淋汁,用于菜肴中,起增色和增味的作用,丰富了菜品的种类,如茄汁桃仁、茄汁鱼花等。

8.4.6　果汁

果汁是用新鲜水果为原料,经挑选、洗净、榨汁或浸提等方法制得的汁液。果汁依其状态一般可分为原果汁、浓缩果汁、加糖果汁、带肉果汁4类。

1)品种

(1)荔枝汁

荔枝汁宜选用新鲜良好、成熟适度、风味浓郁的荔枝为原料,剔除病虫害、腐烂及未成熟果,去核、剥壳、取果肉、打浆取汁,将果汁糖度调至12%～15%,酸度(以柠檬酸计)0.2%,调配后的果汁加热至 80 ~ 85 ℃经粗滤后,迅速装罐、密封。

荔枝汁能生津止渴、补脾益血,对胃阴不足、口渴咽干、脾虚少食、血虚心悸患者有益,但阴虚火旺或痰湿阻滞的病人不宜饮用。

（2）杨梅汁

杨梅汁宜选用新鲜成熟、风味良好的杨梅为原料,剔除未成熟的青果,经浸泡、清洗、糖浸、加热、出锅、浸渍、过滤,将果汁糖度调整至 14% ~ 16%,酸度 0.8%,然后倒入夹层锅中,加热至 85 ℃后出锅,趁热装罐,密封。

杨梅汁酸甜爽口、风味鲜美,富含人体必需的多种氨基酸、碳水化合物、维生素及铁、磷、钙等多种微量元素,营养丰富。杨梅汁有生津、止渴、祛暑作用,长期饮用鲜杨梅汁饮料还能美容养颜、瘦身减肥。

2）烹饪应用

果汁主要作饮料饮用,具有营养价值高的特点。有些果汁也可用于菜点的制作,主要作调味料,可调制酸甜味等,还可增加菜点的果香味,如柠檬汁就是重要的酸味调味料。

任务 5　果品类原料的品质鉴别与保藏

8.5.1　果品类原料的品质鉴别

在餐饮行业,以果品作为烹饪原料,主要是制作甜菜、甜羹、馅心或直接上桌,因此,对果品类原料的品质鉴别必须加以重视。由于果品类原料种类较多,所以没有统一的品质鉴别标准,主要用感官从果形、色泽与花纹、成熟度、机械损伤和病虫害等几个方面来鉴别。

1）果形

果形是鉴别果品类原料品质的一个重要特征,每种果品都有其特定形状,凡是具备这种果实形状的,说明生长正常,质量较好;发育畸形的,质量较差,可能是由于缺乏某种肥料或受到病虫害而引起的,不能用作果品类原料。

同类同种的鲜果,个体生长发育得也不一样,有的个体较大,发育良好,营养成分含量较高,可食部分也较多,质量比较优良,可以用作果品类原料。

2）色泽与花纹

果品类原料的色泽是由不同的色素形成的,是反映果实的成熟度和新鲜度的具体标准。每种鲜果应具有它特定的鲜艳色泽,随着色泽的变化,它的新鲜度开始降低,品质也随之下降。

花纹主要表现在新鲜果品的表皮上,凡是有花纹的果品,其花纹清晰,说明此果品类原料质量较好;相反,花纹比较模糊不清,说明果品类原料质量较差。

3）成熟度

成熟度是衡量果品类原料的重要品质标准。未成熟的果品,各种营养素不完全,口味发涩,质量较差;不宜做果品类原料;成熟度好的果品,营养价值较高,风味较好,且耐贮藏,可以做果品类原料。成熟过度的果品,肉质松散,容易破裂,不宜贮藏,也不宜用作果品类原料。

4)机械损伤

果品在采收、运输、销售过程中,都会受到不同程度的损伤,这种损伤不仅影响果品外形的完整性,而且还会引起微生物的感染,加速果品腐败的速度,降低果品的质量。因此受过损伤的果品,如已出现质量问题,不可作为果品类原料。

5)病虫害

果品在生长、储存过程中,也容易受到病虫害的侵染,如苹果和梨受食心虫的侵害,柑橘受介壳虫的侵害,这种侵害不仅影响果品外观,降低质量,甚至使果品丧失食用价值,不能用作果品类原料。

总之,我们在选择果品类原料时,一定要注意选择那些具有典型果形、色泽好、个大、无损伤、无疤痕、无虫害的果品,以确保烹饪原料的质量。

8.5.2　果品类原料的保管

储存果品类原料特别是鲜果的总原则是创造一个适宜的外界环境条件,既要维持其正常的生理活动,又要尽量抑制其呼吸程度,以达到保存质量,减少损耗,延长储存时间的目的。常见的保管方法有:

1)低温保藏法

低温保藏法是保藏水果的主要方法,低温可以减弱水果的呼吸作用,降低水分的蒸发,延缓其成熟过程,维持果品的最低生理活动,抑制微生物的生长繁殖,因此,在保藏水果时,如苹果、梨、桃、李等水果,应贮藏在0 ℃左右的环境中为宜。因为环境温度低于适宜温度,就会使水果受到冻伤,所以说保持适宜的温度是保藏水果至关重要的条件。

2)窖藏法

窖藏法是既能利用稳定的土温,又可适当换入外界冷空气降温,灵活性较大,地窖里的温度,冬季一般能维持在0 ℃左右,春、秋季节也能保持较低的温度。

3)库储藏法

库储藏法是最理想保藏水果的方法。它可根据水果的种类,对温度、湿度的不同要求进行人工控制、调节,从而达到保藏水果的目的。此外,还可采用埋藏法、通风法等。

另外,在保藏果品类原料时还要根据不同果品类原料的特点进行分别处理。如干果本身比较干燥,在贮存保管时应注意防潮、防虫蛀、防出油即可;果干类的脱水比较充分,采用不同的干燥方法(有日晒、熏或烘烤等方法)容易保存,在贮存保管时,应注意防尘、防潮、防虫蛀、防鼠咬等;果脯、蜜饯由于经过用糖熬煮过,一般不会变质,但时间也不宜过长,否则会出现干缩、返潮、有霉陈味等现象。

在保藏果品时,切忌库内存放碱、油、酒以及化学原料物质,以免刺激水果变色变味。不论采用哪种贮藏方法保管果品,都应按类存放,严格挑选,合理摆放,并应定期检查,发现问题,及时处理,以确保果品类原料安全贮存。

任务评价

学生本人	量化标准(20分)	自评得分
成果	学习目标达成,侧重于"应知""应会" 优秀:16~20分;良好:12~15分	
学生个人	量化标准(30分)	互评得分
成果	协助组长开展活动,合作完成任务,代表小组汇报	
学习小组	量化标准(50分)	师评得分
成果	完成任务的质量,成果展示的内容与表达 优秀:40~50分;良好:30~39分	
总分		

练习实践

1.果品类原料如何分类?请举例说明。

2.仁果类的常用种类有哪些?其烹饪应用特点是什么?

3.进行当地果品种类的市场调查,并写出调查报告。

4.针对某一种鲜果,从品种特点、品质鉴别、烹饪应用、代表菜式(主配料、调味料、制作工艺流程、操作步骤、成菜特点)等方面写一篇小论文。

单元 9

干货制品类原料

【知识目标】
- 了解干货的分类方法及烹饪应用的特点；
- 掌握各类干货典型品种的特性及烹饪应用；
- 掌握干货的感官检验方法。

【能力目标】
- 能识别和合理应用各种干货；
- 能检验常见干货的品质。

远古时期,先民把捕获的食物晾晒或烤干,贮存后食用,此法一直沿用至今。而今天的干货不论在货色还是品种上,都比过去丰富。如今人们常用的干货也有数百种,从高档原料到普通原料,品种繁多。本单元将对主要干货品种的品质特点和烹饪应用等方面进行介绍,以达到使读者能够正确认识和应用原料的目的。

任务1　干货制品类原料概述

9.1.1　干货制品类原料的概念

干货制品类原料是指鲜活的动植物原料、菌藻类原料经过脱水干制而成的,简称干货或干料。干货制品类原料中不少为名贵的山珍海味,是烹饪原料的一大组成部分,一些干货原料由于风味独特、营养成分特殊而成为重要研究对象。

9.1.2　干货制品类原料的原理及目的

新鲜的动植物原料都含有较多的水分,极易使微生物迅速生长繁殖,致使原料腐败变质;原料中的分解酶,在水分比较多的情况下,也会加速食品的自溶腐败,造成了保管和运输的困难。为了延长原料的保存期,有利于市场供应,人们将新鲜的动、植物原料采用晾、晒、烘等脱水方法制成干货制品,以保证原料品质不受影响。通过脱水干制后的原料,不易变质,质量减轻,大大地方便了运输和贮存。对于季节性较强的原料,还可调节市场供应。有的原料经干制后,还能增加特殊风味、扩大菜肴品种。

根据微生物和分解酶的特性,对鲜活原料采取干制脱水的方法,使其原有的新鲜组织变紧,质地变硬,抑制微生物的生长繁殖,降低了分解酶对原料的分解能力,基本保持烹饪原料原有的品质和特点。

9.1.3　干货制品类原料常用的干制方法

1)晒

晒是利用阳光辐射,使原料受热后,水分蒸发,体积缩小的一种自然干制方法,也是一种最简单、最普遍的干制方法。晒适用于各种原料的干制。在脱水干制的同时,还能在阳光中紫外线的作用下杀死细菌,起防腐的作用。

2)晾

晾又称晾干、风干,是将鲜活原料置于阴凉、通风、干燥处,使其慢慢地挥发水分,体积缩小,质地变硬的一种脱水方法。它适合体积较小的新鲜原料,且必须要在干燥的环境下进行,否则极易感染细菌而霉烂变质。

3)烘

烘是人为地利用熏板、烘箱、烘房以及远红外线产生的对流热空气,使鲜活原料内部的水分快速挥发的脱水方法。因其不受时间、气候、季节的限制,故适合各种原料的干制。

9.1.4 干货制品类原料的分类

干货制品类原料的种类繁多,特点各异,分类方法较多。按传统方法分,可分为山珍类、海味类和一般干货制品。按其原料性质分,可分为动物性干货制品和植物性干货制品。本书根据原料生长的环境和性质分,大致可分为三大类:动物性陆生干货制品、动物性水生干货制品和植物性陆生干货制品。

9.1.5 干货制品类原料的特点

1)水分含量少,便于运输、贮存

由于原料的性质不同,干燥的情况也不完全相同。一般来讲,动物性干货制品含水分较少,植物性干货制品含水分较多。不过,无论哪种原料的脱水标准,应该为最小极限。由于干制后的原料不易变质,大大方便了运输和贮藏,沿海地区的海味可销往国内外许多城市,山区的珍品可运往海滨,冬季的干货制品可贮存到夏季,既调节了市场供应,又可促进商品流通。

2)组织紧密,质地较硬,不能直接加热食用

这是干货制品类原料的显著特点。在烹饪之前,有一个重新吸水,恢复原有鲜嫩松软状态的涨发过程,由于原料的品种、来源、干制方法的不同,其涨发方法也不相同,因此干货制品涨发技术是干货制品菜肴烹饪的关键。总之,干货制品类原料都具有干、硬、老、韧等特点,特别是动物性干货制品尤为突出。

9.1.6 干货制品类原料的烹饪应用

干货制品类原料在烹饪中应用广泛,必须经涨发后使用,既可做菜肴的主料,又可做菜肴的辅料,有些干货制品原料更是菜肴制作过程中重要的调味品。部分动物性干货制品类原料在菜肴制作中只作主料,且用量很少,一般不作辅料使用,如燕窝、鱼翅、鲍鱼、海参等。燕窝、鱼翅、鲍鱼、海参在烹饪中作宴席的第一道菜使用时,该宴席分别名为"燕窝席""鱼翅席""鲍鱼席""海参席"。玉兰片等干货制品是重要的辅助原料。海米、虾子在烹饪中起增加鲜味的作用。部分干货制品类原料本身无鲜味,在制作菜肴时要注意赋予鲜味,如燕窝、鱼翅、海参、蹄筋等。

任务 2　植物性干货制品

9.2.1　食用菌

1）香菇

香菇因其干制后有浓郁的特殊香味而得名,又称香蕈。因其不耐高温,子实体常在立冬后至来年清明前产生,故又称冬菇。我国自宋代起已有人工栽培的香菇,主要产于浙江、福建、江西、安徽等省。

（1）品种

香菇按外形和质量可分为花菇、厚菇、薄菇和菇丁 4 种;按生长季节可分为秋菇、冬菇、春菇 3 类。

花菇菌盖有菊花形状的白色微黄裂纹,菌盖完整、圆形,边缘内卷、肥厚。菌柄短,菌褶色白干净,质鲜嫩,香气足,是香菇中质量最好的。

厚菇质量次于花菇,菌盖比花菇大,体形圆整,背部隆起,边缘下卷,菌盖呈紫褐色,菌褶密,色白微黄,香气浓。

薄菇肉质较老,大小不均,边缘不内卷,菌褶粗疏,色较深,品质较差。

菇丁是指菌盖直径小于 2.5 cm 的小冬菇。

（2）品质鉴别

优质香菇肉厚实,面平滑,味香浓,大小均匀,菌褶紧密细白,柄短而粗壮,面带有白霜者为佳。

（3）烹饪应用

香菇是世界著名的四大栽培食用菌（香菇、平菇、蘑菇、草菇）之一,有"蘑菇皇后"的美誉。香菇在烹饪中,刀工成形可为丁、丝、块或整形应用,作主料适合炒、卤、炸、制汤等烹饪方法,可制作卤香菇、炒二冬（冬菇、冬笋）、炸冬菇、奶汤香菇等菜肴,可以和多种原料搭配制作菜肴,如香菇炖鸡、香菇里脊、香菇扒菜心、香菇烧茄子、香菇鱼片等菜肴。由于香菇表面为深褐色,也可利用其色泽搭配其他原料,以增加菜肴的花色。香菇是制作素菜的重要原料,是素菜中的三菇（香菇、蘑菇、草菇）之一,在仿荤类菜肴中应用广泛,可制作多种菜肴,如素脆鳝等。

2）蘑菇

蘑菇又称洋蘑菇、白蘑菇。蘑菇菌盖为扁半球形,较平展,颜色为白色或淡黄色,菌褶幼小时为紫色,后变褐色。菌柄与菌盖同色,为近圆柱形,有菌环。子实体为伞形,菇面平滑,菌盖厚、肉质嫩,边缘内卷并与菌柄上的菌环相连,质地老时分离而露出褐色的菌褶。

（1）品种

蘑菇根据菌盖的颜色可分为白色种、奶油色种、棕色种,其中白色种栽培最广。蘑菇包括四孢蘑菇和双孢蘑菇,现以双孢蘑菇较多,广泛分布于我国上海、浙江、江苏、四川、广东、广西、安徽、湖南等地。由于人工栽培,蘑菇四季均产。

（2）烹饪应用

蘑菇肉质肥厚,脆嫩滑爽,味道鲜美,多为干货制品或加工成罐头,也有鲜品。现较多使用罐头制品,可分为整蘑菇、片蘑菇和碎蘑菇。蘑菇在烹饪中,刀工成形以整形、片状较多,适宜拌、炝、烧、烩等烹饪方法,作主料可制作炝蘑菇、海米烧蘑菇、扒蘑菇等菜肴,是制作素菜的上好原料。

3）木耳

木耳又称黑木耳、黑菜、光木耳、云耳、川耳等。其生于枯木,形似耳朵,色黑。子实体呈半透明的胶质状,朵面乌黑光润,朵背略呈灰白色,朵形大,耳片富有弹性。初生时小杯状,长大后呈片状,边缘有皱褶。我国以西南、中南、东北为主要产区。木耳可人工栽培,目前我国木耳总产量居世界首位。

（1）品种

木耳按季节分,可分为春耳、秋耳、伏耳。春耳个体大而肥厚;秋耳朵小肉厚;伏耳朵大肉薄。按朵形大小、耳瓣厚薄以及质地分,可分为粗木耳和细木耳。粗木耳朵形大,耳瓣厚,体重质粗,品质差;细木耳耳瓣薄,体轻,质地细腻柔脆,品质优良。

（2）品质鉴别

优质木耳朵大适度,耳瓣略展,手捏易碎,朵面乌黑但无光泽,朵背略呈灰白色;水泡后涨发性大,口感纯正无异味,有清香气者为佳。

（3）烹饪应用

木耳常为干货原料,需要经过涨发方可使用。涨发好的木耳,色泽乌黑有光泽,质感脆嫩,味道鲜美。木耳在烹饪中应用广泛,但刀工成形较少,可作主料,适合拌、炝等烹饪方法,可制作拌木耳、炝木耳等菜肴;作辅料使用较多,木耳是炒木樨肉、炒鱼片等菜肴不可缺少的原料。木耳具有天然的黑色,是一些菜肴中黑色装饰点缀的好原料。

4）金针菇

金针菇又称金菇、智力菇、朴菇、冻菌等。菌盖缩小如豆粒,上部黄白色或黄褐色,柄形细长如针,因此得名。菌柄为主要食用部位。金针菇分布于亚洲、欧洲和北美诸国。目前,世界上金针菇占菇类总产量的第三位,日本产量最多,中国次之。我国广泛栽培,主要分布于河北、山西、内蒙古、黑龙江、吉林、江苏、浙江等地。由于人工栽培,金针菇四季均产。

金针菇味道鲜美,氨基酸种类齐全,有利于儿童智力发育,故有"智力菇"之称。金针菇多加工成罐头,在烹饪中刀工成形较少,作主料适宜拌、炝、炒、烩、涮等烹饪方法,可制作拌金针菇、炝金针菇、金针菇炒肉丝等菜肴。

5）猴头菇

猴头菇又称猴头蘑、猴头、猴菇等,是著名的"山八珍"之一,因其形似猴头,故名。子实体呈扁球形,新鲜时呈白色,干燥后呈淡黄色。

猴头菇生于桦树等阔叶树的枯立木或腐木上,有时也生于活树的受伤处,少数见于针叶树的枯木上。我国东北、华北、西南地区都有分布,以黑龙江小兴安岭及河南伏牛山区出产的野生猴头菇为佳。现已有人工栽培,猴头菇每年7—8月为收摘旺季。

(1)品质鉴别

优质猴头菇个头均匀,形状完整,无伤痕残缺,茸毛齐全,色泽金黄,肉厚质嫩,无杂质、虫蛀,干燥者为佳。

(2)烹饪应用

猴头菇是著名的食用菌类,被列为"上八珍""草八珍"。鲜猴头菇可直接进行烹饪加工,干货则须先涨发。在烹饪中,刀工成形多为厚片状,作主料适宜蒸、扒、煨、焖、炖等多种烹饪方法,可制作白扒猴头菇、云片猴头、猴头扒菜心、香卤猴头菌等菜肴。

6)银耳

银耳又称雪耳、白木耳、白耳子,鲜时柔软,半透明;干燥后呈米黄色。银耳主产于我国福建、江西、四川、云南、浙江、江苏等地,以干品应市。著名品种有四川通江银耳和福建漳州雪耳。

(1)品质鉴别

优质干银耳色泽黄白有光泽,朵大体轻疏松,肉质肥厚,气味清香,胶质重,底板小,蒂头无耳脚、无杂质。

(2)烹饪应用

银耳无香无味,但以柔脆嫩美的滋感取胜。用银耳制作的菜肴,以拌、炝、氽、炒法使用较多,但须用上汤烹制,并宜重味。银耳更宜烹制甜味菜肴,蒸、煮、炖、烩皆宜,并且强调食疗宜于蒸,滋养宜于煮,冬补宜于炖的烹制原则。银耳还可与优质大米熬成粥品等。用银耳制作的菜肴有炒芙蓉银耳、鸭蓉银耳、雪耳蟹黄虾仁、雪耳瓤鹅掌、冰糖银耳、百花银耳、银耳粥等。

7)草菇

草菇在我国四川、云南、广西、广东、福建、湖南等地区有分布,夏、秋季露出菌盖顶端时采收。

(1)品质鉴别

优质草菇色泽明亮,味道清香,朵形完整,不散,无霉变,无泥土,无杂质。

(2)烹饪应用

草菇柔脆爽滑,味道鲜美。多以整形使用,加工前去掉菌柄下部的泥根,在菌盖上划一十字形刀口,便于入味。烹饪前须用沸水煮烫,然后用卤、炒、烧、烩、焖、煮等烹饪方法制作菜肴。用草菇制作的菜肴有卤草菇、蚝油草菇、翡翠草菇、鸡油草菇、扒草菇、草菇蚝汁牛柳等。

8)平菇

平菇按子实体的颜色可分为深色、浅色、乳白色和白色四大品种,我国各地均有出产。

(1)品质鉴别

优质平菇菌盖嫩而肥厚,气味纯正清香,形状完整,味道鲜美,无杂质,无杂味,无病虫害。

(2)烹饪应用

平菇菌肉洁白色,鲜美甘甜,有似鲍鱼或牡蛎的风味,口感嫩脆爽滑,经焯后可增加腴润的效果。平菇既可作主料,又可作配料,还可剁碎作馅料。平菇适合拌、炒、烩、烧、酿、卤等烹饪方法,广泛使用在冷盘、热菜和汤羹中。平菇还可制成罐头。用平菇制作的菜肴有素炒平菇、酱炒平菇肉丝、红油平菇鸡片、烩平菇、海米烧平菇、鼎湖上素等。

9)竹荪

竹荪按形状分有长裙竹荪、短裙竹荪、红托竹荪3种,有野生和人工栽培两类。我国竹荪主产于云南、四川、广东、福建、河北、黑龙江、浙江等地。

(1)品质鉴别

优质竹荪干品菌朵完整,色泽浅黄,长短均匀,体壮肉厚,质地细软,气味清香,干燥无虫蛀。

(2)烹饪应用

竹荪干品烹制前须用淡盐水泡发,去除其具有臭味的菌盖和菌托。竹荪口感柔脆,有一种淡淡幽香,可与多种原料用烧、酿、扒、烩、焖、汆等烹饪方法,尤宜做汤。竹荪调味以清淡为主,汤汁切忌浓腻重色,否则会失去其本身风味。用竹荪制作的菜肴有竹荪芙蓉汤、红焖竹荪、竹荪烩鸡片、竹荪汽锅鸡、酿竹荪等。

10)口蘑

口蘑是若干生长在草原上的食用菌的统称,以河北张家口为其集散地,故名口蘑,原为野生,现已有人工栽培,主产于内蒙古和河北西北部,市场上有干货制品和鲜品。除产地外,均以干货制品居多。野生口蘑一般产于秋季。

(1)品种

口蘑的主要品种有口蘑、香杏口蘑、雷蘑等。按当地商品分类有白蘑、青蘑、黑蘑、杂蘑4类。

①白蘑:口蘑中的上品,色白,短粗、干燥硬实、泡出的汤为茶色,有浓郁香味。

②青蘑:肉厚,白色略有浅绿,菌褶深粗,黑褐或黄白色、菌柄长、香味浓、泡出的汤呈深茶色略带红色。

③黑蘑:菌盖中间稍呈凹状,黄色;菌褶、菌柄都呈淡黄色、带有黑色斑点,柄较长,泡出的汤色深,带有黑色,香味淡。

④杂蘑:菌盖边缘呈波状,淡黄色,菌褶橙黄色,菌柄淡黄色,有香味。

(2)烹饪应用

口蘑是优良食用菌之一,其香气浓郁,鲜味醇厚,在烹饪中可切丁、块或整形应用。作主料适合卤、炒、扒、烧、炸、汆汤、蒸等烹饪方法,作辅料应用广泛,主要起提鲜作用。用口蘑制作的菜肴有软炸口蘑、卤口蘑、烧南北、炒南北、奶汤口蘑、烩鸭丁口蘑等。

9.2.2　食用藻

1)紫菜

紫菜是采集鲜品后经加工干制而成,形状因种类而异,有长卵形、披针形、圆形、边缘有齿。紫菜主要分布于辽东半岛、山东半岛、浙江、福建沿海,通常每年12月至翌年5月上市。

（1）品种

紫菜种类较多,我国沿海主要产圆紫菜、坛紫菜、条斑紫菜、甘紫菜等。北方以条斑紫菜为主,南方则以坛紫菜为主。紫菜的干货制品主要有饼菜和散菜两种,福建、浙江生产的紫菜饼多为圆形,江苏生产的紫菜饼多为长方形。

（2）品质鉴别

优质紫菜颜色呈紫黑色或紫红色,表面光滑滋润,有光泽,片薄平整,大小均匀,入口味鲜不咸,有紫菜特有的清香,质嫩体轻,无泥沙杂质、干燥。

（3）烹饪应用

烹饪紫菜最简单的方法就是氽汤,虽是植物,但有海产品特有的鲜香气味,也可采用拌、炝、蒸、煮、烧、炸等烹饪方法。紫菜既可作主料、配料,又可作包卷料、配色料等。紫菜经水烫,拌以调味料,是佐餐的可口小菜;紫菜片、黄丹皮夹以余下蓉,经卷制成云彩形、如意形,蒸后即为云彩紫菜卷、如意紫菜卷;在红烧羊肉将熟时,加一些紫菜,吃起来别有风味。用紫菜制作的菜肴有海米拌紫菜、紫菜蛋卷、紫菜炒鸡蛋、三丝紫菜汤、紫菜氽鱼圆等。

2）发菜

发菜主产于我国西北的青海、宁夏、陕西、甘肃和内蒙古等省区的荒滩上,每年11月至翌年5月为采收季节。发菜除产地有鲜品供应外,多加工成干制品应市。

（1）品质鉴别

优质发菜色泽乌黑,外形整齐,发丝长约10 cm,干净无杂质。

（2）烹饪应用

发菜经温水浸泡膨胀,凉开水冲洗干净后即可供烹饪使用。发菜具有弹性,耐蒸煮,质爽滑,可用拌、炒、烩、蒸等烹饪方法,广泛应用于凉菜、热菜、汤菜及火锅中。因其自身无鲜味,需配以鲜味原料或鲜汤赋味,调味适应面广,可用于制作甜羹。此外,发菜还可用作馅料、臊子。因其又是烹饪原料中少见的黑色,可作花式拼盘或菜肴配色、装饰料。用发菜制作的菜肴有拌发菜、绣球发菜、三丝发菜羹、发菜蚝豉煲猪手、发菜银杏乳鸽皇、发菜素鱼肚、金钱发菜、发菜鱼圆汤、发菜蚝豉汤、发菜莲子羹。

3）海带

海带主产于山东半岛和辽东半岛及浙江、福建沿海,夏季上市,产地多鲜品,商品海带多为干制品。

（1）品质鉴别

优质海带体质厚实,宽长干燥,浓黑色或浓褐色,尖端及边缘无碎裂或黄化现象,无泥沙、杂质。淡干海带较盐干海带质量好,易于保存。优质海带丝色深质净,丝细身干。

（2）烹饪应用

海带切丝后,可加调味料直接拌成冷菜,也可与其他原料用卤、炒、烩、炖、煮等方法烹制成菜,炸法可制海带松;焖煮可制成酥海带;剁碎可作馅料包饺子、包子等。用海带制作的菜肴有凉拌芝麻海带、糖渍海带、酥海带、蒸海带卷、海带烧肉、蚝豉海带汤、海带冬瓜汤等。

任务3 动物性干货制品

9.3.1 水生干货制品

1）鱼皮

鱼皮是用大中型鲨鱼、鳐鱼等软骨鱼类背部的厚皮加工成的制品,大都为干制品。我国沿海各地区均加工生产鱼皮,福建、浙江、山东为主要产区。

（1）品种

鱼皮分海鱼皮和淡水鱼皮。主要品种有犁头鳐皮、虎鲨皮、公鱼皮、老鲨皮、青鲨皮和真鲨皮等。犁头鳐皮黄褐色,皮厚坚硬,质量最佳;虎鲨皮用豹纹鲨和狭文虎鲨的皮加工制成,皮厚坚硬,黄褐色;老鲨皮较厚,有尖刺,灰黑色;青鲨皮为灰色或灰白色。

（2）品质鉴别

优质鱼皮皮面大、无破孔、皮厚实、腐肉少、无虫蛀、鱼皮透明,颜色鲜艳,色泽白净,不带咸味,有光泽。

（3）烹饪应用

鱼皮涨发后,最宜采用烧、烩、扒、焖等方法烹制成菜,也可煮熟后凉拌,还可应用于火锅中,因鱼皮自身无鲜味,单用鱼皮成菜一定要用上等鲜汤赋味,或将鱼皮用高汤套制入味后再烹饪成菜,或与鲜味较足的原料配用。用鱼皮制作的菜肴有凉拌蒜蓉鱼皮、鸡蓉鱼皮、蟹黄鱼皮、白汁鱼皮、干烧鱼皮、原焖鱼皮、鲍汁鱼皮、奶汤鱼皮等。

2）鱼唇

鱼唇是用大中型鲨鱼、鳐鱼以及鲟鱼、鳇鱼等软骨鱼类上唇部的皮或连带鼻、眼、鳃部的皮干制而成。一般从唇部中间劈开分为左右相连的两片,带有两条软骨薄片。鱼唇主要产自我国福建、广东、浙江、山东、辽宁等沿海地区。

（1）品质鉴别

优质鱼唇唇干体厚,骨及皮等杂物比重小,色银白,有光泽,唇肉透明,干度适宜,无虫蛀。

（2）烹饪应用

干鱼唇涨发后,以其柔糯腴嫩或爽脆润滑的口感取胜;因其自身无鲜味,单用鱼唇成菜一定要用上等鲜汤赋味,或将鱼唇用高汤套制入味后再烹饪成菜,或与鲜味较足的原料配用。鱼唇可用炒、烩、烧、扒、煲等多种烹饪方法,也可做汤、羹等菜。用鱼唇制作的菜肴有白汁鱼唇、鸡蓉鱼唇、浓汁金汤鱼唇、蚝油扒鱼唇、奶汤鱼唇等。

3）鱼骨

鱼骨主要是以鲟鱼、鳇鱼、鲨鱼和犁头鳐等鱼类的头骨、颚骨、鳍基骨及脊椎骨接合部的软骨加工而成的干制品,又称明骨、鱼脆。鱼骨成品有长形或方形,白色或米色半透明,有光泽。

鲟鱼和鳇鱼的鳃脑骨较好,鲨鱼和鳐鱼等的软骨质地薄脆,质量较差。鱼骨主产于我国浙江、福建等沿海地区。

（1）品质鉴别

优质鱼骨骨块大小均匀,颜色淡黄或洁白,色鲜而有光泽,骨胶透明度好,无白色硬骨,骨块坚硬洁净。

（2）烹饪应用

涨发好的鱼骨色白如玉,呈半透明状,以烧、烩、煮、炖、煨等烹饪方法成菜最能凸显其良好的风味;因其仅有柔脆滑糯的口感,并无鲜味,单用鱼骨成菜一定要用上等鲜汤赋味,或将鱼骨用高汤套制入味后再烹饪成菜,或与鲜味较足的原料配用。用鱼骨制作的菜肴有芙蓉明骨、鸡蓉鱼骨、三鲜明骨、细卤明骨、清炖鱼骨、冰糖银杏明骨等。

4）蛏干

蛏干是用蛏子经稀盐水静养后煮熟、剥壳、洗肉、晒干或温火烙干而成的干制品。

（1）品种

蛏干中用竹蛏加工的称为单角蛏干,用缢蛏加工的称为双角蛏干。蛏干的淡干品有以下3个等级:

大蛏干:体形较大,呈长方形,头尖肉肥,色泽金黄,以江苏启东市产量最多。

蛏干:体呈长尖形,头部有两个小尖管,其品质低于大蛏干,福建和浙江产量多。

日本蛏干:其品质大小,如同大蛏干,体形圆,质量不如大蛏干好。

（2）品质鉴别

优质蛏干体大肥满,呈淡黄色,质地干燥,无破碎,气味清淡,稍带咸味,无沙质杂物,清洁干净。

（3）烹饪应用

涨发后的蛏干白中泛黄,肥厚柔滑,口感软而韧。蛏干烹饪,多用上等鲜汤赋味,或将蛏干用高汤套制入味后再烹饪成菜,或与鲜味较足的原料配用。蛏干可用爆、炒、熘、卤、烧、烩、焗、扒、炖、焖、煮、煨等多种烹饪方法成菜;调味宜清淡,不要浓烈,从而突出其自身的本味。蛏干菜品的色泽、形态、嫩度都稍逊于鲜品。用涨发后的蛏干制作的菜肴有五香蛏干、蛏干烧肉、蛏干炖薯仔等。

5）淡菜

淡菜是用贻贝肉去壳煮熟后干制而成,因加工不用盐,故称淡菜。浙江沿海产地又称壳菜。淡菜主产于我国浙江、福建、山东沿海。

（1）品质鉴别

优质淡菜干品个体肥大,肉色红黄或黄白而有光泽,干燥无霉,味道鲜美而稍甜,无杂质,无足丝。

（2）烹饪应用

涨发好的淡菜味道鲜美,除去毛丝及腔内黑色肠胃,洗净后可与多种物料搭配,广泛运用于烩、炖、烧、煨等烹饪方法制作的菜肴中;做汤、做馅味道亦佳。淡菜干用排骨或鸡煨汤,味道极鲜;将泡软的淡菜干放在油锅中煎成黄色,煮成汤料,味道胜于虾米汤;也可同西洋菜、大猪骨一同煲汤。用涨发后的淡菜制作的菜肴有淡菜节瓜猪腱汤、淡菜蒸鸭块、淡菜炖白蹄、贡淡鱼翅、砂锅鳝鱼淡菜、羊肉淡菜粥、淡菜皮蛋粥、红枣海参淡菜粥等。

6)干贝

干贝为软体动物扇贝、日月贝、江珧等贝类闭壳肌干制品的总称。

(1)品种

①栉孔扇:又称肉柱、肉牙、海刺,是所有闭壳肌中质量最好,应用最多的品种,主产于我国渤海和胶州湾沿海。

②日月贝:又称带子,体小圆扁,口味微甜,鲜味和质量均次于扇贝闭壳肌,主产于我国福建、广东和广西沿海。

③江珧:体形较大,纤维较粗,有两个柱心,质量次于前两种,产于我国南北沿海。

(2)品质鉴别

优质干贝个体大小均匀,外形完整,颜色淡黄稍白,有新鲜光泽,味道鲜淡,有甜味,干度足而润滑,肉丝有韧性。

(3)烹饪应用

涨发好的干贝,滋味以清鲜见长,多作主料,也可与辅料配用;广泛用于冷菜、热炒、大菜、汤羹乃至火锅中。因干贝味鲜,经常用作赋鲜剂,如鱼翅、鱼皮、鱼肚等本身味淡的珍贵原料,以及许多白烧、白烩、清蒸等菜品,常用干贝赋鲜、增鲜,或直接配用,或用以吊汤应用。用干贝制作的菜肴有干贝鱼肚、芙蓉干贝、桂花干贝、绣球干贝、干贝冬瓜球、蒜子珧柱脯等。

7)鱿鱼干

鱿鱼干是中国乌贼和太平洋柔鱼加工而成的干制品。鱿鱼干体扁长,头腕似佛手状,肉鳍紧附在尾部两侧,形似双髻,全身均为浅粉色,表面有白霜。鱿鱼干主要产于广东、福建、浙江,产季为7—8月。

(1)品种

①九龙吊片:用中国乌贼加工而成,体呈椭圆形,体形大小如手掌;色泽白净,肉薄透淡红,身骨干燥,味道鲜美,是鱿鱼干中的优质品种。

②汕头鱿鱼:以细长鱿鱼加工而成,体狭长而平直,色白净淡黄,身厚且干燥,也是鱿鱼干中的佳品。

另有一种鱿鱼干,色泽白中透红,体长一尺左右,俗称"尺鱿",品质亦佳。

(2)品质鉴别

优质鱿鱼干体形平展,肉腕齐整,颜色淡红,有白霜,光泽新鲜,肉质干燥,润而不潮,有香味。

(3)烹饪应用

涨发好的鱿鱼干可加工成条、片、丝等形状,或花刀处理后切块烹饪;既可爆、炒、熘、氽等方法成菜,又可用烧、扒、炖、焖、煨、烩、焗、烤等方法烹饪。由于鱿鱼干一般不易入味,烹饪时若采用爆、炒的方法,勾芡时要注意将调味汁包裹住鱿鱼,使其得味;若用烧、扒、炖、焖等烹饪方法成菜,则需将鱿鱼入沸水中汆烫一下,使之排出部分水分,再用高汤加调味料与之一起加热,使其入味。用涨发后鱿鱼制作的菜肴有干焗鱿鱼丝、鱿鱼小炒肉、鱿鱼干烧肉、烘烤鱿鱼干、鱿鱼猪手汤等。

8)海蜇

海蜇又称面蜇、水母、石镜等。海蜇含水量较多,捕获后以明矾和盐处理并保存。海蜇的伞部称为海蜇皮;海蜇的口腕部称为海蜇头。海蜇在我国南北各海广有分布。

(1)品质鉴别

优质海蜇皮为白色或浅黄色,有光泽,自然圆形,片大平整,无红衣、杂色、黑斑,无腥臭味,口感松脆有韧性,肉质厚实均匀。

优质海蜇头为白色、黄褐色或红琥珀色等自然色泽,有光泽,形状完整,无蜇须,口感松脆,肉质厚实有韧性。

(2)烹饪应用

海蜇食用方法多为凉拌,广泛用于宴席冷盘,也可用作热菜,适宜爆炒、制羹和做汤;还可挂糊油炸。刀工处理方面,海蜇头多批切成薄片,海蜇皮多直切成细丝。口味上,可调成咸鲜味、酸甜味、麻酱味、葱油味、酸辣味等。海蜇口感以脆嫩、酥松为主。用海蜇制作的菜肴有芝香海蜇皮、葱油海蜇丝、芥香海蜇丝、木耳拌海蜇、苦瓜拌蜇皮、椒麻海蜇、松脆海蜇、海蜇皮拌鸭条、海蜇鸡柳、芙蓉蜇皮、海蜇羹、芙蓉海底松等。

9)虾米

虾米是用多种中小型虾经煮熟、干燥、去头、脱壳加工成的干制品。我国沿海各地和内陆水域均产虾米。

(1)品种

用海产白虾、鹰爪虾、新对虾、仿对虾等海虾制成的虾米称为海米,又称开洋、金钩、虾尾、扁尾;其中绝大部分是用脊尾白虾制成的。用淡水产的日本沼虾和米虾制成的虾米称为湖米。虾米加工一般在春、秋两季,加工方法以及用水量、用盐量,因鲜虾的品种、产地和气候差异而有所不同。虾米成品为前端粗圆、后端尖细的弯钩形,体表光滑洁净,颜色有淡红、红黄、粉红之分。

(2)品质鉴别

优质虾米色泽淡黄或红黄,大小均匀,形状完整,肉质丰满坚硬,光洁无壳和附肢,盐度足,干度足,鲜艳有光泽,味淡而鲜,回味微甜。

(3)烹饪应用

虾米肉质细致缜密,虾味浓郁绵长,具有很强的赋味性;烹饪时只需用开水浸泡至软,即可用于拌、渍或爆、炒等烹饪方法成菜;最宜用于带汁多的烧、烩菜肴,或长时间加热的炖、熬菜肴。虾米烹饪,主要使其呈鲜味物质稀释于汤中,以增风味。尤其针对自身无鲜味的主料,如蹄筋、海参、鱼翅、白菜、冬瓜、豆腐之类,只需加入少量虾米,即可味道鲜美。此外,虾米还可用于火锅或作馅料;用于制作虾米辣酱;有时加入打卤面汤、馄饨汤中作鲜味调味品应用。用虾米制作的菜肴有海米炒洋葱、海米炒蕨菜、海米珍珠笋、海米扒豆腐、虾米扒蒲菜、虾米粉丝煲等。

10）虾皮

虾皮是生鲜海产的毛虾或经盐水煮熟毛虾的干制品，因体形较小，肉质不明显，故民间称为虾皮，我国沿海均产虾皮。

（1）品种

市售虾皮有两种：一种是生晒虾皮；另一种是熟煮虾皮。生晒虾皮无盐分，淡晒成品，鲜度高，口感好，不易返潮霉变，可长期存放。熟煮虾皮加盐煮沸，沥水干燥，色泽淡红、有光泽，质地软硬适中，仍保持鲜味。

（2）品质鉴别

优质虾皮个体成片状，弯钩形，甲壳透明，色红白或微黄，肉丰满。用手握虾皮后再松开，个体散开。

（3）烹饪应用

虾皮个体较小，食用方法较多。作主料最宜整体炒食，可配韭菜、洋葱、鸡蛋等；作辅料更是提鲜助味的佳品，冬瓜、白菜、萝卜、豆腐均宜靠它佐味；虾皮也是作馄饨馅或做汤、凉拌菜的辅助料之一，味道鲜美。用虾皮制作的菜肴有虾皮拌香菜、虾皮拌小葱、虾皮拌青椒、虾皮炒鸡蛋、虾皮炒韭菜、虾皮豆腐、虾皮萝卜汤、虾皮冬瓜汤等。

11）鱼翅

鱼翅是用大、中型软骨鱼类的鳍经过干制加工而成的制品，常见的鱼翅都是鲨鱼、鳐鱼的鳍加工而成的。鱼翅与燕窝、海参、鲍鱼合称"中国四大美味"。我国沿海均有出产，主要产于福建、浙江、广东、台湾等地。日本、菲律宾等国也有出产，进口鱼翅中以菲律宾所产质量最佳，被奉为上品。鱼翅主要食用部位是鱼鳍中的角质鳍条，通常被称为翅针或翅筋。

（1）品种

鱼翅种类繁多，根据不同的分类方法叫分为不同的种类。

①按照鱼鳍的生长部位来分，可分为背翅、胸翅、腹翅、臀翅、尾翅。

背翅又称刀翅、脊翅，呈三角形，板面宽，顶部略向后倾斜，后缘略凹，两面为灰黑色，肉少，翅针多而粗壮，质量最好；胸翅又称青翅、划翅、肚翅，呈三角形，板面背部略凸，一面为灰褐色，一面成白色，翅少肉多，翅体稍瘦薄，品质中等；尾翅又称钩翅、尾勾翅、勾翅，肉多骨多，翅短翅少，品质最差。

②按加工程度或加工成品的形状分，可分为原翅和净翅。

原翅即未加工去皮、去肉、退沙而直接干制而成的鱼翅，又可细分为咸水翅（用海水漂洗）和淡水翅（用淡水漂洗），以淡水翅品质最佳。

净翅是以原翅为原料，经过浸泡、加温、退沙、去骨、挑翅、除胶、漂白、干燥等工序加工而成。按加工方法的不同可分为明翅、大翅、青翅、翅绒、净翅、长翅6种。

③按翅的颜色分，可以分为白翅和青翅。

白翅以真鲨、双髻鲨等的鱼鳍制成。青翅以灰鳍鲨、宽纹虎鲨等的鱼鳍制成。一般情况下，热带海洋中所产的鱼翅颜色黄白，质量最佳；温带海洋中所产的鱼翅颜色灰黄，质量较差；

寒带海洋中所产的鱼翅颜色发青,质量最差。

(2)品质鉴别

优质鱼原翅翅板大而肥厚、不卷板、板皮无褶皱、有光泽、无血污、无水印、基根皮骨少、肉洁净。优质净翅粗长、洁净干燥、色泽金黄且呈透明状、有光泽、无霉变、无虫蛀、无油根、无夹沙、无石灰筋。

(3)烹饪应用

在烹饪中,鱼翅使用前需要用水涨发后才可以制作菜肴。由于鱼翅本味并不明显,因此在制作鱼翅类菜肴时,常用鲜汤赋予其味道。常见的烹饪方法主要有烩、蒸、烧、扒、煨等,其中以烧、扒最多,适合多种味型。用鱼翅制作的菜肴有黄焖鱼翅、红烧大群翅、清炖鱼翅、蟹黄鱼翅等。

12)鱼肚

鱼肚是用大中型鱼类的鱼鳔干制而成,主要鱼类有鳇鱼、大黄鱼、鲟鱼、毛鲿鱼、黄唇鱼、鲴鱼、鮸鱼、海鳗等,这些鱼的鱼鳔比较发达,鳔壁厚实,是制作鱼肚的良好原料,因其胶质,故又称鱼胶。在清代被列为"海八珍"之一,常用作宴席的主菜或大菜。

(1)品种

鱼肚的种类比较多,一般根据鱼的种类进行分类,常见的有黄唇肚、毛鲿肚、鲟鱼肚、鲴鱼肚、鮸鱼肚、鳗鱼肚等,其中,黄唇肚质量最佳,色泽金黄,因产量稀少而名贵;鳗鱼肚质量最差,色淡黄;其他鱼肚质量均好。

根据产地的不同鱼肚的名称也有不同,在餐饮行业中,通常被称为"广肚"的是产于广东、广西、福建、海南等沿海一带的毛鲿鱼和鮸鱼肚的统称;湖北石首一带的鲴鱼肚因外形似笔架,被称为"笔架鱼肚";原产于中南美洲的鱼肚称为札胶,当地人称为"鱼肚"。

(2)品质鉴别

优质鱼肚板片大、肚形平展整齐、厚而紧实、厚度均匀、色泽淡黄、整洁干净、面带光泽、半透明状。

(3)烹饪应用

干制鱼肚在烹饪之前,都必须经过涨发之后才能使用,常用的涨发方法有油发、水发和盐发。一般肚形较大厚实或当补品吃的以水发为好,肚形小而薄或做菜的宜采用油发,避免因水发导致的鱼肚软烂,进而发生糊化。油发后的鱼肚,密布着大小不同的细小气泡,呈海绵状,烹制菜肴后可饱吸汤汁,使得滋味纯美浓郁,口感膨松舒适。鱼肚适用于多种烹饪方法,常用的有扒、炖、烩等。代表菜肴有红烧鱼肚、白扒鱼肚、蟹黄鱼肚、鸡丝鱼肚等。

13)干鲍鱼

干鲍鱼是将新鲜鲍鱼经风干后制成的干制品。将鲜鲍鱼去壳取肉后,放入盐水中浸渍5~6 h,然后放入盐水中煮熟,经过烘烤、晾晒后,置阴凉处风干,再反复烘烤、风干,至少用一个月的时间才能完成干制。刚干制而成的鲍鱼称为"新水",存放两年以上的称为"旧水"。

(1)品种

干鲍鱼多为国外进口的产品,主要品种有产于日本青森县的日本网鲍、日本禾麻鲍,日本岩手县的日本吉品鲍、澳大利亚的澳洲网鲍，其中以产于日本青森县的日本网鲍品质最佳。

①日本网鲍：外形呈椭圆状，为深咖啡色，边细，枕底起珠，底边广阔平坦，尾部较尖，肉质大而肥，用刀切后，其截面有网状纹路，故名网鲍。日本千叶县出产的网鲍原来最为有名，但由于近年的海水污染，现在则以日本青森县所产的质量最佳。

②澳洲网鲍：产于大洋洲海域一带，体积大，肉厚，外壳厚实，有7～9个小孔。有的大澳洲网鲍外壳甚至长有海草，外壳肉表呈淡红色或淡黄色。澳洲网鲍虽然体大肉厚，但肉质偏硬、粗糙。

③日本吉品鲍：吉品鲍外高内低，形如元宝，中间有一条明显的线痕，且质硬、枕高，体形小于网鲍，因价格相对实惠而受顾客青睐。选购时，以鲍身能够隆起，且色泽金黄者为上品。我国青岛、海南和台湾也有出产，但目前公认以日本岩手县所产的为最佳。

④日本禾麻鲍：日本特产，体呈艇形，个小，体边有针孔，色泽金黄，肉质滑嫩。由于禾麻鲍活动于海底岩石的缝隙里，捕捞时须用铁针钩捕，所留下的针孔便成了辨别它的最佳标志。

（2）品质鉴别

干鲍鱼的大小常按每500 g的头数来计算，所以500 g中，个头数越少，代表鲍鱼个头越大，价格就越贵，如每500 g极品鲍30只左右，网鲍1～4只（以2只最好），因此香港有"有钱难买两头鲍"之说。

"干鲍鱼"又分"淡干鲍"和"咸干鲍"两种。品尝"干鲍鱼"以"淡干鲍"为好，要求其品质优良，个头厚大，肉质丰腴，汁液甘美清香。

（3）烹饪应用

干鲍鱼肉质坚硬，纹理紧密，在烹制使用前需要涨发。涨发干鲍鱼的最佳方法是利用沸水焖发。涨发后的鲍鱼整体发软，肉质膨胀，一般会比原来的体积大一半左右。发好后的鲍鱼大都作为菜肴的主料，其鲜味更胜于鲜鲍鱼。鲍鱼肉质鲜美，营养丰富，为海珍之首，适用于多种烹饪方法。干鲍鱼经涨发后适于烧、烩、扒、焖、蒸等，如明珠酥鲍、蚝油网鲍片、扒原壳鲍鱼、红焖鲍鱼等。

14）干海参

干海参是海参经过晒干后的制成品，尽管营养价值不及鲜海参，但其营养成分比鲜海参更易被人体吸收，且容易存放运输。根据加工工艺的不同，干海参一般包括盐干海参和淡干海参两种。盐干海参通常外表附着一层盐粒或盐沫，因此外表呈白色，看不到清晰的表皮和小足。淡干海参是含盐量为5%～10%的干海参，是目前海参的主打产品，也是最好的干海参，水发量较高。

（1）品种

①刺身：又名灰参，呈圆柱形，一般长20～40 cm，前端口周围有20个触手，背有4～6行肉刺，腹面有3行管足，体色有黄褐色、绿褐色、纯白色、灰白色等。我国北部沿海出产最多，可以人工繁殖。干品以肉肥厚，味淡，刺多而挺，质地干燥者为佳。

②梅花参：海参中最大的一种，体长可达1 m左右，背面肉刺较大，每3～11个肉刺基部相连呈花瓣状，故名"梅花参"，又因体如凤梨，故称"凤梨参"。腹部平坦，开腔平展，管足小而密

布,口稍偏于腹面,周围有20个触手,背面呈橙色或橙黄色,间有褐色斑点,涨发后视为黑色。盛产于我国西沙群岛一带,品质优,为我国南海所产海参中最好的一种。

③光参:又称茄参、瓜参,因体面光滑无刺而得名。光参主产于我国南部沿海,有灰褐色、白黄色、暗褐色,口周围有10多个触手,体壁肉质较厚。

（2）品质鉴别

干制海参以体态饱满、皮薄而质重、肉壁肥厚、水发时涨性大、涨发率高,涨发后的海参质地糯而滑爽、富有弹性、质地细而无沙者为佳。其中,以肉质肥厚、刺多而挺、质地干燥的刺参淡干品为佳,涨发率较高,每500 g干制海参可发3 750～4 000 g。

（3）烹饪应用

烹饪中,常用的海参多为干制品,在烹饪使用之前,一般要经过泡发、煮发、碱发、盐发等涨发处理。海参口感细腻滑嫩,富有弹性。

在烹饪应用中,既可作为主料,也可作为辅料,宴席中大多数作为大菜、高档菜出现。以整只使用居多,也可经过刀工处理成各种形状,如段、条、片、块等。它适用于多种烹饪方法,如烧、烩、焖、煮、蒸等。因本身无味,制作时应与呈鲜原料一同烹制,以赋予其味道。代表菜有山东的葱烧海参、上海的虾子大乌参、四川的家常海参等。

9.3.2　陆生干货制品

1）干肉皮

干肉皮是将鲜猪肉皮晒干而成,又称皮肚。

（1）品质鉴别

肉皮的质量因不同的部位而有差别,猪后腿皮、鸡背皮、皮坚而厚,涨发性好,质量最好。其他部位的皮质质量较差。优质干肉皮,无论什么部位,体表洁净无毛、白亮无残余肥膘、无虫蛀、干爽,敲击时声音清脆、质量均较好。

（2）烹饪应用

干肉皮经涨发后,可切丝、片等形状,适合于拌、烧、扒、制汤等烹饪方法。用肉皮制作的菜肴有拌皮丝、烧皮肚、扒皮肚等。因其本身无鲜味,在制作菜肴时要注意赋予鲜味。

2）蹄筋

蹄筋是指有蹄动物四肢蹄跟部的肌腱及相关联的韧带,由以胶原纤维为主的致密结缔组织组成。

（1）品种

蹄筋常见种类有猪蹄筋、牛蹄筋和鹿蹄筋,以猪蹄筋为多,鹿蹄筋为佳。人们常说的蹄筋是指猪蹄筋。蹄筋的长短、粗细、质地随动物种类不同而有差异。鹿蹄筋细条状,呈棕黄色或金黄色,主产于东北、西南、西北地区,以粗大、干燥、金黄、有光泽者为佳;牛蹄筋粗壮,以云南、贵州一带为多;羊蹄筋细小,主产于西北。

蹄筋可分为前蹄筋和后蹄筋。前蹄筋质量较差,筋短小,一端呈扁形,另一端分开两条,也呈扁形;后蹄筋质量好,一端呈圆形,另一端分开两条,也呈圆形。

(2)品质鉴别

在烹饪中使用的蹄筋有猪、牛、鹿、羊蹄筋,以鹿蹄筋质量上乘。优质猪蹄筋个大、完整、色白、干燥、无霉变、无虫蛀、无杂味、半透明、又长又大。

(3)烹饪应用

蹄筋干制品烹制前,必须经过涨发,常用方法有油发、盐发和蒸发等。由于自身无显味,需赋味,适于炖、煨、扒、烧、烩等多种烹饪方法,如红油蹄筋、酸辣蹄筋、鱼香蹄筋等。成菜柔糯而不腻、吃口润滑、滋味腴美。

任务4　干货制品类原料的品质鉴别与保藏

9.4.1　干货制品类原料的品质鉴别

1)干爽,不霉烂

干爽,不霉烂是衡量干货制品类原料质量的首要标准。原料经干制后一方面质地变硬变脆,另一方面又使原来的细密组织变得多孔,加之原料中还含有很多吸湿成分,有较强的吸湿性。一旦空气湿度过大,便会吸湿变潮,发生霉烂变质。

2)整齐,均匀完整

整齐,均匀完整也是衡量干货制品质量的一个重要标准。同一种干货制品原料往往因鲜活原料在采摘、收集的过程中大小不一,干制时选料要求、加工方法以及保管运输情况的不同,在其外观上会产生较大的差别。干货制品越整齐、越完整,其质量就越好。若干贝颗粒均匀、不碎,质量就好;反之,质量较差。

3)无虫蛀杂质,保持固有的色泽

干货制品类原料在保藏中,由于条件不好而发生虫蛀、鼠咬或在加工中没有清除杂质,或清除不彻底,或混入的杂质太多,都会影响干货制品的质量。另外,每一种干货制品都有一定的色泽,一旦色泽改变,也说明品质发生了变化,都会影响干货制品类原料的质量。因此,干货制品类原料干燥、不变色,无虫蛀、无杂质,保持正常颜色就好。

9.4.2　干货制品类原料的保藏

干货制品不同于新鲜原料,其特点是含水量较低,一般含水量均控制在10%～15%,故能延长保藏时间。但是,如果保管不当,也会使干货制品受潮、发霉、变色,影响或丧失其食用价值。

为了确保干货制品的质量,应达到如下保藏要求:

①贮存环境应通风、透气、干燥、凉爽，还要避免阳光长时间的照晒。这是保管好干货制品的基本条件。低温通风、透气能避免干货制品受闷生虫，低温干燥能防止干货制品受潮发霉、腐败。

②有一些气味较重的干货制品原料，应分开保存，否则会互相串味，影响食用。例如，动物性水生干货制品大都有一股海腥味，因而不能与其他陆生干货制品混合保藏。又如，动物性陆生干货制品有些含有较重的骚味，因而不能与植物性干货制品混合保藏。合理的贮存方法应将各种干货制品分别进行保管，既符合卫生要求，又保证了干货制品的质量。

③对质地较脆的干货制品，应减少翻动，轻拿轻放，不能压重物。

④要有良好的包装和防腐、防虫设施。干货制品原料常用的包装物，要用木桶、木箱、纸箱等为进一步防潮，在包装盒或盒内垫防潮纸或塑料纸。既防潮又密封，其效果较好。

⑤勤于检查。一旦发现有变质的干货制品应及时清除，防止相互传染，造成不必要的损失。在连续阴雨或库房湿度增高的情况下，应经常将干货制品放置在阳光下暴晒，以保持干货制品干燥，防止变质。另外，因干货制品原有品质不一致，即使同一类干货制品其耐贮存性能也有差别，必须做到勤检查，防止造成不必要的损失。

任务评价

学生本人	量化标准（20分）	自评得分
成果	学习目标达成，侧重于"应知""应会" 优秀：16～20分；良好：12～15分	
学生个人	量化标准（30分）	互评得分
成果	协助组长开展活动，合作完成任务，代表小组汇报	
学习小组	量化标准（50分）	师评得分
成果	完成任务的质量，成果展示的内容与表达 优秀：40～50分；良好：30～39分	
总分		

练习实践

1. 干货类原料如何分类？请举例说明。

2. 食用菌的常用种类有哪些？其烹饪应用的特点是什么？

3. 进行当地植物性干货种类的市场调查，并写出调查报告。

4. 针对某一种食用菌从品种特点、品质鉴别、烹饪应用、代表菜式（主配料、调味料、制作工艺流程、操作步骤、成菜特点）等方面写一篇小论文。

单元 10

调味品类原料

【知识目标】

- 了解调味品类原料的概念、作用、分类及发展趋势;
- 掌握调味品类原料在烹饪中的作用和常用调味品的烹饪应用;
- 掌握常用调味品的品质鉴别与保藏。

【能力目标】

- 能识别各种常用调味品;
- 能在烹饪中正确使用各种调味品;
- 能鉴别常用调味品的品质优劣。

调味品类原料是烹饪过程中非常重要的一类烹饪原料。本单元将对烹饪中常用的调味品从品种、品质鉴别、烹饪应用等方面加以阐述,以使读者正确认识调味品类原料,并在烹饪中加以合理运用。

任务1　调味品类原料概述

食物滋味的确立,决定于调味品类原料在烹饪中所起的主要作用。调味品类原料的合理应用,成就了中国烹饪以味为核心的主要特征,这也是评判菜肴质量标准的重要指标之一。美味既能刺激人们的食欲,又能促进消化液的分泌,利于食物的消化吸收。食物要烹制出令人满意的味觉效果,必须经过五味调和的过程,调味品类原料则是调和五味的物质基础。

10.1.1　调味品类原料的概念

调味品类原料又称调味品或调料,是在烹饪过程中主要用于调和口味(对菜点色、香、味、质等风味特色的形成起到重要调配作用)的一类原料的统称。调味品类原料是烹饪原料的重要组成部分,没有调味品类原料的合理应用,菜肴就无法形成风味,更谈不上美味。因此,只有正确了解调味品类原料的性能,才能使其在烹饪中得到正确的运用。

10.1.2　调味品类原料的作用

调味品类原料是菜肴制作过程中用量小、使用范围广的一类烹饪原料,是确定菜肴味型的重要元素。调味品类原料在菜肴制作中投放量的多少,已成为调节菜肴味感和形成风味特色的重要手段,并在烹饪过程中起到以下作用。

1)去除异味

有些动物性原料,如牛肉、羊肉及其内脏、水产品等,虽然经过严格的初步加工处理,但是往往还含有一定的腥、膻、臭等不良气味,不宜直接食用;然而,这些烹饪原料经过调味品类原料的合理应用后,形成了味的相互作用,即可减弱或消除烹饪原料中的不良气味。

2)减轻烈味

一些具有较强气味的原料(如辣椒、洋葱等),往往不易被人们接受,可通过相应的调味手段来冲淡或减缓烈味的刺激。

3)增添滋味

部分原料甚至一些高档原料,本身并无特别滋味,如豆腐、粉丝、海参、鱼肚、鲍鱼等,必须经过调和赋味,才能增加滋味,使其芳香可口。

4)确定口味

一般来说,每一种菜肴都具有相应的味道,都是通过调味来实现的。中国的烹饪原料有上千种,通过调味所形成的菜肴则有万种以上,这说明调味是菜肴口味多样化的手段之一。比如同一条鱼,根据所施的调味手段不同,可烹制出醋熘鱼、糖醋鱼、红烧鱼、麻辣鱼等多种味型。

5）增加色彩

在调味过程中,可借助有色调味料及其在加热过程中与其他物质发生的呈味反应来增加菜肴的色泽,如糖、油中的某些成分在适当条件下发生反应使菜肴着色,红烧类菜肴中的糖可使菜肴光泽明亮;牛奶、精盐可使鱼片洁白;腐乳汁、番茄酱可使菜肴呈玫瑰红色;面酱、酱油可使菜肴呈酱红色等。

10.1.3　调味品类原料的分类

人们对调味品的感知一般是通过人的口腔、嗅觉等器官实现的:一是口腔的味觉感受,如咸味、甜味、酸味等;二是鼻腔的嗅觉感受,如香味、臭味等;三是辣味感受,这是一种特殊的味感,既不是味觉产生的,也不是嗅觉产生的,而是一种神经的痛觉感受。因此,对各种调味品类原料加以合理的分类,是掌握调味品类原料性质和熟悉调味品类原料合理运用的基础。

调味品类原料根据其主要呈味特点的不同可分为以下 8 种:

1）咸味调味品

咸味是百味之主,绝大部分菜肴都将咸味作为基本味(上浆、腌渍等),然后再调和其他调料而呈现出一些新的味型。咸味调味品主要有精盐、酱油、酱、豆豉等。

2）甜味调味品

甜味具有调味提鲜的作用,是菜肴的主要滋味之一。甜味调味品主要有白糖、饴糖、蜂蜜、果酱、糖精等。

3）酸味调味品

酸味具有较强的去腥解腻作用,是很多菜肴所不可缺少的味道。酸味调味品主要有香醋、酸梅、山楂酱、柠檬酸等。

4）麻辣味调味品

麻辣味具有强烈的刺激性和独特的芳香味,除了对菜肴可起到除腥解腻的效果外,还具有增进食欲、帮助消化的作用。麻辣味调味品主要有辣椒粉、胡椒粉、辣椒酱、姜、花椒、辣椒、芥末等。

5）香味调味品

香味的产生有 3 种类型:一是有些烹饪原料经过加热后本身产生挥发性的香气,如红烧肉通过烹饪散发出肉的酯香、醇香、酚香;二是通过加热和调味共同增加菜肴的香味,如将松子、芝麻、面包屑等沾在原料表面,炸制后产生特有的香味,称为"热香";三是将烹饪原料烹制和调味得当,使菜肴入口越嚼越香,称为"冷香",如五香牛肉、盐水鹅等。香味调味品主要有料酒、葱、蒜、桂皮、八角、茴香、桂花、麻油等。

6）鲜味调味品

菜肴中的鲜味来源于原料本身和呈鲜调味品两个方面,由于原料本身鲜味的不足,烹

制时可通过添加调味品予以弥补。鲜味调味品主要有味精、虾子、鱼露、蚝油、鸡精及鲜汤等。

7）苦味调味品

苦味是一种特殊的味道,具有去除异味、清香爽口等特点。苦味调味品主要有杏仁、柚子皮、陈皮等。

8）臭味调味品

臭味不是某些调味品产生的味道,而是某种烹饪鱼露经过特殊加工后产生的一种臭香味,这种特殊的臭香味入口后鲜美醇正,别有风味,如臭豆腐、臭面筋、臭鳜鱼等。

根据调味品类原料在人们嗅觉器官中的感受以及在菜肴中呈现的滋味状态,调味品类原料又可分为单一味、复合味和嗅味三大类。

（1）单一味

单一味是指只用一种味道的呈味物质调制出的滋味。通常认为有6种基本味,即酸味、甜味、咸味、苦味、辣味、鲜味。单一味的成味来源:酸味来自氢离子,几乎在溶液中能游离出氢离子的化合物都能引起酸味感,食物的酸味都属于有机酸的范围。甜味主要由生甜作用的氨基、羟基、亚氨基等基团与负电性氧或氮原子结合的化合物产生的。咸味是烹饪中调味的主味,咸味调料中的主要化学成分是氯化钠。苦味主要由生物碱和糖苷两大类构成,单独的苦味会令人产生不快的味感,但与其他味道相配合,就能形成一些独特的味道,引起人们的食欲。辣味具有强烈的刺激性,由一些不挥发的刺激成分和有一定挥发性刺激口腔黏膜所产生的,同时与嗅觉、触觉、热觉、痛觉紧密相连,是整个味觉感受器官统一活动的结果。鲜味是食物中一种复杂而醇美的味感,主要由核苷酸、氨基酸、三甲胺、酰胺、肽及某些有机酸等成分构成。

（2）复合味

复合味是两种及两种以上呈味物质调制后产生的味道。制作菜肴时,虽然原料本身具有一定的味道,但这种味道往往是添加调味料后才凸显出来的;因此,菜肴的主要味道是由添加调味料来决定的。复合味的产生因调味原料的组配方式和调制手段的不同而形成不同的复合味型,常见复合味型有酸甜味、麻辣味、鱼香味、咸鲜味、酸辣味和怪味等。

（3）嗅味

嗅味是指人的嗅觉神经被挥发性物质刺激所产生的嗅觉感受。令人愉悦的挥发性物质被称为香气;反之,则称为臭气。菜肴的香气来自两个方面的呈味物质:一是原料受热后发生化学反应释放出的香气;二是添加香味调料形成的香气。这类调料包括辣味性香料(生姜、辣椒、芥末、胡椒、咖喱粉等)、芳香性香料(花椒、茴香、食醋、丁香、肉桂等)、脱臭性香料(大蒜、陈皮、香葱、料酒等)。辣味性香料可以掩盖或加强原料释放的气味,芳香性香料能进一步增加原料的香气,脱臭性香料能改变和掩盖原料的臭气。构成香味的主要成分有芳香醇、芳香酮、酯类、萜烃类等,这些成分一般在加热过程中呈现出香味,主要起去腥解腻、增进食欲的作用。

10.1.4　调味品类原料的发展趋势

我国在过去、现在和将来都是调味品生产大国和消费大国,这是由我国人民的消费特点和国情决定的。我国的调味品将在营养、卫生、方便、适口的基础上呈现多元化发展的格局。

1)调味品类原料的复合化趋势

在调味品的消费上,普通调味品的口感单一、缺乏层次感,越来越不能满足消费者多样化的要求。随着生活节奏的加快,人们迫切需要集多种调味品为一体,复合型的专用拌菜、调面、烹虾、炸鸡调料,中国名菜佳肴烹饪调料,以及像阿香婆酱一样的膏、糊、汁、块等多形态、多用途的复合型调味品。目前,复合型调味品品种应有尽有、琳琅满目、异彩纷呈,使烹饪变得方便、快捷。复合调料正在向多样化、方便化、高档化、营养化、复合化、功能化的方向发展。新型复合调味品,不仅配比准确,口感丰富,而且可以大大减少烹饪菜肴的程序和时间,为家务劳动社会化创造了条件。同时,鉴于炊具的快速发展,微波炉、烤箱食品的调味品也将被开发,这些调味品开袋即可使用,方便、卫生。

2)调味品类原料的天然化趋势

我国调味品走过了很长的历程,消费者在追求美味的同时更追求健康和安全。目前,国内生产的天然调味品较少,满足不了消费者高品位、纯天然的需求。消费者在购买食品时,既要求风味,又要求对身体有益,因此,天然调味品将走向高香味化、淡色化、低盐化、无菌化及简便化趋势。如今,从畜、禽、鱼、贝、虾类及部分蔬菜中提取的具有天然风味的浸出物调味品极为迅速。这类调味品具有其他化学调味品所不及的优点,如味道鲜美自然,易被人体吸收,鲜味虽淡,但原料原有的鲜味保存良好,不易被破坏,均衡呈鲜作用明显,余味留长,并赋予食物不同浸出物调味品特有的风味等。

3)香辛调味品及其制品的发展

在世界范围内,使用颗粒及粉碎香辛调味品已有几千年历史。但传统使用的颗粒及粉碎香辛调味品因贮藏时间长短不一,从而使调味质量不稳定,同时易被微生物等污染,并易被掺假,使之调味不均匀。国外早已开始使用灭菌香辛料、精油、油树脂等香辛料提取物替代传统的香辛料,香辛料提取物使用方便、经济、赋香力容易控制,在食品断面不会产生麻点。我国近年来也有精油产品面市,如芥末油。相信不久的将来,国内也会有适合中餐调味的各种香辛料精油乳液、油树脂及胶囊产品等香辛料新型制品面市,使之应用更科学、更方便。

4)调味品的营养保健功能增强

未来天然调味品不单纯对味觉有要求,更需要有各种营养和保健功能。消费者越来越重视调味品对人体健康的影响。因此,我国酿造调味品食盐含量过高的状况将会改变,低盐、浅色及一部分无盐调味品将产生,天然、具有丰富营养及保健功能的调味品将是新的发展方向,如利用黑米、黑豆、蘑菇等分别生产出含各种维生素、矿物质等营养成分的调味品,一些酿造厂家生产出苹果醋、荔枝醋、荞麦醋等保健醋类。我国有着悠久的药膳历史,调味常用的花椒、砂

仁、豆蔻、八角、桂皮、茴香等既是调味品，又是中药材，因此药膳调味品受到越来越多的消费者青睐，从而为调味品开拓更广阔的市场。

任务 2　常用调味品

10.2.1　咸味调味品

咸味是一种非常重要的基本味，它在调味中有着举足轻重的作用，人们常称其为"百味之王"。单一或复合咸味调味品中的咸味主要来源是氯化钠。其他盐类如氯化钾、氯化铵、溴化钾、碘化钾等也具有咸味，但同时也有苦味、涩味等其他味感。因此，只有氯化钠的咸味最为纯正。烹饪中常用的咸味调味品有食盐、酱油及酱类等。

1）食盐

食盐是不同来源和不同纯度的食用盐的统称，主要成分为氯化钠。

（1）品种

食盐的分类如下：

①按产地分类，可分为海盐、湖盐、井盐、矿盐。

海盐占总产量的 85%，遍布辽宁、山东、江苏、福建等沿海地区，靠引海水入盐田晒制而成。

湖盐分布在内蒙古、宁夏、甘肃、青海、新疆、西藏、山西、陕西等内陆地区，靠引湖水入盐田晒制而成。

井盐分布在四川、云南、贵州、湖北、湖南、江西、安徽等地，在富集卤水的地方打井抽卤水，火煎而成。

矿盐埋藏在地下的沉积盐层，分布更广，蕴藏丰富。矿盐分旱采和水采两种，旱采与开矿相似，水采和井盐类同。

②按工艺分类，可分为粗盐、洗涤盐、再制盐、风味型食盐等。

粗盐又称原盐、大粒盐。多为我国沿海地区生产。常用晒制方法制取，使海水蒸发到饱和溶液状态，氯化钠结晶析出。粗盐结构紧密，颗粒较大，色泽灰白，氯化钠含量为 94% 左右。由于含有氯化镁、硫酸镁、氯化钾等杂质，因此除咸味外兼有苦味。多用于腌制菜、鱼、肉等食品。

洗涤盐是以粗盐经用饱和盐水洗涤后的产品，杂质含量较少，适于一般调味和渍菜。

再制盐别名精盐，是将粗盐溶解经过杂质处理后，再蒸发、结晶而成，质地纯净，氯化钠含量高。精盐呈粉末状，含杂质极少，色泽洁白，易溶解，清洁卫生，咸味比粗盐淡。精盐最适合菜点调味，烹饪中应用最多的就是精制盐。

风味型食盐是一类新型食盐，能迅速溶于水，并可因所附物质的组成不同而产生各种风味，可直接用于炒菜、凉拌菜以及作为快餐、酒席上的桌上调味品，味美且使用方便，用途广泛，如柠檬味食盐、香辣味食盐、芝麻香食盐等。

（2）品质鉴别

优质食盐色泽洁白,结晶小,疏松、不结块,咸味醇正,无苦涩味。含硫酸镁、氯化镁、氯化钾等杂质极少。

（3）烹饪应用

①为菜肴赋予基本的咸味。人可感觉到的最低食盐浓度是0.1%～0.5%,而感到最舒服的食盐浓度是0.8%～1.2%,因此在制作菜肴时应以此量为依据。为突出菜肴的风味特色,满足人的生理需要,应灵活掌握菜点中食盐的用量。菜肴食用方法不同,用盐量也有差别,如随饭菜用盐量可高一些,而宴席菜用盐量应少一些,并随上菜的顺序有所递减,或在席间上一些甜点或果品等。另外,还要考虑进餐对象的情绪、季节、时间等因素,这样才能使菜品的味道达到要求。

②少量加入食盐有助酸、助甜和提鲜的作用。此作用为味的对比现象,即把两种或两种以上的不同味觉的呈味物质以适当的数量混合在一起,可以导致其中一种呈味物质的味变得更加突出。加入少量的食盐,就可使酸味和甜味增强。在15%的蔗糖溶液中加入0.017%的食盐,使甜味更浓厚,制作甜馅心、蜜饯时略加一点食盐就可增加甜味,这就是行业中所讲的"要得甜,加点盐"的道理。食盐也是助鲜剂,因为鲜味物质必须形成钠盐才能产生强烈的鲜味。少量食盐有降低苦味的作用,是味的相消作用(即当两种不同味觉的呈味物质以适当浓度混合后,可使每一种味觉比单独存在时有所减弱)的体现。

③可提高蛋白质的水化作用。钠离子和氯离子具有强烈的水化作用,当少量的钠离子和氯离子分散吸附在蛋白质组织中时,这种作用可帮助蛋白质吸收水分和提高彼此的吸引力。根据这一原理,在制作肉蓉、鱼蓉、虾蓉时,加入适量的食盐进行搅拌,可提高其水化作用,增强肉蓉的黏稠力,使之柔嫩多汁。在面团中加入适量食盐,可促进面团的弹性和韧性,所以在调和饺子皮、刀削面、春卷皮、面包的面团时也可适当加入少量食盐。在发酵面团中添加食盐还可为发酵菌种提供良好的生长条件,促进发酵,使制品的品质得以提高。

④利用其产生高低不同的渗透压,来改变原料质感,帮助入味,还可防止原料的腐败变质。渗透压的高低不同可促进原料内外物质的交换,从而改变原料的质感。氯化钠是使溶液产生一定渗透压的主要物质。如将原料码上一定的食盐,产生高渗环境,促进原料失去多余的水分,还可浸出肉汁;切好的银针丝、牛舌片要挺硬,可将其放入水中吸水,这也是利用细胞内高渗透压的作用。利用食盐形成的高渗透压可阻止原料中微生物的生长,从而实现对原料的贮藏,也是利用食盐产生的高渗透压,制作出了腌肉、腊肉、渍菜、腌菜等特色风味加工制品。

⑤可作传热介质。食盐能吸热,也能贮热,而且有良好的保温性能。因此常用来炒制干货原料,使其受热均匀后吸水膨胀,如海参、蹄筋等常采用盐发,发制效果好,而且盐便于清洗。食盐还可用于盐焗类菜肴(如盐焗鸡)及盐炒类食品。

2）酱油

酱油,我国在汉代已出现,当时称为清酱,其后有豉汁、酱清、酱汁、酱油、豆油、豉油、淋油、抽油、晒油等名称,现在通称为酱油。在我国,酱油是烹饪中食用范围广的调味品之一。

酱油是以大豆、面粉、麸皮等为主要原料,经过微生物酶或其他催化剂的催化水解生成多种氨基酸及各种糖类,并以这些物质为基础,再经过复杂的生物化学变化,合成具有特殊色泽、香气、滋味和形态的调味液。其主要成分是水、蛋白质、氨基酸、食盐、葡萄糖和少量醋酸。

(1)品种

通常酱油有以下分类方法:

按状态分,可分为液体酱油和固体酱油。

按工艺分,可分为红酱油、白酱油、老抽等。

按原料分,可分为天然酱油、化学酱油、人工发酵酱油。

按特色分,可分为辣酱油、虾子酱油、冬菇酱油、味精酱油、无盐酱油、原汁酱油等。

①酿造酱油:以大豆、小麦、麸皮等为原料,经微生物的发酵作用配制而成的液体调味品。它利用了霉菌、酵母菌、细菌的发酵作用,使蛋白质分解,淀粉糖化,酒精发酵,成酸作用、成酯作用等共同进行,交错反应,使酱油具有独特的色、香、味、体,是一种富有营养价值的咸味调味品。有的劣质酱油有苦味,是因为一些醛类或是盐不纯或是为调色而加入的糖色熬制过火。酱油的颜色是由于酿造过程中所发生的褐变反应或因人为增添糖色而成。广东地区将不用糖色增色的酱油称为"生抽",而加糖色增色的酱油称为"老抽"。

在酿造过程中加入其他动物或植物原料,可制成具有特殊风味的加料酱油,如草菇老抽王、香菇酱油、五香酱油、口蘑酱油等。

②化学酱油:制作时间短,方法简单,是将氯化氢水解豆饼中的蛋白质,然后用碱中和,经煮焖加盐水,压榨过滤取汁液,加糖色而制成,又称"白酱油",此类酱油有鲜味,但缺乏芳香味。多用于保色的菜肴中,如白蒸、白拌、白煮等。

人们还可自行炼制复制红酱油。在酱油中加入红糖、八角、山奈、草果等香料,用微火熬制,冷却后加入味精可制成复制红酱油,可用于冷菜和面食的调味。

(2)品质鉴别

优质酱油为棕褐色或红褐色,鲜艳有光泽,有酱香气及酯香气,滋味鲜美适口,稍有甜味,澄清无沉淀物,无霉花,无酸、苦、涩等异味和霉味。

(3)烹饪应用

酱油能代替盐起确定咸味、增加鲜味的作用;酱油可增加菜肴色泽,具有上色、起色的作用;酱油的酱香气味可增加菜肴的香气;酱油还有除腥解腻的作用。酱油在菜点中的用量受两个因素的制约,即菜点的咸度和色泽,由于加热中会发生增色反应,因此,一般色深、汁浓、味鲜的酱油用于冷菜和上色菜,色浅、汁清、味醇的酱油多用于加热烹饪。另外,由于加热时间过长,会使酱油颜色变深,因此,长时间加热的菜肴不宜使用酱油,而可采用糖色等增色。

3)酱

酱是以富含蛋白质的豆类和富含淀粉的谷类及其副产品为主要原料,在微生物以及所产生的酶的作用下发酵而成糊状调味品。酱是我国传统的咸味调味品,早在西汉初期,我国北方人民就早已广泛使用。酱经过发酵具有独特的色、香、味,含较高的蛋白质、糖、多肽及人体必需氨基酸,还含钠、氯、硫、磷、铁等,不但营养丰富,而且易消化吸收。酱不仅是菜肴的调料,而且可用于制酱肉、酱菜等制品。

（1）品种

因其原料和工艺的差异，我国主要有面酱（小麦酱、杂面酱）、豆酱（黄豆酱、蚕豆酱、杂豆酱）和味噌。

①面酱（甜酱）：以面粉为主要原料，经加水成团，蒸熟，配以适量盐水，经曲霉发酵而制成的酱状调味品。成品红褐色或黄褐色，有光泽、带酱香、味咸甜适口，呈黏稠半流体状。甜酱是我国传统的调味品之一，含有蛋白质、脂肪、碳水化合物、无机盐及有机酸等成分。其甜味来自葡萄糖、麦芽糖，鲜味来自各种氨基酸和短肽等。品质以色泽金红、味道鲜甜、滋润光亮、酱香醇正、浓稠细腻者为佳。一般用于炒、烧、拌类菜肴，主要起增香、增色的作用，还可起解腻的作用，在酱爆肉丁、酱肉丝、酱烧冬笋、回锅肉、酱酥桃仁等菜肴中，赋予菜肴独特的酱香味；可作为吃北京烤鸭、香酥鸭时的葱酱味碟；可作为杂酱包子的馅心、炸酱面的调料；还可用于酱腌和酱卤制品。

②豆酱：以豆类为主要原料，先将其洗净、除杂、浸泡蒸熟后，拌入小麦粉，接种曲霉发酵10天左右，最后加入盐水搅拌均匀而成。成品红褐色有光泽，糊粒状，有独特酱香，味鲜美。豆酱主要有黄豆酱、蚕豆酱、杂豆酱3种。黄豆酱，成品较干的为干态黄豆酱，较稀的为稀态黄豆酱；蚕豆酱，以蚕豆加工而成的；杂豆酱，以豌豆及其他豆类酿制的。优质豆酱应为黄褐色或红褐色，鲜艳，有光泽，豆香浓郁，还具酱香和酯香，甜度较低，无不良气味；无苦味、焦煳味、酸味及其他异味。豆酱可佐餐或复合用。

③味噌：来源于日本，在东南亚和欧美等国普遍使用。近年来，我国烹饪行业中已开始使用，如广州、深圳、上海等地。味噌大多为膏状，与奶油相似，颜色从浅黄色的奶油白到深色的棕黑色。一般来说，颜色越深，风味越强烈。味噌具典型的咸味和芳香味。根据原料的不同可分3类：一是由大米、大豆和食盐制得的大米味噌；二是由大麦、大豆和食盐制得的大麦味噌；三是由大豆和食盐制得的大豆味噌。其中，大米味噌最常见，占消费量的80％。味噌按风味不同可分为甜味噌、咸味噌和半甜味噌。味噌营养价值高，适用于炒、烧、蒸、烩、烤、拌类菜肴的调味，可起补咸和丰富口味、提鲜、增香、上色的作用。日本人喜欢将味噌调制成汤，具有特别的酱香气。西餐中常用，中餐中拌面条、蘸饺子、拌馅心等用，效果较好。

（2）品质鉴别

优质酱类色泽红褐色或棕红色，油润发亮，鲜艳有光泽，形态上黏稠适度，无霉花、杂质，具有浓郁的酱香和酯香气味。

（3）烹饪应用

酱的用量多少应根据菜点咸度、色泽及品种的要求来确定。因酱油有较大的黏稠度，使用后可使菜品汤汁黏稠或包汁，不需勾芡或少勾芡。一般用前最好炒香出色；如果干了可加植物油调稀，便于应用；如果以酱作味碟蘸食时，宜蒸或炒后食用，避免引起肠胃疾病。酱主要应用于葱酱碟（北京烤鸭的佐味）、酱炒菜（京酱肉丝等）、酱烧菜（酱烧鸭等）、粉蒸菜（川味粉蒸肉等）、水煮菜（水煮肉片等）、腌制原料（酱腌肉等）、制酱馅（杂酱肉馅等）以及川味火锅中。

4）豆豉

豆豉是以大豆或黄豆为主要原料，利用毛霉、曲霉或者细菌蛋白酶的作用，分解大豆蛋白

质,再通过加盐、加酒、干燥等方法,抑制酶的活力,延缓发酵过程而制成的颗粒状调味品。

（1）品种

豆豉的种类较多,按加工方法不同可分为干豆豉、水豆豉;按口味不同可分为咸豆豉和淡豆豉;按加工原料不同可分为黑豆豉和黄豆豉。我国较为著名的豆豉有广东阳江豆豉、湖南浏阳豆豉、重庆潼川豆豉和永川豆豉、云南妥甸豆豉、广西黄姚豆豉、山东八宝豆豉、陕西香辣豆豉和风干豆豉等。

（2）品质鉴别

优质豆豉颗粒整齐完整,黑褐色有光泽,酱香、酯香浓郁,咸淡适口,无苦涩味和霉变异味,中心无白点,松软即化且无泥沙。

（3）烹饪应用

豆豉为极富特色的咸鲜调料,缘于其在发酵过程中蛋白质分解成多种氨基酸之故。豆豉在烹饪应用中,既可将其捣碎后直接拌上麻油及其他调料可作助餐小菜,又可用于炒、煎、蒸、烧等烹饪方法制作菜肴,尤其在烹制麻婆豆腐、炒田螺时用豆豉作调料,风味更佳。将豆豉作为调味品的菜肴有潮州豆豉鸡、豆豉牛肉、豉汁排骨、豆豉蒸鱼等。

5）辣酱油

辣酱油是一种非发酵的复合液体调味品,其加工方法与酱油不同,但色泽红润与酱油相似,习惯上也称为"酱油"。

辣酱油是一种兼有辣、咸、甜、酸、鲜、香等风味的复合酱状调味品。由于制作中使用原料的不同,辣酱油的风味各异。如用各种香辛料(辣椒、桂皮、陈皮、芫荽、大茴香、小茴香、花椒、胡椒、肉桂、丁香、肉豆蔻、桂花、芥末粉等)加水熬煮并经粗滤后,再加糖、盐、醋等调制而成。或者用番茄、洋葱、生姜、红枣等呈味、呈色蔬菜或水果一起水煮而成。

辣酱油除了香味和酸味适度外,还应有一定的稠度,具有去腥解腻、开胃健脾的作用。烹饪中多用于蘸食各种炸制类菜点,或作为面条、饺子的蘸料。

10.2.2　甜味调味品

甜味与烹饪的关系十分密切,许多菜肴的味道都呈现出一定程度的甜味。它能调和滋味,使菜肴甘美可口。甜味也是一种基本味感,甜味调味品是消费量较大的呈味物质,它除了作调味品外,还是机体的能量来源。呈现甜味的物质,除了糖外还有糖醇、氨基酸、肽及人工合成的物质。各种甜味调味品混合,有互相提高甜度的作用;适当加入甜味调味品可降低酸味、苦味和咸味;甜味的强弱还与甜味剂所处的温度有很大关系;改变温度可使甜味剂的物理性状变为黏稠光亮的液体,出现焦糖化,用于增加菜肴的光泽和着色。

1）食糖

食糖是从甘蔗、甜菜等植物中提取的一种甜味调味品,其主要成分是蔗糖。

（1）品种

食糖根据外形、色泽及加工方法的差异,通常分为以下几类:

①红糖:按外观不同可分为红糖粉、片糖、条糖、碗糖、糖砖等。红糖是以甘蔗为原料土法生产的食糖,又称土红糖。土红糖纯度较低,因不经过洗蜜,水分、还原糖、非糖杂质含量高,颜色深,结晶颗粒较小,容易吸潮溶化,滋味浓,有甘蔗的清香气和糖蜜的焦糖味,有多种颜色,一般色泽红艳者质量较好。红糖常用于上色,制复合酱油、卤汁等,还可作带色的甜味调味品。因含无机盐和维生素,所以是营养价值较高的甜味调味品,通常是体弱者、孕妇等的理想甜味剂,常用作滋补食疗的原料。

②赤砂糖:又称赤糖,因未经洗蜜,表面附着糖蜜,还原性糖含量高,同时含有肥糖成分,其颜色较深,有赤红、赤褐或黄褐色,晶粒连在一起,有糖蜜味。赤砂糖易吸潮溶化,不耐贮存。赤砂糖也常用于红烧、制卤汁,可产生较好的色泽和香气。

③白砂糖:烹饪中最常用的甜味调味品,纯度高,色泽洁白明亮,晶粒整齐,水分、还原性糖和杂质含量较低。按结晶颗粒大小,可分为粗砂糖、中砂糖和细砂糖。烹饪中主要用的是细砂糖。白砂糖易结晶,除了是常用的甜味调味品外,还可用作挂霜、拔丝、琥珀类菜肴,其精制品为方糖。

④绵白糖:又称细白糖,在分蜜后加入少量转化糖浆而制成,因此,绵白糖晶粒细小、均匀,颜色洁白,质地绵软、细腻。蔗糖含量高,因含还原性糖较多,甜度较白砂糖高;又因糖粒微细,入口即化,甜度较白砂糖柔和。绵白糖常用于凉菜作甜味调味品,由于不易结晶,更适合制作拔丝菜肴。

⑤冰糖:将白砂糖熔成糖浆,在恒定温室中保持一定时间,使蔗糖缓缓再次结晶而得,它是白砂糖的再制品。冰糖晶体大而结实,纯度高,因形如冰块而得名。冰糖常用于制作甜菜及小吃,也可用于药膳和药酒的泡制,如冰糖贝母蒸梨。用冰糖炒制的糖色,色红味正,多用于炸类菜、卤菜等菜式的上色。

(2)品质鉴别

优质食糖色泽明亮,质干味甜,晶粒均匀,无杂质、无返潮,不结块,不粘手,无异味。

(3)烹饪应用

食糖在烹饪中有着广泛的应用,是菜肴、面点、小吃等常用的甜味调味品,且具有和味的作用。在腌制肉中加入食糖可减轻加盐脱水所致的老韧,保持肉类制品的嫩度。利用蔗糖在不同温度下的变化,可制作挂霜、拔丝类菜肴。还可利用糖的焦糖化反应制作糖色为菜点上色。高浓度的糖溶液有抑制和致死微生物的作用,可用糖渍的方法保存原料。在发酵面团中加入适量的糖可促进发酵作用,产生良好的发酵效果。

2)糖浆

糖浆是淀粉不完全糖化的产物或是一种糖转化为另一种糖时所形成的黏稠液体或溶液状的甜味调味品,它含有多种成分,常见的有饴糖、果葡糖浆、淀粉糖浆(葡萄糖浆)等。

(1)品种

①饴糖:以大米、玉米等为原料,经蒸煮,加入麦芽,糖化,浓缩制成的淡黄色或棕黄色,黏稠微透明的糖。饴糖的主要成分是麦芽糖和糊精,也称糖稀、麦芽糖等。饴糖可分为大米饴糖和玉米饴糖,呈甜味的成分是麦芽糖,其甜度约为蔗糖的1/3,甜味较爽口。饴糖呈淡黄色或

褐黄色,浓稠而无杂质,无酸味。饴糖分为硬饴和软糖两种。

②果葡糖浆:一种在欧美等国发展起来的调味品。作甜味剂使用非常方便,呈味快捷。果葡糖浆以葡萄糖为原料,在异构酶的作用下,使一部分葡萄糖转变成果糖。果葡糖浆是无色的液体,甜味纯正,无其他异味。

③淀粉糖浆:由淀粉在酸或酶的作用下,经不完全水解而得的含多种成分的甜味调味品,其组成成分有葡萄糖、麦芽糖、低聚糖和糊精,为无色或淡黄色,透明、无杂质,有一定黏稠度的液体。

(2)烹饪应用

糖浆类有共同的特性:有良好的持水性(吸湿性)、上色性和不易结晶性。因此在烹饪应用中可作为甜味调味品,果葡糖浆用起来很方便,它能很快溶入菜点中。用于烧烤类菜肴的上色、增加光亮,刷上糖浆的原料经烤制后枣红光亮,肉味鲜美,如烧烤乳猪、烤鸭、叉烧等。用于糕点、面包、蜜饯等制作中,起上色、保持柔软、增甜等作用,但酥点制作一般不用糖浆,因为会影响其酥脆性。

3)蜂蜜

蜂蜜是蜜蜂从开花植物的花中采得的花蜜存入体内的蜜囊中,归巢后贮于蜡房中经过反复酿造而成的一种有黏性、半透明的甜性胶状液体。

(1)品种

蜂蜜因为花源不同,其色、香、味和成分也不同,各国所产的蜂蜜也因花源的不同而有不同的颜色和形态,如紫云英蜜:色淡、微香,少异味;苜蓿花蜜:全世界产量最多,有浓郁的香味和甜味,口感温和;槐花蜜:颜色较浅淡,甜而不腻,不易结晶,有洋槐花的清香;荔枝蜜:颜色较淡,气味清香,易结晶,有荔枝的香味;柑橘花蜜:色淡、微酸,结晶细腻。另外,还有文旦蜜、柑橘蜜、苹果蜜、哈密瓜蜜、咸丰草蜜、蔓泽兰蜜、向日葵蜜等,各种蜂蜜的主要不同在香味上。

(2)品质鉴别

优质蜂蜜色白或黄,半透明,有光亮,味甜无酸味,无杂质。

(3)烹饪应用

蜂蜜最简单的吃法是用温水冲成饮料,也经常在面包或烤饼上直接涂抹。在烹饪中主要用来代替食糖调味,具有矫味、起色等作用,烧烤时加入蜂蜜,甜味和色泽会更好。在面点制作中,使用蜂蜜还可起到改进制品色泽、增添香味、增进滋润性和弹性的作用。蜂蜜参与制作的菜点有蜜汁湘莲、蜜汁火方、蜜汁云腿、马蹄糕等。

蜂蜜也可在咖啡或红茶等饮料中代替糖作为调味品使用。果糖是蜂蜜的主要成分之一,在高温时不容易感觉到甜味,因此在热的饮品中添加蜂蜜时要注意不要过量。在红茶中加入蜂蜜时会变成黑色,因为红茶中含有单宁酸,与蜂蜜中的铁分子结合,生成黑色单宁铁。而在绿茶中加入蜂蜜,会变成紫色,这也是判断蜂蜜真伪的依据之一。

4)糖精

糖精是从煤焦油里提炼出来的甲苯,经碘化、氯化、氧化、氨化结晶脱水等化学反应,人工合成的一种无营养价值的甜味剂。它是无色晶体,难溶于水,其钠盐易溶于水,甜度是蔗糖的

200～700倍,稀释10倍的水溶液也有甜味。糖精本身并无甜味,而有苦味。钠盐在水中溶解后形成的阴离子产生很强的甜度,糖精所产生甜味的浓度在0.5%以下,超过此量将显苦味。我国规定婴幼儿的主食和面点中不应使用。糖精虽然无毒,从体内排泄也快,但因为无营养价值,因此应少吃或不吃。不过糖精也有其特殊的用途,可作糖尿病患者食品的甜味调味品,满足其味感的需要。使用糖精时应避免长时间加热或用于酸性食物中,否则会有苦味,用量过多也会产生苦味。

5)其他甜味剂

近年来,由于食品加工技术的不断发展,新糖源不断产生并应用于食品和烹饪之中,如甜菊糖、甜蜜素和阿斯巴甜等。甜菊糖又称田菊苷,为白色粉末状结晶,无毒,具有热稳定性,是从原产于南美洲高原的甜叶菊中提取的甜味成分,它比蔗糖的热量低,没有合成糖的毒性,甜度是蔗糖的250～300倍,为天然调味品,可代替食糖使用;阿斯巴甜是从蛋白质中提炼出来的高甜味调料,甜度是砂糖的200倍,热量低,对血糖值无影响,不会造成蛀牙。目前在100多个国家作甜味剂使用,其味道和安全性为世界认可。甜蜜素的甜度是蔗糖的30～40倍,经常食用甜蜜素含量超标的饮料或食品,会对人体肝脏和神经系统造成危害。

10.2.3　酸味调味品

自然界的酸性物质大多来自植物性原料,也有通过微生物的发酵活动产生。酸味的体验主要是由于酸味物质分离出氢离子刺激味觉神经而产生的。酸味不能单独成味,却是调制多种复合味的基本味。加入适量的酸味调味品,可使甜味、咸味减弱。烹饪中常用的酸味调味品有食醋、柠檬汁、番茄酱、草莓酱、山楂酱、木瓜酱、酸菜汁等。

1)食醋

食醋是利用微生物发酵或采用化学方法配制而成的液体酸味调味品。由于生产的地理环境、原料与工艺不同,也出现了许多不同地区及不同风味的食醋。随着人们对醋的认识的加深,醋已从单纯的调味品发展成为烹调型、佐餐型、保健型和饮料型等系列。

(1)品种

①粮食醋:用大米、小麦、高粱、小米、麸皮等为原料经微生物发酵酿制而成的酸味调味品,为我国主要的传统发酵醋。优质的粮食醋色泽为琥珀色或红棕色,酸味柔和,有鲜味,香气浓郁,醋液澄清,浓度适中,无杂质和悬浮物。常见的名醋有山西老陈醋、四川麸醋、镇江香醋、浙江玫瑰米醋等。

②果酒醋:以果汁、果酒为原料经微生物发酵酿制而成的酸味调味品。在世界许多国家都有果酒醋的生产,如我国的柿醋、鸭梨醋、凤梨醋以及西餐中使用非常广泛的葡萄酒醋、苹果酒醋、覆盆子酒醋等。

葡萄酒醋是用葡萄果汁、葡萄酒为原料酿制而成的,并常常添加葡萄风味剂进行调香。由于所选用葡萄的颜色以及酿造工艺的不同,葡萄酒醋可分为红色、白色两类。英国葡萄酒醋的产量较高,西餐烹饪中,常用于菜肴的增酸,并有提香增鲜的作用。一般烹制红肉类时用红酒醋,而制作海鲜类、鸡肉、鱼类等白肉类菜肴时选用白酒醋。葡萄酒醋兼有果香与独特的风味,适口性更好,多用于调制色拉酱汁,或腌制酸黄瓜等配菜用。

苹果酒醋是以苹果汁为原料酿制而成的,色泽淡黄,口味醇香而酸,美国产量最大。西餐中广泛用于菜肴的赋酸或制作酸渍蔬菜,特别适用于深色菜点的制作,成菜色泽光亮。

此外,人们也常以果酒醋为基醋,加入天然香料或香料提取物以调制独具特色的果酒醋,如蒜香醋、柠檬醋等。调制醋常用于色拉酱、沙司、辣酱油的赋酸增香。

③白醋:一般特指醋液无色透明的食醋,主要有酿造白醋、合成醋、脱色有色醋和白酒醋等。

酿造白醋是以大米为原料经微生物发酵而成。成品清澈透明,酸味柔和,醋香味醇厚。我国福建、丹东等地生产的最为著名,如丹东白醋、福建白米醋、山西白醋。

合成醋又称化学醋,是将冰醋酸加水稀释后再添加食盐、糖类、味精、有机酸和香精等配制而成的。酸味较强,风味较差,香味单调,刺激性较大。

脱色有色醋是以粮食醋、果醋等为基醋,经过活性炭脱色或将基醋缓缓流过离子交换树脂柱而脱色,使之成为无色透明的白醋。

白酒醋是以低度白酒或食用酒精加水冲淡为原料,只经醋酸发酵而成。

白醋主要用于本色菜肴或浅色菜肴的赋酸,也用于色拉酱的调制。此外,在原料的去腥除异、防止褐变等方面也有很好的作用。

(2)品质鉴别

优质食醋呈琥珀色、棕红色或白色,以液态澄清,无悬浮物和沉淀物,无霉花浮沫,无醋鳗、醋虱和醋蝇,酸味柔和,稍有甜味,具有食醋固有的醋香气为佳。

(3)烹饪应用

醋在烹饪中主要起赋酸、增香、增鲜、除腥膻、解腻味等作用。在烹饪中主要用于调制复合味,是调制糖醋味、荔枝味、鱼香味、酸辣味等的重要调料。醋还具有抑制或杀灭细菌、降低辣味、保持蔬菜脆嫩、防止酶促褐变、减少原料中的维生素 C 损失等功用。醋可促进人体对钙、磷、铁等矿物质的吸收。用食醋作为主要调味品的菜肴有醋椒鱼、醋熘鳜鱼、西湖醋鱼、咕噜肉、酸辣汤、糖醋黄河鲤鱼、糖醋排骨等。

由于醋酸不耐高温,易挥发,在食用时应根据需要来决定醋的用量和投放时间。如是在烧鱼时用于腥味的去除,应在烹制开始时加入;如是制作酸辣汤等呈酸菜肴,应在起锅时加入,或是在汤碗内加醋调制;如是用于凉拌菜起杀菌的作用,则应在腌渍时加入。制作本色或浅色菜肴时应选用白醋,用量一定要少。

2)番茄酱

番茄酱是由新鲜成熟的番茄通过破碎、打浆、去除皮和籽等粗硬物质后,经浓缩、装罐、杀菌而成的酱状制品。番茄酱于 20 世纪初从西方引入我国,为增色、添酸、助鲜、郁香的复合调味品。

番茄酱均匀细腻,黏稠适度,味酸甜,呈深红色或红色。番茄酱经过进一步加工可制成番茄沙司,为暗红色、酸甜味。番茄酱可作炒菜的调味品,番茄沙司可供菜肴蘸食使用。我国上海、浙江、广东、北京、新疆等省、直辖市、自治区均有生产。

（1）品质鉴别

优质番茄酱色泽红艳，质地细腻，黏稠适度，味酸鲜香，无杂质，无异味。

（2）烹饪应用

番茄酱常用于熘、爆、炒等菜肴的调味，还可直接用于炸、烤、煎等菜肴的佐餐，以突出其色泽和风味，从而使菜品甜酸醇正且爽口。烹饪中一般多选用浓度高、口味好的番茄酱，这不仅是因为便于控制卤汁，而且可使菜肴色泽红艳、味酸鲜香。番茄酱使用前需炒制，使其增色、增味，若酸味不足可增加柠檬酸来补充。用番茄酱调味的菜肴有茄汁大虾、茄汁锅巴、茄汁鱼花等。

3）柠檬酸

柠檬酸是以淀粉及糖类为原料，用微生物发酵方法制取而成；或是从含酸成分丰富的果品原料（葡萄、柑橘、柠檬、莓类、桃类等）中提取的酸味调味品，又称柠檬精。

柠檬酸为无色半透明晶体或白色颗粒或白色结晶粉末，无嗅、味极酸，易溶于水和乙醇，水溶液显酸性。柠檬酸品种因结晶形态和结晶条件不同，有无水柠檬酸和含结晶水柠檬酸两种。柠檬酸在干燥空气中微有风化性，在潮湿空气中有潮解性。

（1）品质鉴别

优质柠檬酸品质无色半透明，呈斜方形结晶体或白色颗粒，干燥、无嗅、味酸。

（2）烹饪应用

柠檬酸对烹饪原料具有保色、增香、添酸等作用，能使菜肴的酸味柔和，具有独特的果酸味；调味过程中可弥补番茄酱酸味的不足，并能减少维生素 C 的损失和防止植物原料的褐变。在熬糖时加入柠檬酸，可充当还原剂，增加糖的转化量，使糖浆不易翻砂；柠檬酸还可中和面团、面浆中的碱性浓度；柠檬酸常用于糖果、罐头果汁、乳制品等食品的配制。柠檬酸参与调味的菜肴有柠檬鸡柳、珊瑚雪莲等。

10.2.4　辣味调味品

辣味是通过对人的味觉器官强烈的刺激使人所感受到的独特的辛辣和芳香。其辛辣味主要由辣椒碱、椒脂碱、姜黄酮、姜辛素等产生。辣味在烹饪中不能单独存在，需与其他味配合才能使用，用辣味调味品烹制的菜肴别具风味，我国的川菜、湘菜使用广泛，并以此而闻名，为人们所喜爱。辣味调味品种类很多，主要有干辣椒、辣椒粉、辣椒油、泡辣椒、胡椒、芥末粉。其中，辣椒制品主要有辣椒油、辣椒粉、泡辣椒等。

1）辣椒

辣椒是目前世界上普遍栽培的茄果类蔬菜，能促进食欲，增加唾液分泌及淀粉酶活性，也能促进血液循环，增强机体的抗病能力。辣味调味品使用的主要是辣椒制品。

（1）品种

辣椒鲜果可做蔬菜或磨成辣椒酱，或做泡辣椒，老熟果经干燥即成干辣椒，磨粉可制成辣椒粉或辣椒油。

①干辣椒:又称干海椒,是用新鲜尖头辣椒的老熟果晒干而成。果皮带革质,干缩而薄,外皮鲜红色或红棕色,有光泽,辣中带香。各地均产,主产于四川、湖南,品种有朝天椒、线形椒、羊角椒等。

②辣椒粉:又称辣椒面,是将干辣椒碾磨成粉状的一种调料。因辣椒品种和加工方法不同,品质也有差异。选择时以色红、质细、籽少、香辣者为佳。

③辣椒油:又称红油,是用油脂将辣椒粉中的呈香、呈辣和呈色物质提炼出来而成的油状调味品。成品色泽艳红,味香辣而平和,是广为使用的辣味调味品之一。

④辣椒酱:常用辣味调料,即将鲜红辣椒剁细或切碎后,再配以花椒、盐、植物油脂等,装坛发酵而成,为制作麻婆豆腐、豆瓣鱼、回锅肉等菜肴及调制"家常味"必备的调味品。使用时需剁细,并在温油中炒香,以使其呈色呈味更佳。加入蚕豆瓣的辣椒酱称为豆瓣酱。

⑤泡辣椒:常以鲜红辣椒为原料,经乳酸菌发酵而成。四川民间制作泡辣椒时常加入活鲫鱼,故又称鱼辣椒。成品色鲜红、质地脆嫩,具有泡菜独有的鲜香风味。

(2)烹饪应用

辣椒制品都能增加菜肴的辣味,品种不同,应用略有差异。干辣椒在烹饪中应用极为广泛,具有去腥除异、解腻增香、提辣赋色的作用,广泛适用于各式菜肴的制作;辣椒粉在烹饪中不仅可直接用于各种凉菜和热菜的调味,或用于粉末状味碟的配制,而且还是加工辣椒油的原料。辣椒油广泛应用于拌、炒、烧等技法的菜肴和一些面食品种。在制作不同辣味的菜肴时也常用到辣椒油,可用其调制麻辣味、酸辣味、红油味、怪味等。泡辣椒是制作鱼香味必用的调味料。食用时需将种子挤出,然后整用,或切丝、切段后使用。

烹饪中使用辣椒,应注意因人、因式、因物而异的原则,中青年对辣一般较喜爱,老年人、儿童则少用。秋冬季寒冷,气候干燥,应多用;春夏季,气候温和、炎热,应少用;清鲜味浓的蔬菜、水产、海鲜应少用,而牛、羊肉等腥膻味重的原料可多用。

2)胡椒

胡椒又称大川、古月,以干燥果实及种子供调味用。原产于热带,我国主要产于华南及西南地区。

(1)品种

由于采摘的时机和加工方式的不同,胡椒主要分为黑胡椒和白胡椒两类。

①黑胡椒:将刚成熟或未完全成熟的果实采摘后,堆积发酵1~2天,当颜色变成黑褐色时干燥而成。气味芳香,味辛辣。以粒大饱满、色黑皮皱、气味强烈者为佳。

②白胡椒:将成熟变红的果实采摘后,经水浸去皮、干燥而成,辛辣味足,以个大、粒圆、坚实、色白、气味强烈者为佳。

此外,还有绿胡椒和红胡椒。绿胡椒是将未成熟的果实采摘后,浸渍在盐水、醋里或冻干保存而得。红胡椒是将成熟的果实采摘后,浸渍在盐水、醋里或冻干保存而得。

(2)烹饪应用

胡椒有整粒、碎粒和粉状3种使用形式。粒状的胡椒多压碎后用于煮、炖、卤等烹饪方法中,也可压碎成碎粒状,如西餐中常使用的黑胡椒。常加工成胡椒粉,但胡椒粉的香辛气味易挥发,多用于菜点起锅后的调味。西餐中为了使胡椒粉的味道更浓烈,常装入专门的胡椒研磨瓶中现磨现用。

胡椒具有赋辣、去腥除异、增香提鲜的作用。适合于咸鲜或清香类菜肴、汤羹、面点、小吃中,如清汤抄手、清炒鳝糊、白味肥肠粉、煮鲫鱼汤等,也是热菜酸辣味的主要辣味调料。

3)花椒

花椒位列调料"十三香"之首,原产于中国,华北、华中、华南均有分布,以四川产的最好,河北、山西产量最高。

(1)品种

花椒品种有山西的小椒、大红袍、白沙椒、狗椒,陕西的小红袍、豆椒,四川的正路花椒、金阳花椒等。花椒油有伏椒和秋椒之分,伏椒七八月间成熟,品质较好;秋椒九十月成熟,品质较差。

在烹饪中,花椒除颗粒状外,常加工成花椒面、花椒油或花椒盐等形式使用。

(2)品质鉴别

优质花椒色泽光亮,皮细均匀,味香麻,身干籽少,无苦臭异味,无杂质。

(3)烹饪应用

花椒在烹饪中具有去异味增香的作用,红烧、卤味、小菜、四川泡菜、鸡、鸭、鱼、羊、牛等菜肴中均可用到它,川菜中应用最广,形成四川风味的一大特色。花椒与盐炒熟成椒盐,香味溢出,可用于腌鱼、腌肉、风鸡、风鱼的制作;捣碎的椒盐用于干炸、香炸类菜肴蘸食,香味别致。花椒粉和葱末、盐拌成的葱椒盐,可用于叉烧鱼、炸猪排等菜加热前的腌渍。花椒用油炸而成的花椒油,常用于凉拌菜肴中。炖羊肉时放点花椒则可增香去腥膻。花椒还常与大茴香、小茴香、丁香、桂皮一起配制成"五香粉",烹饪中应用更广。

4)芥末

芥末又称芥子末,为芥菜成熟种子碾磨成的一种粉状调料。芥末种子呈球形,多为黄色,干燥无臭味,味辛辣,粉碎湿润后发出冲鼻的辛烈气味。芥末粉有淡黄、深黄、绿色之分,新鲜研磨出来的芥末呈浅绿色,有黏性,散发出清新辛辣的味道。常用的加工制品有芥末粉、芥末油和芥末酱等。芥末不宜长期存放,芥末酱(或芥末膏)在常温下应避光防潮,密封保存,保质期在6个月左右;当芥末油油脂渗出并变苦时,不宜继续食用。我国各地均产芥末,河南、安徽产量较大。

(1)品质鉴别

优质芥末油性大,辣味足,香气浓,无霉变,无杂质。

(2)烹饪应用

芥末辛辣味较大,既有很强的解毒功能,又可起到杀菌和消毒的作用,故生食三文鱼等海鲜食品时经常会配上芥末。如在芥末中添加少许糖或食醋,则能缓冲辣味,使其风味更佳。芥末可用作泡菜、腌渍生肉的调料,还可将动物性原料煮熟改刀后与芥末酱等调味品拌食,风味颇佳;但调味时应控制芥末用量,量大伤胃。以芥末参与调味的菜肴有芥末肚丝、芥末鸭掌、芥

末生鱼片等。

5）咖喱粉

咖喱粉是用胡椒、肉桂之类的芳香型植物捣成粉末和水、酥油混合成的糊状调味品,以印度所产最为有名。

咖喱粉因其配方不一,可分为强辣型、中辣型、微辣型,各型中又分高级、中级、低级3个档次,颜色金黄至深色不一。咖喱粉虽然各家配方、工艺不一,但就其香辛料构成来看有10~20种,并分为赋香原料、赋辛辣原料和赋色原料3种类型。赋香原料,如肉豆蔻及其衣、芫荽、小茴香、小豆蔻、月桂叶等;赋辛辣原料,如胡椒、辣椒、生姜等;赋色原料,如姜黄、郁金、陈皮、藏红花、红辣椒等。其中,姜黄、胡椒、芫荽、姜、番红花为主要原料,尤其是姜黄必不可少。

咖喱粉的颜色为金黄色至深黄色,味道辛辣、香气浓郁。其香气是各种原料香气混合后的综合型香气,是烹饪中的一种特殊香味调料,适用于多种原料和菜肴,无论是中餐、西餐中均能使用,可用其制作咖喱牛肉、咖喱鸡块、咖喱鱼、咖喱饭等。使用时可直接将咖喱粉放入菜肴,也可调浆煸炒后再加其他原料烹制,还可做成调味汁用于冷菜、面食、小吃,或用植物油加些葱花与咖喱粉熬成咖喱油,使用更方便。在烹饪中对咖喱粉的正确使用,可使菜肴的色、香、味等各方面均获得满意的效果。

10.2.5　鲜味调味品

鲜味物质广泛存在于动植物原料中,如畜肉、禽肉、鱼肉、虾、蟹、贝类、海鲜、豆类、竹荪、菌类等原料。鲜味是一种优美适口、激发食欲的味觉体验。咸、甜、酸、苦是四种基本味感,而肉类、菌类等所具有的鲜味,不属于基本味,鲜味不能独立存在,需要在基本味的基础上才能发挥。

鲜味可使菜点风味变得柔和、诱人,能促进唾液分泌,增强食欲。因此,在烹饪中,应充分发挥鲜味调味品和主配原料自身所含鲜味物质的作用,以达到最佳效果。鲜味物质存在着较明显的协同作用,即多种呈鲜物质的共同作用,要比一种呈鲜物质的单独作用强。

烹饪中,常用的鲜味调味品有从植物性原料中提取的或利用其发酵作用产生的,主要有味精、蘑菇浸膏、素汤、香菇粉、腐乳汁、笋油等;有利用动物性原料生产的鸡精、牛肉精、肉汤、蚝油、虾油、蛏油、鱼露、蚌汁和海胆酱等。除普通味精为单一鲜味物质组成外,其他鲜味调味品基本上都是由多种呈鲜物质组成,鲜味独特而持久。

1）味精

（1）品种

现在味精的品种较多,一般将其分为以下4类:

①普通味精:主要鲜味成分是谷氨酸钠。

②强力味精:即特鲜味精,是在普通味精的基础上加入肌苷酸或鸟苷酸钠而制成的,其鲜味比普通味精强几倍到几十倍。

③复合味精:由普通味精或强力味精再加入一定比例的食盐、牛肉粉、猪肉粉、鸡肉粉等,

并加适量的牛油、虾油、鸡油、辣椒粉、姜黄等香辛料制成。由于比例不同可制成不同种类、鲜味各异、不同风味的味精。复合味精常用于汤、方便面、方便蔬菜、方便大米等各种快餐食品中。

④营养强化味精：向味精中加入一般人群或特殊人群容易缺乏的营养素，如维生素 A 强化味精、中草药味精、低钠味精等。

（2）品质鉴别

优质味精色白味鲜，颗粒均匀，干燥无杂质，尤以谷氨酸钠含量高的粮食味精为佳。

（3）烹饪应用

味精的主要作用是增加菜点鲜味，烹饪时应注意其使用量、适宜温度及投放时机。最适宜的使用量（即浓度）为 0.2% ~ 0.5%，最适宜的溶解温度为 70 ~ 90 ℃，最适宜的投放时间为菜肴即将成熟时或出锅前加入。烹饪时，还需注意以下几点：

①碱性强的食品不宜使用味精，因谷氨酸钠中的钠活性大，易与碱反应后产生具有不良气味的谷氨酸二钠，从而失去调味作用，因此在碱性较强的海带、鱿鱼等原料制作的菜肴中不宜添加味精。

②酸味类菜肴也不宜使用味精，味精遇酸性不易溶解，酸性越大，溶解度越低，因此加入味精起不到增鲜的效果。

③味精只有在 70 ℃以上才能充分溶化，故做凉拌菜不宜直接加味精（可事先用少量温开水化开，再浇到凉菜上调和）。

④做馅心时不宜放味精，不论是蒸或煮，都会受到持续的高温，会使味精变性，失去调味的作用。

⑤鲜味丰富的原料（如蘑菇、香菇、鱼虾等）不宜使用味精，因为它们本身已经具有一定的鲜味，加入味精后反而不能突出原料本味。

2）蚝油

蚝油是利用牡蛎肉为原料，通过不同方法制得的黏稠液体状鲜味调味品。因加工技法不同分为 3 种：一是加工牡蛎干时煮成的汤，经浓缩制成的原汁蚝油；二是以鲜牡蛎肉捣碎、研磨后，取汁熬成原汁蚝油；三是将原汁蚝油改色、增稠、增鲜处理后制成的精制蚝油。根据加盐量的多少，分淡味蚝油和咸味蚝油两种。

（1）品质鉴别

优质蚝油色泽棕黑，汁稠滋润，鲜香浓郁，无异味，无杂质。

（2）烹饪应用

蚝油在烹饪中的主要作用是提鲜、增香、调色。蚝油既可用于炒菜中，又可用于炖肉、炖鸡及红烧鸡、鸭、鱼等，滋味异常鲜美，蚝油还可用作味碟，供煎、炸、烤、涮等方法烹制出的菜肴佐味使用。蚝油为咸鲜味调味品，烹饪时既要把握好其他咸味调料的用量，又不宜加热过度，否则会降低鲜味，蚝油一般应在菜肴即将出锅时趁热加入。蚝油参与调味的菜肴有蚝油牛肉、蚝油生菜、蚝油鸡片、蚝油鲍鱼等。

3）鱼露

鱼露是以小鱼虾为原料，经腌渍、发酵、晒炼并灭菌后得到的一种味道极为鲜美的液体调味品。鱼露又称鱼酱油、鱼卤、虾油、虾卤油等。鱼露发源于广东潮汕的咸鲜味调味品,与潮汕菜铺、酸咸菜并称"潮汕三宝"。

鱼露呈琥珀色,味道咸而带有鱼类的鲜味。鱼露主产于我国福建、广东、浙江、广西及东南亚各国,主要品种有福建民生牌鱼露、越南虐库曼鱼露、泰国南普拉鱼露、马来西亚布杜鱼露、菲律宾帕提司鱼露和日本盐汁鱼露等。

(1)品质鉴别

优质鱼露澄清、透明,气香味浓,无苦涩味、色泽橙黄、琥珀或棕红色。

(2)烹饪应用

鱼露的烹饪应用与酱油相似,有起鲜、增香、调色的作用。鱼露既可与成熟后形态较小原料调拌成菜,又可用于炒、爆、熘、蒸、炖等多种普通技法的调味,还是煎、烤类菜肴的蘸料。鱼露也可兑制鲜汤和用作煮面条的汤料;民间还常用其腌制鸡、鸭、肉类。以鱼露参与调味的菜肴有鱼露芥蓝菜、铁板鱼露虾、菠萝鸡、白灼名螺片等。

4)虾子

虾子是以足间抱卵的鲜虾洗净后用暴晒法或入锅微火焙法(也有盐腌后)干制而成的鲜味调味品,又称虾卵、虾蛋。我国明代已有食用虾子的记载,为传统的天然鲜味调味品。

虾子有海虾子、河虾子两种。干虾子色泽红润,每年夏秋季节为虾子加工期。我国主产于江苏河湖地区和沿海地区,河北、山东沿海地区亦产。

(1)品质鉴别

优质海虾子色泽红润或金黄,粒圆,身干,洁净,无灰渣杂质;优质河虾子颜色深黄似黑,粒圆,味淡,身干,无灰渣杂质。

(2)烹饪应用

虾子具有浓郁的鲜香味,多作为增鲜、提香的调味品,并适宜采用以水为传热介质的加热方式烹制菜肴。虾子一般与主配料一同入锅煮、烩、烧、扒,或用于烹制蔬菜等。虾子还用于制作虾子辣酱、虾子酱油、虾子腐乳等。虾子参与调味的菜肴有虾子大乌参、清炖狮子头、拆烩鲢鱼头、虾子蒸蛋、大煮干丝、虾子茭白等。

5)高汤

①清汤:泛指汤汁清澈、透明如水、香气浓郁、咸鲜爽口的汤类原料,可分为一般清汤和特制清汤两大类;选用老母鸡、老母鸭、猪瘦肉、猪排骨等熬汤原料以及鸡脯肉、鸡腿肉、瘦猪肉、瘦牛肉、鸡骨架等澄清原料小火熬制而成。清汤常用于中、高级宴席的烧、烩或汤菜中,如开水白菜、清汤浮圆、口蘑肝膏汤、竹荪鸽蛋等。若在清汤的基础上加入火腿的火爪、蘑菇等提色原料,可制成红褐色、红棕色的红汤,多用于干烧、红烧类菜肴的烹制。

②奶汤:汤白如奶、鲜香味浓、口感圆润的乳状汤料,可分为一般奶汤和特制奶汤两大类。选用肥鸡、肥鸭、猪肘、棒子骨、猪排、鸡骨架等原料大火烧开,中火熬制而成。常用于中、高级宴席的奶汤菜肴、白汁类菜肴的制作,如奶汤鱼肚、奶汤鲍鱼、奶汤羊肚菌、白汁菜心等。

③鲜汤:广义上泛指鲜美的汤料,包括清汤、奶汤、红汤。这里主要介绍狭义的鲜汤,即指用猪骨、猪肉的下脚料熬制的汤料,其颜色浅,鲜香味较淡薄。鲜汤可作为一般菜点的汤汁或

炒菜时的兑汁,如萝卜棒子骨汤,也可用于馅心的制作。

④原汤:单独用一种动物性原料加入清水熬制成具有原汁原味的汤料,如鸡汤、鸭汤、牛肉汤、肘子汤、骨头汤、羊杂汤等。原汤多用于汤菜合一或同一原料烹制的汤菜和烧菜中,如原汤炖肘子、原汤炖鸡、清蒸鸭子等,也可用于面食和小吃的制作中,如原汤抄手等。

⑤素汤:用黄豆芽、口蘑、香菇、芽菜或冬菜等蔬菜原料熬制成的汤料,可分为一般素汤和特制素汤两大类。一般素汤是将黄豆芽用植物油略炒后,加入开水,大火烧开,加葱段、姜块,若接着用中火保持沸腾约2 h,即成素奶汤。若在大火烧开后,改用小火熬煮,则制成素清汤。特制素汤是在素清汤中加入口蘑或竹荪熬煮,然后澄清即可。素汤具有色黄清澈、汤味清香等特点,主要用于素菜的汤汁和调味。

6)腐乳汁

腐乳也称豆腐乳,是在豆腐坯上接种毛霉制成毛豆腐,再加上香料、食盐等发酵而成,是我国人民喜爱的一种传统发酵食品。在豆腐乳发酵过程中溢出的卤汁即为腐乳汁,因其中含有丰富的鲜味氨基酸,在烹饪中也被作为鲜味调味品使用。

腐乳汁滋味鲜美,风味独特,具有提鲜增香、除腥解腻的作用。烹饪中适合烧、蒸等方法制作的菜肴,如腐乳烧肉、粉蒸肉、腐乳鸡等;也常直接用于拌菜和味碟中,如涮羊肉的味碟。

7)菌油

菌油是用鲜菌和植物油混合炼制而成的鲜味调味品。所使用的鲜菌如松乳菇、鸡枞、平菇、金针菇等。其具体加工方式为:先将鲜菌清洗干净,腌制片刻,倒入热油中,用小火炒制,并添加适量盐、酱油、姜、花椒、陈皮等调味品,经10～20 min至鲜菌变色萎缩,离火冷却即成。名品如湖南长沙特产寒菌油、湖南洪江菌油、四川西昌鸡枞油等。

菌油的鲜味极强,可用于烧、炖、炒、焖、拌菜肴中,如菌油煎鱼饼、菌油烧豆腐都是颇具特色的菜品;也可在食用面条、米粉时淋入菌油提鲜增香。

8)虾油

虾油是以鲜虾为原料,经盐渍、发酵、炼卤、抽卤而成的鲜味调味品。其加工方式有3类:一是腌制虾酱的浸汁,虾的鲜香味十分浓郁。因加工过程需经过头伏、中伏、末伏,又称三伏虾油。以产于东北、河北、江苏等地的最为正宗,质量最佳。二是将制成的豆酱、面酱抽出的汁液中加入鲜虾,经晒制(90天,虾肉全部溶解)、过滤、杀菌而成;主产于广东番禺,与酱油类似。三是将加工虾米时的煮汁经过滤、加盐和香料熬制而成,质量较差。

虾油在烹饪中具有提鲜和味、增香去异的作用,一般用于汤菜,也可用于烧、蒸、炒、拌菜中,或用于拌食面条,或制作味碟直接食用。用虾油腌渍的虾油渍菜是辽宁锦州的名特产品,地方特色鲜明。

9)笋油

笋油又称笋汤,是将加工竹笋干时产生的汤汁浓缩而成的鲜味调味品。加工方式有两类:一是将煮笋的笋汤经过熬煮,浓缩成胶状,即为笋油。二是将鲜笋蒸熟,穿通竹节,铺板上,再加一板压榨,使汁水流出,加盐,调制成笋油。

笋油具有鲜美的风味,常用于菜点的调味,用于烧、蒸、炒、拌和汤菜中,拌面条食用,制作味碟直接食用。风味独特的庆元笋粽因制作时使用笋油,色鲜味美,深受人们喜爱。

10.2.6 香味调味品

香味调味品是指可以增加菜肴的芳香,去掉或减少腥膻味和其他异味的一类调味料。香味在烹饪中不能独立存在,需要在咸味或甜味的基础上才能表现出来。

1)八角

八角又称大料、大八角、八角香、八角珠等。八角最早野生在广西西部山区,我国栽培和利用已有四五百年历史。八角按采收季节可分为秋八角和春八角两种,主产于我国西南各省及广东、广西等地。

(1)品质鉴别

优质八角个大均匀,色泽棕红,鲜艳有光泽,香气浓郁,干燥完整,果实饱满,无霉烂杂质,无脱壳籽粒。

(2)烹饪应用

八角既可用来腌渍动、植物性原料(如腌牛肉、排骨、大头菜等),又可适宜用卤、酱等烹饪方法制作宴席冷菜(如酱牛腱、卤素鸡等),还可用于烹饪腥膻异味较重的动物性原料(如烧羊肉、葱扒鸭等),其目的是去除异味,增添芳香,调剂口味,促进食欲。八角还是加工五香粉、五香米粉的重要原料。

2)茴香

茴香又称小茴香、谷茴香香子、小茴等。茴香干燥后的果实呈长椭圆形,两端稍尖,形似稻粒,每年9—10月成熟,我国主要分布在山西、甘肃、辽宁、内蒙古等地。

(1)品质鉴别

优质茴香颗粒均匀,干燥饱满,色泽黄绿,气味香浓,无杂质。

(2)烹饪应用

茴香在烹饪中适用于卤、酱、烧及火锅的调香原料,在菜肴中主要起增加香味、去除异味的作用。茴香在应用时要用纱布包裹,避免黏附原料,影响菜品质量。

3)桂皮

桂皮又称肉桂、玉桂、牡桂、菌桂、筒桂、紫桂等。桂皮外形一般呈半槽、圆筒、板片3种形态,表面灰棕色或黑棕色,有细皱纹及小裂纹,皮孔团圆形,内表暗红色,质硬而脆,断面外表灰褐色或黑棕色,内层紫红色或棕红色。桂皮主产于我国广东、广西、浙江、安徽、四川、湖南、湖北等地。

(1)品种

桂皮品种有桶桂、厚肉桂、薄肉桂3种。桶桂为嫩桂树的皮,质细、清洁、甜香、味正、呈土黄色,质量最好,可切碎做炒菜调味品;厚肉桂皮粗糙,味厚,皮色呈紫红,炖肉用最佳;薄肉桂外皮微细,肉纹细、味薄、香味少,表皮发灰色,里皮红黄色,用途与厚肉桂相同。

（2）品质鉴别

优质桂皮皮细肉厚,表面灰棕色,内面暗红棕色,断面紫红色,油性大,香气浓郁,干燥无霉烂。

（3）烹饪应用

桂皮的香气可使肉类菜肴去腥解腻,令人增进食欲。桂皮常用于卤、酱、烧、煮等菜肴及腥膻味较重的原料进行调味,也是制作五香粉的主要成分之一。

4）丁香

丁香又称丁子香、支解香、公丁香等。丁香有公母之分,母丁香为丁香的成熟果实,又称鸡舌香;公丁香只开花不结果,采花干制为丁香。丁香原产马来西亚群岛及非洲,我国广东、海南、广西、云南等地分布较多。

（1）品质鉴别

优质丁香个大均匀,色泽棕红,油性足,粗壮质干,无异味,无杂质,无霉变。

（2）烹饪应用

丁香常用于卤、酱、烧、烤等烹饪方法制作的菜肴中,主要用于畜禽类菜肴的腌制及加热调味;也可应用于炒货、蜜饯等食品的调味。但在烹饪中应控制丁香的用量,否则味苦。

5）陈皮

陈皮又称橘皮、橘子皮、黄橘皮、广橘皮、新会皮、柑皮、广陈皮等。陈皮分陈皮和广陈皮两种,只有晒3年以上的才能称为陈皮。陈皮主产于我国浙江、广东、福建等地,普遍栽培于丘陵、低山地带以及江河湖泊沿岸或平原。

（1）品质鉴别

优质陈皮皮薄、片大、色棕红,油润,干燥无霉斑,香气浓郁。

（2）烹饪应用

陈皮多用于烧、炖、焖、煨等方法烹制的动物性菜肴中,有增香添味、去腥解腻的作用。因陈皮有苦味,食用时应控制用量,以免影响菜品风味。陈皮参与调味的菜肴有陈皮羊肉、陈皮牛肉、陈皮兔丁、陈皮鸡翅、陈皮老鸭煲等。

6）草果

草果又称草果仁、草果子、老蔻等。草果通常在秋季果实成熟并呈红褐色时采收,除去杂质,经晒干或低温干燥而成。草果主要分布于我国广西、贵州和云南等地。

（1）品质鉴别

优质草果个大饱满,质地干燥,香味浓郁,表面红棕色。

（2）烹饪应用

草果气味芳香,烹饪中常用于制作卤水的调料,也用于烧菜、火锅、卤菜之中;食用时先将其拍松,然后用纱布包扎放入汤中,有增香、去腥的作用。草果参与调味的菜肴有草果煲牛肉、云南封鸡等。

7）豆蔻

豆蔻又称肉果、玉果等。豆蔻有肉豆蔻、草豆蔻两种。肉豆蔻外形为卵形、球形或椭圆形,外表灰棕色或棕色,粗糙,有网状沟纹,一侧有明显的纵沟,宽端有浅色圆形隆起,窄端有暗色凹陷,质坚硬;草豆蔻形态呈圆球形或椭圆形,质坚硬,外表灰白色或灰棕色,中间有白色隔膜分成瓣,每瓣有数十种粒子紧密相连,果背稍隆起,切开后内面灰白色。豆蔻主产于马来西亚、印度尼西亚,我国广东、广西、云南也有栽培。

(1)品质鉴别

优质豆蔻个大,饱满,质地坚实,干燥,气芳香强烈,味辣而微苦。

(2)烹饪应用

豆蔻一般与其他香料混合使用,多用于制作卤、酱、烧、煮、炖、焖等方法烹制成的菜肴,具有去异味、增辛香的作用。但是,烹饪时应控制豆蔻的用量,以免苦味过重,影响菜品风味。豆蔻还是咖喱粉等一些复合调味料的配制用料。

8)黄酒

黄酒又称料酒、绍酒,是我国特有的酿造酒,在我国已有6 000多年的酿造历史,是世界上最古老的饮料酒。黄酒品种繁多,名称不一,一般认为因其酒色橙黄而得名,也有人认为是黄帝所创而取名。黄酒、葡萄酒和啤酒并称为"世界三大酿造酒"。黄酒是用糯米或小米为原料,经过蒸熟、糖化、发酵、压榨、杀菌等特定的加工过程制作成的一种低度酿造酒,酒中带有鲜味、苦味或曲香。

(1)品种

黄酒较著名的有绍兴酒、沉缸酒、即墨老酒、丹阳封缸酒、珍珠红等,其中浙江绍兴所产最负盛名。

①绍兴酒:我国黄酒中历史悠久的名酒,因产于浙江绍兴而得名,简称绍酒,由于以鉴湖水为酿造用水,又称鉴湖名酒。由于陈年老酒的品质最好,当地人们习惯称它为"老酒"。绍兴酒以糯米为主要原料,经精酿,酒液黄亮有光,香气浓郁,鲜美醇厚,风味独特。绍兴酒长期以来被用作烹饪中的调料酒,是我国南方使用最多的调料酒。江南地区的酒煮肉完全用绍兴酒代水烹制而成。绍兴酒的品种丰富,有元红酒、加饭酒、花雕酒、女儿红、鲜酿酒等。

②沉缸酒:产于福建龙岩酒厂,在酿造中,酒醅要3次沉浮,沉入缸底,开时酒味较大,最后甜味胜过酒味。酿成后要贮存3年,酒色鲜艳透明,呈红褐色,有琥珀光泽,香气醇郁芬芳,入口酒味醇厚,主要用于饮用。

③丹阳封缸酒:产于江苏省丹阳酒厂,是我国历史悠久的名黄酒,当地也称为百花酒、贡酒。以当地优质糯米为原料,在糖化发酵中糖分达到高峰时,兑入50度以上的小曲米酒,立即封闭缸口,而后抽出清液和酒,按比例勾兑,再密封灌坛,贮存两三年即为成品。酒液琥珀色或棕红色,明亮,香气醇浓,口味鲜甜。

(2)品质鉴别

优质黄酒色泽淡黄或棕黄,清澈透明,香味浓郁,味道醇厚,含酒精度较低。

(3)烹饪应用

黄酒具有除腻、去膻、解腻、增香和添味的作用。烹饪时加入黄酒,首先,能使食物原料中的腥膻味等物质溶解于黄酒并随酒精挥发而除之;其次,黄酒中的酯香、醇香通过烹饪不仅为菜肴增香,而且能把食物原料中固有的香气诱导挥发出来,使菜肴香气四溢;最后,黄酒中含有多种呈味物质,在烹饪肉、蛋等菜肴时,调入黄酒能渗透到食物原料组织内部,溶解微量的有机物质,从而令菜肴质地松嫩,风味更为鲜美醇香。但是,烹饪菜时黄酒不要放得过多,以免黄酒味太重而影响菜肴本身的滋味。黄酒参与调味的菜肴有酒糟鹅肝、酒醉仔鸡、花雕肥鸡、酒焖肉等。

9)香糟

香糟为小麦和糯米在酿造黄酒时通过发酵并经过蒸馏或压榨后剩下的酒糟,然后再经加工而制成的香气浓郁的调味品,又称酒糟。香糟分白糟和红糟两种,白糟为绍兴黄酒的酒糟加工而成;红糟是福建的特产,酿酒时需加入5%的红曲米,能增加菜肴的色彩且香味浓郁。我国江苏、浙江、上海、福建等地为香糟的主产地。

(1)品质鉴别

优质白糟为新品,色白,经过存放后熟,色黄甚至微变红,香味浓郁。优质红糟为隔年陈糟,色泽鲜红,具有浓郁的酒香味。

(2)烹饪应用

香糟与黄酒同样可起去腥、增香、增味的作用。香糟既可在冷菜中用于制作糟毛豆、糟蛋、糟鸡、糟鸭掌、香糟冻鸭等菜品,也可广泛用于煎、炒、熘、爆以及烧、烩、蒸、炖等热菜制作中。香糟参与调味的菜肴有香糟煎茭白、香糟炒鸡片、香糟熘三白、香糟熘鱼片、香糟烧鲤鱼、香糟烩腐竹、香糟汁蒸鸭肝、汽锅香糟鸭等。

任务3　调味品类原料的品质鉴别与保藏

10.3.1　调味品掺假、掺杂的鉴别

常见调味品碘盐、味精及部分香料掺假、掺杂的鉴别,见表10.1。

表10.1　常见调味品碘盐、味精及部分香料掺假、掺杂的鉴别

类　别		特　征
碘盐	真碘盐	外观包装色泽洁白;包装袋两侧平展,没有对折痕迹;防伪标识均在同一位置,十分有规律;包装精美,字迹清晰,封口整齐、严密,其包装袋上下封口都是一封到底,中间没有缝隙,且边缘锁牙(即封口处胶袋边缘的齿状)很规则。将盐撒在切开的土豆切面上,显示出蓝色,颜色越深表示含碘量越高。优质碘盐手捏松散,颗粒均匀,无臭味,鲜味醇正
	假碘盐	外观包装有淡黄、暗黑等异色,并且不够干爽,易潮;包装袋均有明显或不明显的对折痕迹,齿印很明显;防伪标识贴的无规律;外包装字迹模糊,手搓即掉,包装简单,不严密,封口不整齐;将盐撒在切开的土豆切面上,无颜色反应;假冒碘盐手捏成团,不易散,因掺有工业含碘废渣而闻有氨味,口尝时咸中带涩

续表

类　别		特　征
掺假味精	掺入石膏	呈齿白色,不透明,无光泽,颗粒大小不均匀。取少许味精放在舌头上,如果是合格味精,舌头会感到冰凉,且味道鲜美;若掺了石膏,则有冷滑、黏糊之感
	掺入食盐	呈灰白色,无光泽,颗粒较小(晶体状味精洁白如雪,光亮透明,颗粒细长)。取少许味精放在舌头上,如果是合格味精,舌头会感到冰凉,且味道鲜美;若掺了食盐,则会感到有咸苦味
	掺入面粉或淀粉	可随面粉或淀粉色泽的不同而发生变化,无光泽,带有杂物,手触有光滑感,取少许味精含在口中会有黏糊感(粉末状味精呈乳白色,光泽好,细小,手触有涩感,口尝有凉感,不易马上溶化,有类似鲜肉的腥味);还可取少许样品,加一些水,加热溶解,冷却后,加入1～2滴碘酒,若有淀粉掺入,则呈现蓝色或紫色
八角	真八角	瓣角整齐,一般为8个角,瓣纯厚,尖角平直,带柄向上弯曲。味甘甜,有强烈而特殊的香气
	假八角	以莽草果充当,瓣角不整齐,大多为8瓣以上,瓣瘦长,尖角呈鹰嘴状,外表极皱褶,蒂柄平直味稍苦,无八角茴香特有的香味。取少许粗粉加4倍的水,煮沸10 min,过滤后加热浓缩,八角溶液为棕黄色,莽草果溶液为浅黄色
辣椒粉	正常辣椒粉	呈深红色或红黄色,粉末均匀,有辣椒固有的香辣味,加热灼烧至冒烟时,正常辣椒粉发出浓厚的呛人气味,闻之咳嗽,打喷嚏;将粉末置于饱和食盐水或石油醚中,辣椒粉因相对密度小而浮于水面上;辣椒的红色能溶于石油醚中呈现红色
	掺假辣椒粉	掺假物有麦麸、玉米粉、干菜叶粉、红砖粉、合成色素等。加有麸皮等杂物的辣椒粉一般颜色深浅不均匀,闻之辣味不浓,加热灼烧至冒烟时,只见青烟,呛人的气味不浓;将粉末置于饱和食盐水或石油醚中,红砖粉因相对密度大而沉于水底,或石油醚层无色,颜色很淡
花椒粉	正常花椒粉	呈棕褐色,颗粒状,具有花椒粉固有的香味,品尝有花椒味,舌头有发麻的感觉
	掺假花椒粉	掺假物有麦麸皮、玉米面等。多呈土黄色,粉末状,有时霉变、结块,花椒味很淡,口尝除舌尖有微麻的感觉外还带有苦味。可用碘酒鉴别是否掺入了淀粉类物质
胡椒粉	正常白胡椒粉	不掺任何辅料,手感微细,颗粒均匀,呈浅棕色,口感辛辣纯正,香气浓郁
	掺假白胡椒粉	用少量白胡椒粉掺和低价辛辣调料或辣味调料的下脚料及麦麸皮等混合而成。无微细颗粒感,粗细不均。口感极辣,味道不正,无香味
	正常黑胡椒粉	棕褐色,有香辣味。取少许加水煮沸,上层液为褐色,下层有棕褐色颗粒沉淀
	掺假黑胡椒粉	黑褐色,辣味刺鼻。取少许加水煮沸,上层液为淡褐色,下层有黄橙色或黑褐色颗粒沉淀;可用碘酒鉴别是否掺入淀粉类物质

10.3.2　调味品类原料的保藏

1)总体保藏要求

为了使菜肴符合要求,必须加强调味品的保管,使之保持纯正品质,便于烹饪。如果盛装容器不当、保管方式不妥,可能导致调味品变质或串味,严重影响烹饪效果,以致菜肴质量低下,风味全无。

首先,调味品的种类很多,有液体也有固体,还有易于挥发的芳香物质,因此对器皿的选择必须注意。有腐蚀性的调料,应选择玻璃、陶瓷等耐腐蚀的容器;含挥发性的调料,如花椒、大料等应该密封保存;易潮解的调料,如盐、糖、味精等应选择密闭容器。碘盐中的碘元素的化学性质极为活泼,遇高温、潮湿和酸性物质易挥发,因此在保存、使用碘盐时需要注意。

其次,环境温度要适宜,如葱、姜、蒜等,温度高易发芽,温度太低易冻伤;温度过高,则糖易溶化,醋易浑浊。湿度太大,会加速微生物的繁殖,酱、酱油易生霉,会加速糖、盐等调味品的潮解;湿度过低,会使葱、姜等调味品大量失水,易枯变质。姜多接触日光易发芽,香料多接触空气易散失香味等。

最后,应掌握先进先用的原则。调味品一般均不宜久存,因此在使用时应先进先用,以避免贮存过久而变质。虽然少数调味品如料酒等越陈越香,但开启后也不宜久存。有些兑汁调料当天未用完,要进冰箱,第二天重新烧开后再使用。香糟、切碎的葱花、姜末等要根据用量掌握加工,避免一次性加工太多造成变质浪费。

2)常用调味品的保藏措施

(1)普通食盐

食盐的吸湿性强,易受潮。食盐的受潮与外部环境有直接关系,空气中的湿度超过70%~75%时,严重的潮解能使食盐化成卤水,降低食盐的质量。但是空气中相对湿度降低时,也能使食盐中水分蒸发而干缩,结块。因此,为了保证食盐的质量,食盐的保藏应尽量与空气少接触,应把盐存放在缸罐等陶器中,防止产生潮解、干缩、结块等现象。

(2)碘盐

由于碘易挥发,碘盐存放的时间越长,碘的损失就越大,因此碘盐要存放在密闭性好的器皿中,并放置在阴凉处,另外,碘遇热后也易损失,所以在烹饪时,碘盐一定要在菜肴即将出锅时放入,避免碘过早损失。

(3)酱油

由于夏季温度较高,酱油会长醭。这种现象的发生是由于微生物中膜酵母菌繁殖的结果,酱油被膜酵母菌感染后,最初在表面上产生灰白色小点,然后扩大到整个表面,形成一层有皱纹的皮膜,继续发展就变为一层厚厚的白膜,这层白膜不仅污染了酱油,改变了酱油的滋味,甚至使酱油失去食用价值,膜酵母菌繁殖最适宜的温度为25~30℃,因此,在高温下最易产生白膜,尤其是散装酱油,在盛装之前,应做到:

①所使用的容器应用开水冲洗干净,并用干净的纱布封盖,置于阴凉干燥处,防止雨水、生

水进入酱油内。

②如果一旦发现产生白膜,应立即把白膜捞出,将酱油适当加热,从而把膜酵母菌去除。

③如容器不干净,应进行消毒,然后再装入酱油。

④固体酱油应放在干燥的地方,防止受潮变味。

（4）食醋

食醋和酱油一样在高温情况下,容易长白膜,其产生原因与酱油一样,因此在保管食醋时,应做到:

①注意容器的清洁卫生。为了防止长白膜,在盛装食醋之前,应将容器用开水冲洗干净,如发现白膜,也应及时过滤掉,稍加热,及时使用。

②注意气温的变化,食醋在高温情况下容易长白膜,所以要将食醋存放在通风阴凉处。

③由于食醋具有醋香味,尤其是散装醋存放时,一定要密封,瓶醋打开后,要尽快使用。

（5）味精

使用味精时应存放在塑料袋或玻璃瓶内,用后要盖严,封口,并放在阴凉干燥的地方。原因是味精具有吸湿的特点,使味精结块,使用起来不方便,时间长了也容易变质。

（6）香辛料

由于香辛料都是干货制品,因此在保管时必须放在密封的容器中进行存放,并放在通风干燥处,防止受潮变质,防止香味挥发,同时香辛料不宜存放时间太长,否则,香味会减少,失去调味作用。

（7）食糖

食糖对外界温度变化很敏感,怕潮、怕热、怕压,也易沾染其他异味,易招蝇、蚁。因此根据食糖吸潮溶化、干缩结块等性质,在保管食糖时应采取以下措施:

①食糖购买后,应严格检查是否受潮,如发现已有轻微受潮现象,就不宜存放,应先使用,因为食糖受潮后容易溶化。

②绵白糖、赤砂糖、红糖含有较多的还原糖,因含还原糖较高的食糖吸湿性较强,所以在存放时不宜堆叠,以防挤压结块。

③食糖应存放在通风、干燥的场所,不宜和水分较大或有异味的烹饪原料存放在一起;使食糖吸收异味而变味,因此,糖缸下应用模板垫底,防止地面的水分对食糖产生影响。

④如果食糖出现结块现象,可将已经结块的糖包或糖块放在湿度较大的地方,蒙上湿布,使之重新吸潮而散开(但不能过分吸潮),然后方可使用,结块的糖切忌用敲打方法弄散。

⑤食糖贮存过程中,还容易招蝇、蚁,感染细菌。因此,贮存糖的场所应保持清洁、杀菌防毒、注意防蝇、防鼠、防尘、防止感染异味,放在缸里的食糖要加盖。

（8）黄酒

黄酒由于酒精含量较低,所以容易被细菌感染,尤其是夏季开瓶后,受高温的影响,易变质,使黄酒浑浊,产生酸味。故在保管黄酒时,应将黄酒存放在通风阴凉处,温度为 $15 \sim 25$ ℃,开瓶后应适时盖好,避免细菌、灰尘进入,不宜久放。但有时未开瓶的酒会出现少量的沉淀物,通常称为酒脚,这是黄酒本身纯度不够,保藏时间较长而产生的自然现象,并不是变质,不妨碍使用。

任务评价

学生本人	量化标准(20分)	自评得分
成果	学习目标达成,侧重于"应知""应会" 优秀:16~20分;良好:12~15分	
学生个人	量化标准(30分)	互评得分
成果	协助组长开展活动,合作完成任务,代表小组汇报	
学习小组	量化标准(50分)	师评得分
成果	完成任务的质量,成果展示的内容与表达 优秀:40~50分;良好:30~39分	
总分		

练习实践

1. 咸味调味品有哪些种类?

2. 食糖的使用形式有哪些?

3. 食醋中的种类有哪些? 特点各是什么?

4. 食盐在烹饪中有何作用?

单元 11

辅助类烹饪原料

【知识目标】

- 了解烹饪用水的种类及其在烹饪中的应用；
- 掌握食用油脂的种类、性质及其在烹饪中的应用；
- 掌握食用油脂的品质检验和贮存；
- 掌握其他辅助原料的种类及烹饪应用。

【能力目标】

- 能在烹饪中掌握节约用水的方法与能力；
- 能在烹饪中正确使用各种辅助原料。

辅助类烹饪原料,是保证烹饪工艺顺利进行,与菜点的色、香、味、质等密切相关的一类烹饪原料。本单元将对烹饪中常用的辅助原料从种类、作用及烹饪应用等方面加以阐述,使读者能对辅助原料有正确的认识并在烹饪中科学合理地加以运用。

任务1　食用淡水

水是我们最熟悉的一种物质,是人类宝贵的自然财富。没有水,人和动物、植物都不能生存。水也是参与烹饪的主要辅助原料。

11.1.1　品种特征

水以固态、液态和气态3种聚集状态存在于自然界中。水在自然界的分布很广,江、河、湖、海约占地球表面积的3/4。地层里、大气中以及动物、植物体内都含有大量的水,但合格的淡水含量很少,因此,淡水是非常重要的自然资源(表11.1)。

表11.1　淡水的分类

依据	类别			特点
水的硬度大小	软水	雨水、雪水、纯净水等		硬度小于8度的水,可供饮用和烹饪用
	硬水	地下水、矿泉水、自来水、江河湖水等		高硬度的水有苦涩味,会使人的胃、肠功能紊乱。在加热时会生成水垢,增加燃料的消耗。肉和豆类在硬度大的水中不易煮烂
是否经过人工处理	天然水	地表水	雨雪水	由于地表水是从地面流过,溶解的矿物质较少,硬度低,但常含有黏土、砂、水草、腐殖质、钙镁盐类、其他盐类及细菌等。其中含杂质的情况由于所处的自然条件不同及受外界因素影响不同而有很大差别。近年来,由于工业的发展,大量含有有害成分的废水排入江河,导致地表水污染
			江河水	
			湖水	
			塘水	
			窖水	
		地下水	深井水	由于水透过地质层时,形成了一个自然过滤过程,所以它很少含有泥沙、悬浮物和细菌,水比较澄清,经过地层的渗透和过滤而溶入了各种可溶性矿物质,如钙、镁、铁的碳酸氢盐等
			泉水	
	人工处理水	自来水		将江河湖水等经过沉淀、过滤、除去悬浮杂质,并经过消毒处理,是最主要的饮用和烹饪用水
		净化水		将自来水通过净水器装置,去除各种微细物质而得到的干净水,但同时也去除了有益的矿物质成分。一般只作饮用水
		蒸馏水		将自来水汽化,再经冷却装置冷凝成的水。水质非常纯净,但在去除有害物质的同时,也损失了对人体有益的成分

续表

依据	类别		特点
是否经过加热处理	生水	一切未经煮沸的水	有冷水、温水、热水之分,一般不宜直接饮用。烹饪用须选择水质清洁、卫生、软硬适度、无异臭味的水
	熟水	经过烧煮到 100 ℃的水	有凉开水、温开水、热开水、沸水之分。凡宜于饮用的水,煮沸后均可作烹饪用水

11.1.2　水的性质

1)水的比热

水的比热大,此特点在烹饪中,一方面广泛作为传热介质加以应用,如煮、烫、汆等加热方式;另一方面可将加热过的原料用冷水冲洗或浸泡使之快速降温,或向沸汤、沸水中加入冷水降温后再煮沸,使其中的食品内外均匀成熟,如煮面条、煮饺子。

2)水的汽化热和溶解热

水的汽化热比较大。当水发生汽化或冷凝时,可吸收或放出大量的热量。烹饪中的蒸制方法,即是利用热蒸汽传热,并且当水蒸气在食物表面由气态转化为液态时,可以释放大量的潜热,故能使食物在短时间内成熟。

水经过冻结可变为固体冰。当冰融化时可吸收大量的热量而使原料或食品降温,从而抑制微生物的生长繁殖,防止腐败变质。此特性常用于冷藏和冰镇食物。

3)水的溶解性

水可以溶解离子型化合物、非离子极性化合物,有些不溶于水的高分子化合物,如蛋白质、多糖、脂肪等,在适当条件下可分散在水中,形成乳浊液或胶体,如制作奶汤、胶冻即利用此原理。

4)水的温度

液态、气态、固态水的温度变化幅度较大。在一个大气压下,水于 100 ℃沸腾,0 ℃结冰。若气压减小,则沸点降低;反之,则升高。因此,通过加压,提高水蒸气的温度,可以缩短烹饪时间,如高压烹饪炊具;而通过低温及减压,可使食物脱水,如真空冷冻干燥法。

11.1.3　水在烹饪中的作用

1)水是烹饪中最常用的传热介质

水烹法,如汆、炖、煮、烧、扒、煨、卤等,以及原料的初加工处理,如焯水、汆煮、漂烫等,均需要以水作为传热介质。其特点在于,传热均匀、穿透性好,而且温度低,可保护食物中的养分、色泽,不会产生有害物质。用水蒸气传热还可保护菜点的形状,常用于工艺菜点的制作,如花色蒸饺。

2)水是烹饪中最主要的溶剂

①水的分散作用:水可溶解固体原料,使之均匀分散,如盐、味精、苏打、食碱可溶于冷热水中;淀粉、胶原蛋白、果胶溶于热水中;面粉中的麦谷蛋白和麦醇溶蛋白在水中揉和可形成面筋蛋白质;许多水溶性呈味物质在水溶液的环境中发生多种呈味反应,使菜点鲜香可口。但同时,也会造成水溶性维生素、糖类、无机盐、氨基酸的损失。

②水的稀释作用:在烹饪过程中,若菜肴、汤品的味道过重,可加水稀释使味道淡化。在使用某些腌制类原料时,如盐腌海带、海蜇、咸鱼等时,通过在淡水中浸泡可使盐度降低,味道适中。

3)水是原料初加工的重要媒介

①洗涤作用:洁净的水不但可以除去原料表面的污物杂质,使原料清洁,符合卫生要求,而且还可去除原料中某些不良的呈味物质,如苦瓜、陈皮、杏仁等原料可通过水浸、水煮等方法除去部分苦味;萝卜、竹笋、菠菜、叶用甜菜等经焯水处理,可除去辣味、苦涩或酸涩味;牛羊肉、内脏等动物性原料通过水浸和焯水,可去除血污及腥膻异味。

②原料涨发:许多干货原料在使用前需浸泡在冷水、温水或热水中,使原料吸水,最大限度地恢复其原来的新鲜状态,利于成菜。而油发和碱发也离不开水。

4)水是构成菜点的成分之一

某些菜肴在制作时必须添加一定量的水才能满足成菜的质量要求,如汤羹、炖菜、烩菜等。在制作面点制品时,水是水调面团的重要原料,可使面团具有一定的弹性和可塑性。

5)水可影响菜肴的质感

含水量的多少是决定原料质地的主要因素之一。原料中水分含量越高,则质地越脆嫩或柔嫩。因此,在烹饪加工过程中,常常通过浸泡、搅打等方式增加植物性或动物性原料的水分含量,以改善其质地。

6)水具有护色的作用

①阻止氧化褐变:马铃薯、藕、茄子等含有较多的多酚类物质,切配后暴露在空气中,则会发生氧化褐变,切面的色泽变褐发黑,影响成品色泽。若将切好的原料浸泡在冷水中隔氧,可避免褐变的发生,从而保持原料的本色。

②保持绿色蔬菜的色泽:绿色蔬菜在水中短时间焯烫,可使叶绿素游离,色泽碧绿。如焯水烫过的菠菜、荷兰豆色泽鲜艳。须注意的是:焯烫后应浸泡在冷水中降温,否则会变黄。

7)水可促使发酵顺利进行

水是发酵菌的营养素之一。因此,在制作泡菜、酸菜及发酵面团时必须添加适量的水以保证发酵的顺利进行。

8)水的杀菌防腐作用

将原料在热水中漂烫或在沸水中浸煮等,可以杀死污染在原料上的病原菌和腐败菌,从而

保证菜点的卫生质量。此外,将原料浸泡在洁净的冷水中,也可在短时间内抑制微生物的繁殖,如豆腐用水浸泡。

11.1.4　注意事项

烹饪用水必须符合饮用水的水质标准。池塘水和浅井水等易受到来自地面的污染,水质恶劣,不宜供烹饪应用。海水及某些含矿物质较多的泉水等,一般不直接用于烹饪。江河水要注意水源污染情况。经长时间烧煮、多次沸腾的千滚水或蒸锅水(蒸饭、蒸馒头的剩锅水)不宜饮用,也不能用于烹饪,因其中原有的重金属和亚硝酸盐会浓缩而含量增高,不利于健康。纯净水从卫生学角度对人是安全的,但对补充人体矿物质营养无作用。

11.1.5　资源保护

尽管我国有许多河流、湖泊和水库,但淡水量仅占世界的8%,居世界第六位,人均淡水拥有量不到世界人均值的1/4,已被列入全国13个贫水国之一。中国有一半的城市缺水,其中108个城市严重缺水。其次,中国的水资源分布极不平衡,呈现出西北多旱、东南多涝的特点。目前,我国有60%的城市饮用水源受到污染,50%的城市地下水受到污染,1/3的井水水质达不到饮用水水质标准。北方一些地区"有河皆干,有水皆污",南方许多重要河流、湖泊污染严重。除此之外,我国工业技术落后,水重复利用率低,对水的消耗过大,浪费惊人。特别是餐饮行业中的用水量很大,包括饮食用水、清洗用水等,经调查,餐饮企业浪费最多的就是水资源。

作为烹饪工作者,除了在日常生活中保护水资源外,在烹饪中更要注意节约用水,无论是洗涤原料、炊具、餐具、冲刷地面,还是制作菜点,都要合理用水,防止浪费。

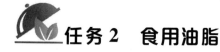
任务2　食用油脂

11.2.1　食用油脂的烹饪应用

1)传热介质

从传热介质的角度看,食用油脂在烹饪中的一些作用是其他介质无法替代的。食用油脂的燃点高,传热速度快,同样加热,油脂比水的温度升高快一倍,停止加热后,温度下降也快,这些特点都便于灵活地控制和调节温度,使原料受热均匀,迅速成熟,以制作各种质感的菜肴。需高温长时间炸制菜点时,一般宜选用发烟点较高的精炼油。

2)增色保色

在高温油脂中,食品表面发生的羰氨反应,形成金黄色、黄褐色的呈色物质。成菜色泽要求洁白时,必须选用颜色较浅的色拉油或猪油。制作汤菜时,如果要求汤色浓白,就要选择乳化作用较强的油脂。油脂可作为溶剂而溶解脂溶性色素,增加烹饪菜肴的色泽,如红色的辣椒油、黄色的咖喱油等。食用油脂本身光亮滋润,也能使菜肴增加一定的光泽,故有"明油亮芡"之说。

3)增香调香

增香调香表现在两个方面:一是油脂本身具有香味或有芳香物质溶剂的作用,如为了增加一些菜肴的香气,常在其即将出锅或出锅后淋上一些香味较浓的油脂,如麻油、葱油、花椒油、蒜油、鸡油、奶油等。二是通过油脂的高温加热使原料产生香气。油脂在高温作用下,发生多种复杂的化学反应生成具有挥发性的醛类、酮类等芳香物质,从而增加菜肴香味。

4)调质作用

烹饪中大量用到油脂的起酥作用。原料在热油中经过一定时间的煎、炸加热后,可使原料表面甚至内部的水分蒸发,而使菜点具有外酥里嫩或松、香、酥、脆的口感。在调制酥炸菜肴的酥糊时要加入一定量的精炼植物油,油脂加入量的多少是酥糊炸制后是否酥脆的关键。在调制油酥面团时,将油脂和面粉充分搓擦,扩大了油脂的表面积,使油脂均匀地包裹在面粉粒外,油脂的表面张力使面粉粘连成团,由于没有水分,不能形成面筋网络,因而制成的面点比较松散,口感酥脆。

5)造型作用

油脂在菜点制作中还有辅助菜点成形的作用,这其实是利用了部分油脂可塑性强的特点。常用油脂中只有猪油和奶油的可塑性较好,在菜点的成形中用得也较多,如江苏菜"藕粉圆子"是用猪油将松散的八宝果仁凝结成团,搓成球形后,再滚上藕粉入锅氽熟而成。奶油中含有部分水分,经搅打后可充入大量的空气,具有很好的可塑性,可用于蛋糕的裱花工艺中。另外,"黄油雕"也是充分利用了奶油的可塑性特点。

6)润滑作用

食用油脂在菜点烹饪过程中常作为润滑剂而广泛应用。例如,在烹饪菜肴时,原料下锅一般都需要少量的油脂滑锅,防止原料粘锅和原料之间相互粘连,保证菜肴质量;上浆的原料在下锅前加些油,可利于原料在滑油时容易散开,便于成形;在面包制作中,常加入适当的油脂降低面团的黏性,便于加工操作,并增加面包制品表面的光洁度、口感和营养;在面点加工中,对使用的容器、模具、用具,为防止粘连,在其表面都需涂抹一层油脂。

11.2.2　食用植物油脂

1)菜籽油

菜籽油又称菜油。菜籽油是全球性油脂油。传统菜籽油取自十字花科种子,如油菜、荠菜、甘蓝等。事实上,人们通常将从含油油菜籽中所提取的油脂,习惯上称为菜籽油(简称菜油,又称芸薹油)。菜籽油主要产于长江流域及西南地区,产量居世界首位,是中国主要的食用油脂之一。

按加工程度不同分普通菜籽油、粗制菜籽油和精制菜籽油。普通菜籽油呈深黄色,含有油菜籽的特有气味,且有涩味。加工较粗的菜籽油含芥酸量过高,具有使人不愉快的气味和苦、辣、涩味。粗制菜籽油呈黑褐色,精制菜籽油则为金黄色。由于菜籽油色泽黄亮,故在制作白色菜点时不宜使用,以免影响色泽。

2)豆油

大豆别名白豆、黄豆,起源于5 000多年前的中国,后来传播到世界各地。大豆是世界上产量最大的油料作物,其种子含油17%～23%,含蛋白质(是优质植物蛋白)36%～50%,还含极具经济价值的磷脂和维生素E等成分。豆油是用大豆的种子加工压榨出的植物油脂,主产于中国东北地区,是中国主要食用油脂之一。按压榨方法的不同,可分为冷压豆油和热压豆油两种。冷压豆油色泽淡黄,生豆味淡,出油率低。热压豆油出油率高,但色泽较深,生豆味浓。

新鲜的精炼豆油贮存一段时间后,会产生"回味"现象。目前,对这种现象的产生机理并不十分清楚。据分析认为,豆油"回味"可能是亚麻酸催化亚油酸氧化产生的呋喃化合物引起的。豆油中含有脂氧化酶,能够氧化分解亚油酸和亚麻酸而产生"豆腥味"。因此,改良大豆品种,降低大豆中的脂氧化酶的含量是目前育种工作者的一个研究方向。食用前,可先加热,投入葱或花椒稍炸捞出后,其豆腥味会被除去。

3)花生油

花生起源于南美洲,目前广泛分布在亚洲等温带地区。花生仁含油率一般为40%～60%,可通过压榨、预压榨、浸出等方法制取花生油。花生油是从花生仁中提取的油脂。花生主产于中国华北、华东地区。花生是中国重要的油料作物之一,年产量约为$1.4×10^{10}$ kg,其中用于榨油的约为$7×10^{9}$ kg,年产花生油$2.8×10^{9}$ kg左右。

花生油按加工精度,可分为毛花生油、过滤花生油、精制花生油3种。其中,精制花生油透明度较高,所含水分和杂质较少,不易酸败,是良好的食用油。按加工方法又可分为冷压和热压两种。冷压花生油颜色浅黄,气味和滋味均好;热压花生油色泽橙黄,有炒花生的香味。花生油熔点较低,在冬季气温较低时呈黄色黏稠糊状,气温高时为透明液体。

花生油的营养价值较高,吸收率较高。在烹饪中应用广泛,制作出的菜肴有花生的特殊香味。虽然花生油中维生素E的含量不高,约1/2 000,但是由于花生油中亚麻酸的含量极少,因此,花生油具有良好的氧化稳定性,是使用性能很好的煎炸油。普通花生油具有独特的香味,而目前国内采用高温蒸炒和冷滤工艺生产的浓香花生油,香味更浓。

4)芝麻油

芝麻别名胡麻、脂麻、油麻,有白色、黄色、褐色和黑色等品种,平均含油45%～58%,蛋白质含量也高达23%～26%。由于独特的稳定性,芝麻油作为餐桌用油和煎炸油(特别在亚洲和非洲部分地区),有着悠久的历史。中国、印度、苏丹和墨西哥是芝麻油的主要生产国。芝麻油是从芝麻籽中制取的油脂,因有特殊香味,故俗称香油、麻油。主产于中国河南、湖北两省,产量居世界首位。芝麻油的脂肪酸比较简单,与棉籽油和花生油类似,属于油酸和亚油酸类油脂。

芝麻油按加工方法不同可分为冷压芝麻油、大槽油和小磨香油。冷压芝麻油无香味,色泽金黄。大槽油为土法冷压麻油,用生芝麻制成,香气不浓,不宜生吃。小磨香油是用中国的传统制油方法——水代法制成的,具有浓厚的特殊香味,呈红褐色,是很好的食用油。麻油中的麻油酚不仅香,而且有较强的抗氧化作用,因此,耐贮性较其他植物油强。芝麻油在烹饪中要遵循"少而香,多则伤"的原则,用于热菜最后淋油及冷菜味道的调配,还可用于面点馅心的调制,起增香、调香、调味的作用。

5)葵花籽油

葵花籽油又称向日葵油,是用向日葵种子加工榨制而成的。向日葵原产于中美洲。目前,世界各地均有生产,中国主要产区是东北、华北等地。葵花籽一般含33.2%~54%的油脂,主要由甘油三酯组成。其油脂含量及组成因品种、产地以及生长环境、条件(包括土壤条件、灌溉、种子发育温度及播种、生长和收获时间等)等而异。传统葵花籽油中50%以上的脂肪酸是亚油酸,其他依次为油酸、棕榈酸和硬脂酸。一般来说,产自寒冷地区的葵花籽油的亚油酸含量较温暖地区高,而且种子成熟期间温度越低越利于亚油酸的形成。反之,则会形成较多的油酸。

按加工方法的不同分为冷榨油和热榨油两种。冷榨油呈黄色,热榨油呈金黄色。葵花籽油未精炼时呈黄而透明的琥珀色,精炼后呈清亮的淡黄色或青黄色,味道芳香,有一种特殊的清香气味。葵花籽油中不饱和脂肪酸含量高达90%,熔点低,清淡,易消化。葵花籽油色泽浅黄,风味柔和,且烟点较高,非常适合用作烹饪用油。在俄罗斯及东欧地区,它一直都被作为色拉油和煎炸油出售。此外,葵花籽油还被用于人造奶油、起酥油、蛋黄酱和色拉调味汁的生产。

6)棉籽油

棉籽油是从棉花籽中提取的油脂,是棉花加工的副产品。其整籽含油16%~25%,籽仁含油30%~38%。棉籽油的脂肪酸主要由棕榈酸、油酸和亚油酸组成。按加工法可分为毛棉油、过滤棉籽油、半精炼棉籽油和精炼棉籽油4种。毛棉油呈黑红色,不能食用。过滤棉籽油可供食用,但需经高温处理,使红色棉酚分解而失去毒性。精炼后的棉籽油品质较好,色泽浅淡、透明,无异味,味道较佳。棉籽油熔点较高,在气温较高的季节呈透明的液体,但在冬季则变成浑浊浓稠的半固体。这是分提棉籽油(冷却到7℃,过滤)的依据。分提后的液体油,可作为色拉油使用,而固体脂是人造奶油和起酥油的很好原料。

7)玉米油

玉米起源于南美,目前分布于夏季长且温暖的地区。玉米油又称玉米胚芽油,是玉米加工的副产品。玉米胚芽占整粒玉米的5%左右,胚芽含油50%左右。但是,由于加工不当,用于取油的玉米胚芽含油率有时仅有20%。

玉米胚芽油,作为日常食用油脂有很好的应用。玉米胚芽油可作色拉油或烹饪用油,也可用来生产人造奶油,但一般不加工成起酥油。在美国,有60%~65%的玉米胚芽油用作色拉油和烹调油,30%左右则用于人造奶油。玉米胚芽油风味清淡、稳定性高,很适合用作煎炸用油。在煎炸过程中,当食品种类发生变化时,它不易吸收煎炸食品的风味而转移到另一种食品上,有利于保持产品风味的纯净和稳定,可重复使用。此外,玉米胚芽油还用于焙烤工业中的涂模用油或刷于焙烤食品表面,并可用作蛋黄酱、调味油、糖果、母乳化奶粉等各类食品的配料。

8) 米糠油

米糠油是最早投入生产的谷物油脂。因具有良好的营养价值,而受到广泛重视。在国外,米糠被称为"天赐营养源",具有非常高的保健开发价值。近年来,米糠油作为更加健康的绿色烹饪用油畅销欧美和日韩市场。在我国,米糠油主要是在南方一些省份被人们所接受,北方居民食用米糠油较少。但米糠油所含的丰富营养成分和药用价值逐渐被人们所接受,并日益受到重视。稻谷是中国第一大粮食作物,米糠是稻谷加工的副产物,每加工 100 kg 大米可得 5 ~ 7 kg,其中含油 18% ~ 20%。利用米糠深加工制油可增值 10 ~ 50 倍,经济效益显著。

精制米糠油大多作为高级营养食用油,食后吸收率达 90% 以上,是国内外公认的营养健康油。其食用形式有起酥油、烹调油、色拉油及调和油等。精制米糠油稳定性好,保存期长,煎炸时不起泡,抗聚合和抗氧化性强,是高品质的煎炸用食用油。此外,经过精炼和冬化处理的米糠油,还非常适合用作蛋黄酱、色拉调料及其他乳化产品的配料。

9) 橄榄油

橄榄油是从橄榄果果仁和果肉中提取的风味优良的黄绿色油脂。橄榄油营养丰富,具有极高的营养价值,因此被誉为是世界上最为贵重的油脂。橄榄油分布在北纬 45°和南纬 37°之间,它的中心分布是地中海盆地,占世界总量的 99% 左右。我国于 20 世纪 60 年代引进橄榄树,主要分布于湖北、四川、陕西、云南等地。

橄榄果含油 35% ~ 70%,其中,果肉含油 60% ~ 80%,果仁含油 30% 左右。橄榄果收获后 3 天内要进行油脂加工,否则橄榄油的质量会下降。工业上一般采用低温压榨工艺制备橄榄油。其中,首次榨取的油为头道油,该油质量最好,不需精炼;之后 2 ~ 4 次压榨的油,品质不如头道油,有时还需要精炼;最后用溶剂浸出法提取油饼中的残油,该油的质量最差,精炼后可以食用。但是,若用 CS_2 作为溶剂提取最后的饼油,该油称为含硫橄榄油或橄榄油脚,只能作工业用油。

11.2.3　食用动物油脂

1) 猪油

猪脂习惯上称为猪油,别名白油、大油、荤油等,是主要的陆地动物油脂之一。猪脂主要包括从猪的腹背部皮下组织提取的猪板油和从猪内脏等部分提取的猪杂油,即从猪的脂肪组织板油、肠油(即水油、网油)和皮下脂肪层肥膘中提炼出来的。猪油根据部位来源不同,可分为板化油、骨化油(从猪的骨骼中提取的油)、肉化油等,其中用板油熬炼的猪油质量最佳。质地优良的猪油白色,半软,常温下呈软膏状,液态时清澈透明,有特殊的香气。相比而言,猪板油的碘值高(63 ~ 71),熔点低(27 ~ 30 ℃);猪杂油的碘值低(50 ~ 60),熔点高(35 ~ 40 ℃)。猪油的熔点受区域影响也很大。美国生产的猪油(滑动熔点为33℃)比欧洲国家生产的猪油(滑动熔点为35℃)要软一些。

猪油具有特别的香味,在我国主要作为烹调油使用,而西方国家早已将猪油作为起酥油使用。但随着氢化技术在油脂行业的应用,作为起酥油的猪油逐渐被氢化油脂所取代。当然,目前经随机酯交换或定向酯交换后的猪油也广泛用作食品起酥油。

猪油的熔点较羊油、牛油低,容易被人体吸收。但猪油不宜长时间保存,特别是在高温季节极易与空气接触而发生氧化酸败变质。一旦出现了哈喇味,便不能继续食用。

猪油是中国餐饮业使用最普遍的食用动物油脂。制作油酥面团,猪油起酥效果好,是良好的起酥油。猪油还用作传热介质,用于干料涨发等。由于猪油有独特的香味,未炼制的板油经加工后可制作面点的特殊馅心,如用作水晶馅,馅心明亮滋润,而且味道极香。猪油还可用于某些甜点,如用在八宝饭中,有增香、定型、滋润等作用。

2)牛油

牛油通常也称牛脂。牛油是由牛体中的脂肪组织熔炼而成。优质的牛油凝固后为淡黄色或黄色,在常温呈硬块状态。牛油比绵羊油和山羊油要软一些(碘值要高一些)。一般来说,中等大小的动物油脂碘值最高,如猪油比牛油碘值要高出很多。牛油的熔点高于人体的体温,不易被人体消化吸收,在烹饪中使用较少。

3)羊油

羊油是从绵羊或山羊的体内脂肪提炼出来的。优质的羊油经熔炼冷却后,呈白色或淡黄色。在常温下,其硬度比牛油大。绵羊油无膻味,山羊油有膻味。羊油不易消化,在烹饪中使用很少。

4)鸡油

鸡油是由鸡内脏脂肪加工制取的,别名明油。鸡油常温下为半固体状的油脂。以色泽金黄明亮、鲜香味浓、水分少、无杂质、无异味者为上品。

鸡油中的亚油酸含量较高,熔点较低,是动物油脂中营养价值较高的种类,且利于人体消化吸收。鸡油在烹饪中一般不用于炒菜,多用于菜肴制成后淋油使用,如白扒菜肴、白烩菜肴的淋油,起菜肴增香、明亮之作用。

5)奶油

乳脂是动物奶中所含有的油脂,也称为奶油脂肪,有人简称奶油。它主要包括牛乳脂、羊乳脂和人乳脂等。乳脂(主要指牛乳脂)是全世界食用消费量仅次于豆油的一类油脂,其中美国的消费量约为全世界的10%。

奶油又称黄油、白脱油、乳脂等,是从牛奶中分离出来的一种油脂。奶油色泽淡黄,具有特殊的奶香味。奶油的营养价值高,维生素A的含量高。亲水性较其他油脂强,容易乳化,利于人体消化吸收。因其乳化性、起酥性和可塑性都较好,常用于调制奶油膏和制作起酥糕点。

11.2.4　其他常见油脂品种

2018 年 6 月 21 日,正式实施新的食用植物油国家标准。此次推出新的分级标准,将食用油分为一、二、三、四等级,分别相当于原来的色拉油、高级烹调油、一级油、二级油,其中四级为最低等级。

1)色拉油

色拉油俗称凉拌油,是将毛油经过精炼加工而成的精制食用油,可用于生吃,因特别适用于西餐色拉凉拌菜而得名。色拉油呈淡黄色,澄清、透明,无气味,口感好,用于烹饪时不起沫,烟少,尤其在 0 ℃的条件下冷藏 5.5 h 仍能保持澄清、透明(花生色拉油除外)。

除作烹饪、煎炸用油外,主要用于冷餐凉拌油,还可作为人造奶油、起酥油、蛋黄酱及各种调味油的原料油。色拉油一般选用优质油料先加工成毛油,再经脱胶、脱酸、脱色、脱臭、脱蜡等工序制成成品。色拉油的包装容器应专用、清洁、干燥和密封,符合食品卫生和安全要求,不得掺有其他食用油、非食用油和矿物油等。

2)高级烹调油

高级烹调油是将普通食用油再加工成精制食用油。其外观澄清、透明、色泽淡黄,比一般食用油色浅,比色拉油色深,无一般食用油存在的油料固有气味和口味(如油菜籽、大豆的豆腥味等),水分、杂质、酸价、过氧化值等比一般食用油低,但酸价高于色拉油,烟点比色拉油低 5 ~ 10 ℃,用于烹饪不起沫、油烟少,价格比色拉油低,是色味俱佳、营养丰富的高档食用油。

高级烹调油主要作烹饪用油,即用于煎、炒、炸各种菜肴,也可作为人造奶油、起酥油、调和油的原料。高级烹调油的选用原料、生产工艺、包装容器与色拉油相同,保质期一般为 12 个月。

包括色拉油和高级烹调油在内的高级食用油,必须具备以下性质:

①色较淡,滋味和气味良好。

②酸价低(都要求在 0.6 以下)。

③稳定性好。贮藏过程中不易变质;炒菜和煎炸时,温度在 190 ~ 200 ℃时不易氧化、热分解、热聚合等劣变。

④色拉油在 0 ℃下,5.5 h 仍能保持透明。长期在 5 ~ 8 ℃时不失流动性。

3)调和油

调和油别名调合油,它是根据使用需要,将两种以上经精炼的油脂(香味油除外)按比例调配制成的食用油。调和油澄清、透明,可作熘、炒、煎、炸或凉拌用油。调和油一般选用精炼大豆油、菜籽油、花生油、葵花籽油、棉籽油等为主要原料,还可配有精炼过的米糠油、玉米胚油、油茶籽油、红花籽油、小麦胚油等特种油脂。其加工过程是根据需要选择上述两种以上精炼过的油脂,再经脱酸、脱色、脱臭,调合成为调和油。调和油的保质期一般为 12 个月。

食用调和油、大豆油、菜籽油是目前中国市场上消费量最大的三大类小包装食用油。调和油的品种多,也是食用油生产厂家经常推出新产品最多的食用油品类。根据中国公众的食用习惯和市场需求,可以生产多种调和油,如风味调和油、营养调和油、煎炸调和油等。

4)人造奶油

人造奶油的原料以植物性油脂为主,在生产过程中加入氢气和催化剂,使含有双键的不饱和脂肪酸与氢气反应,生成饱和脂肪酸;然后将油脂与乳化剂、维生素、色素等混合,再与水溶性的成分如食盐、防腐剂、着香剂及其他调味料一起进行乳化处理;乳化后迅速冷却混合,即可得到人造奶油。人造奶油的含脂量、水分、含盐量及香味与天然奶油相同,而其熔点经调配可以配合各种操作温度,用途更为广泛。人造奶油稳定性高,不含胆固醇,不饱和脂肪酸比天然奶油高,价格低廉,其产量及消费量均超越了天然奶油。

调配的原料油经过氧化处理,熔点一般介于 $38 \sim 42\ ℃$,比天然奶油更具延展性,再加上其优良的可塑性,因此这类人造奶油可广泛用于各种起酥产品的制作中。

5)起酥油

起酥油不是国际上的统一名称。在欧洲,不少国家称为混合烹调脂(Compound Cooking Fat)。在传统概念中,起酥油是具有可塑性的固体脂肪,它与人造奶油的区别主要在于起酥油中没有水相。由于新开发的起酥油有流动状、粉末状产品,均具有可塑性产品相同的用途和性能。因此,起酥油的范围很广,不同国家、不同地区起酥油的定义不尽相同。如美国把起酥油分为 4 种类型,即猪油、一般用起酥油、面包用起酥油和油炸型起酥油。而有些国家,如日本把猪油和起酥油分开,另列一类。

起酥油是指动、植物油脂的食用氢化油,高级精制油或上述油脂的混合物,经过速冷捏和制造的固状油脂,或不经速冷捏和制造的固状、半固体状或流动状的具有良好起酥性能的油脂制品。

起酥油具有良好的加工性能,一般不宜直接食用,而是用来加工糕点、面包或煎炸食品。

6)蛋黄酱和调味汁

蛋黄酱为半固体状调味酱。使用蛋黄或全蛋,只需添加必需原材料,如蛋黄、蛋白、食盐、糖类、香辛料、化学调味料及酸味料。

色拉调味汁为半固体状调味酱。使用蛋黄或全蛋以及淀粉糊,只需添加必需原材料,如蛋黄、蛋白、淀粉糊、食盐、糖类、香辛料、乳化剂、合成糊料、化学调味料以及酸味料。

制作蛋黄酱的方法比较简单,可根据需要改变配合比例。基本做法:以蛋黄作乳化剂,在食醋中将油滴分散成乳状液。

调味汁的基本原料与蛋黄酱相同,只是配料的比例不同。调味汁的制作方法和蛋黄酱几乎一样,设备也相同,可根据不同品种全部或部分地使用这些设备来生产。美国除调味汁外,还有把香辣料和调味料混合装的商品,使用时只需加油和醋混合即可。

11.2.5　食用油脂品质的感官检验

油脂的质量鉴定,除用仪器测定其物理常数及化学常数而检查其纯净与否及是否符合规定指标外,一般在餐饮行业常采用感官鉴定的方法来鉴定其品质优劣或纯净程度。食用油脂的质量主要从气味、滋味、颜色、透明度、水分、沉淀物等诸方面来进行感官鉴别。

1)地沟油的特点

地沟油也称潲水油、泔水油,是质量、卫生极差,过氧化值、酸价、水分、羰基价、丙二醛等指标严重超标的非食用油。一般分为3类:一是狭义的地沟油,即将下水道中的油腻漂浮物或者将宾馆、酒店的剩饭和剩菜经过简单加工提炼出的油;二是劣质猪肉、猪内脏、猪皮加工以及提炼后的油;三是用于油炸食品的油,使用次数超过规定要求后,再被重复使用或往其中添加一些新油后重新使用的油。

与食用油相比,地沟油的重金属、毒素(丙烯醛、黄曲霉毒素)严重超标,过氧化值远远超过国家标准,长期摄入会诱发多种疾病,甚至致癌。因此,地沟油严禁在食品中使用。通常,地沟油经过一定加工后,主要用作工业用油脂产品的原料,如经过转酯化反应转化合成生物柴油,与碱发生生产肥皂洗涤剂等的生产原料,以及甘油、硬脂酸等生产的化工原料。

但是,近年来,一些不法商贩在利益的诱惑下,将地沟油添加到食用油中,对人们的身体健康造成了严重的威胁。目前,这一问题已经引起国家相关部门的高度重视,地沟油也因此成为工商、质监等执法部门的监测重点。

2)地沟油的感官检验方法

在烹饪上,一般通过看、闻、尝、听、问5个方面来鉴别地沟油。就是看油脂的颜色、凝固情况和黏度等,闻油脂是否有哈喇味等臭味,品尝是否有异味,通过燃烧听是否存在水分超标,问商家的进货渠道等。通过人的感官鉴别地沟油存在的问题较多。首先,用这种高方法必须是长期从事油脂行业有丰富经验的人才能做到准确判断;其次,目前地沟油的加工工艺已经有所改进,通过过滤、脱色、降酸、水洗、干燥和真空等步骤后,几乎难以用感官将其鉴别出来;最后,地沟油的添加比例如果较低时,以上特征就不明显,甚至一些仪器也难以检测出来。因此,感官检验存在较多问题,只能作为初步判断参考使用,不能作为执法部门的执法依据。

总之,地沟油问题的彻底解决还需政府部门从地沟油产生的源头进行管理,同时加快地沟油在工业上用途的开发,如合成生物柴油和制造肥皂等洗涤用品。政府应加大对食用油的管理力度,研发快速监控与检测技术,最终使得地沟油成为一种资源而加以利用。

11.2.6　食用油脂的贮存

1)油脂贮存中的变化

经过全精炼(或部分精炼)的新鲜油脂,一般无臭无味(或只具有该油脂的固有气味),天然抗氧化剂也大大减少,在贮存期间受内因及外因的综合影响,会发生各种变化。油脂的劣变不仅产生各种异臭味及色泽变化,而且还可能呈现毒性,从而降低油脂的营养价值。因此,油脂的安全贮存,在烹饪上一直很受重视。

（1）气味劣变

①回臭：鱼油等海产动物油及多烯酸类的高度不饱和植物油，在贮存过程中会产生鱼类腥臭味，因这种腥臭味与精制前的粗油的气味很相似，故称此气味为"回臭"。对植物油脂而言，"回臭"问题比较集中地反映在大豆油上。豆油"回臭"最初的感觉像奶油一样的气味，或者似淡的豆腥味，继之像青草味或似干草味，进而像油漆味，最后产生鱼腥臭味。也有将出现油漆味以后的气味看作"酸奶味"的。

②酸败臭：不同类型的油脂，在不同的条件下发生不同的变化，这些变化最终均导致油脂的酸。由于日常生活中经常遇到油脂酸败的现象，早在19世纪初人们就对酸败是起因于化学作用还是微生物作用进行过探讨。后来，人们根据起因将酸败归为4个类型：首先大量的、主要的是由于自动氧化所引起的氧化酸败；最后是由微生物引起的油脂水解酸败及酮式酸败。每种酸败形式及臭味各有其特点。现分述如下：

自动氧化酸败：油脂久存于氧分充足的条件下，会吸收氧而发生变化，自动氧化、分解，从而产生强烈的刺激性臭味，通常称"哈味"。

光氧化酸败：油脂中的叶绿素等光敏物质将其吸收的光能传给氧，使基态氧转化成激发态，由于后者的能量很高，可直接氧化双键产生氢过氧化物，同时发生双键的位移，因此光氧化酸败的速度远大于自动氧化酸败的速度。但由于氢过氧化物的分解产物类似，故光氧化和自动氧化的"酸败臭"成分类似。

水解酸败：主要是发生在人造奶油、奶油和起酥油等饱和度较高的低碳酸较多的油脂中，其恶臭成分是丁酸、己酸、辛酸等。

③回色：油脂的色泽判断精炼程度和品质的重要指标之一。精制食用油脂经脱胶、脱酸、脱色及脱臭后，一般颜色变浅，呈淡黄色或金黄色，但在以后的贮存过程中，又逐渐着色，即逐渐向未精炼前的原有油色转变，其着色的速度因条件而异，达到最高着色程度最快的约需要几个小时，较慢的约需半年。产生这种着色的现象称为"回色"。回色的程度与制取油脂的油料水分有关，油料水分高时，精炼油的回色要剧烈些。

（2）影响油脂酸败的因素

油脂在贮藏中，普遍发生的问题就是油脂酸败。油脂含量较多的食品，在贮藏期间，因空气中的氧化、日光、微生物、酶、水等作用，稳定性较差的油脂分子逐渐发生氧化及水解反应，产生低分子油脂降解产物，从而散发出令人不愉快的气味，味变苦涩，甚至具有毒性。这种现象为油脂的酸败，俗称油脂酸败。酸败了的油脂，不仅滋味、气味发生质变，而且在色泽和透明度上都会有一些改变。影响及促进油脂酸败的主要原因是空气、日光、温度、水分、微生物及杂质等。

①空气：空气中含有大量的氧气，油脂在贮存期中，由于不可能完全与空气隔绝，因而油脂中的不饱和脂肪酸与氧接触后，即形成过氧化物或环过氧化物。这些中间产物进一步分解，则变成低分子的醛类或酮类化合物，进一步氧化成低分子脂肪酸，这种变化产物具有一种特异的刺激味，这就是油脂的酸败现象。

②日光：油品在日光的照射下，也容易发生酸败，主要原因是在日光紫外线作用下所形成的臭氧能与油脂中不饱和酸双键处形成臭氧化物，此臭氧化物能进一步分解为酸类和醛类物

质。因此,日光也能促进油脂酸败,使其出现令人不愉快的滋味和气味。

③温度:油品在较高的温度下,一方面能增加油脂中酶的活性,另一方面又能加速微生物的繁殖。因此,长期贮藏的油品,必须在低温凉爽的条件下贮存。

④水分:油品内若水分增高,会引起油品的迅速酸败。这主要是由于水在脂肪中会使脂肪水解作用增强,在脂肪内产生更多游离脂肪酸的缘故。此时,若油脂中含有低级脂肪酸,在油脂酸价增加的同时,油脂的气味的滋味也开始变化。但是,若油脂中本来不含低级脂肪酸,尽管酸价增高,油脂气味并不发生变化。酸价高的油脂不一定酸败。

⑤微生物:在一定温度与水分的条件下,微生物在油脂中能加速繁殖,并分泌出蛋白酶与脂肪酶,后者能分解脂肪引起油脂酸败。

⑥杂质:油料中所含的杂质,主要是指油脚内除脂肪外,所含的非油脂的物质。这些物质都是微生物繁衍的媒介,同时也附有大量的水分。因此,杂质过多的油脂也易引起酸败。

2)油脂的安全贮存

各种油脂的脂肪酸组成和类植物决定了该种油脂固有的稳定性特点。为保持或改善其稳定性,贮藏的油脂及食品应尽可能使其不被氧化,发生酸败。应针对引起酸败的各种因素采取相应的措施,减少光、热、氧和氧化促进剂对油脂的作用。具体方法包括食用油脂在贮存时应装入洁净、暗色容器内;盛装油脂的容器应大小适中,且应尽量满装;放置于阴凉通风处;尽量隔绝空气;避免日光照射;控制油脂中的水分含量;不能用铁、铜、锰等金属容器存放。用过的油脂不宜久存,也不宜反复多次使用。油脂中应常加入一定量的丁基羟基苯、二丁基羟茴香醚和丁香、花椒等香料抗氧化剂,这样不易氧化变质。

3)油脂的合理使用

烹饪操作时需注意下列几点,可延长油脂的使用周期。

(1)根据不同的烹饪方法选用不同的油

凉拌或熟食拌油,可利用烟点相对较低但富含单不饱和脂肪酸或多不饱和脂肪酸的油类(如橄榄油、油茶籽油、麻油、压榨花生油等)。一般的煎炒,可用烟点相对较高的花生油、精炼大豆油、玉米油或葵花油等富含单不饱和脂肪酸和多不饱和脂肪酸的油脂。在进行大量食品的煎炸时,则考虑使用起酥油、棕榈油、猪油等高饱和脂肪酸、烟点相对较高、热稳定性较好的油脂。不要长期只吃一种品类的油,反式脂肪酸含量较多的油品要尽量少吃。

(2)不要油浇到冒烟才烹饪食物

油脂加热到发烟点时,会产生丙烯醛等物质,刺激眼睛和喉咙。精炼程度高的油脂发烟点相对提高,反复使用的油脂发烟点会下降。

(3)每次用完油应及时将瓶盖盖紧

用过的油不要倒入新油中,炸过的油用来炒菜为宜,要尽快用完,不要反复使用。

(4)油炸温度控制得当

避免不必要的加热,因油脂加热温度过高较易产生氧化现象,所以油锅闲置时,应关闭火源。

(5)过滤处理使用过的炸油

待油脂冷却后,采用经消毒的细网目的布或食品专用纸进行过滤,以除去油脂中的杂质。

厨房常用的方法是自然沉淀,或稍加热除去油脂中的水分后再自然沉淀来去除油脂中的杂质。

(6)定期清洗油锅

定期用含皂量低的清洁剂煮洗油锅,再用清水冲洗干净,并将水渍完全蒸干。经长期油炸又未定期清洗的油锅,会有沉积的胶质,加入新油油炸时仍会导致起泡。

(7)避免过多与空气接触

油炸时,应避免过度搅动,溅起油花,增加油脂和空气接触的机会而加速氧化酸败。

 ## 任务3 其他辅助类原料

11.3.1 着色剂

着色剂又称食用色素,是以食品着色为目的的食品添加剂。菜点的色泽是菜点质量的一个方面,也是烹饪中的一个重要问题。良好诱人的色泽使人赏心悦目,可增进食欲,同时增加菜点的艺术性。在尽量展现主配原料自身色泽的情况下,往往要使用一些食用色素来达到增色和改善菜点色泽,提高食品的感官质量的目的。

天然色素来自动、植物和微生物,具有较高的安全性,而且大多具有一定的营养价值和药用价值,其色泽也相当自然柔和。但是由于提炼精度低,常伴有异味,溶解性、染着性和稳定性较差,而且难以随意调色。因此,要通过先进的技术,提高提炼的精度和纯度,改变和改善天然色素的性质,这样才能为人们提供安全性高、营养丰富的添加剂。

1)红曲色素

红曲色素是将糯米蒸熟后,接种红曲霉发酵产生的色素,常附于发酵米粒上,此米称为红曲米,又称红曲、赤曲、红米等。红曲米外表呈棕紫色或紫红色,断面为粉红色,微有酸气。红曲色素是一种酮类色素,主要呈色成分是红色色素、红斑素、红曲红素,以红、紫色为主。将红曲米用水或酒精浸泡可提炼出红曲色素。红曲色素性质相对稳定,色调鲜艳,使用安全性高。耐高温、耐光、耐氧化还原,对蛋白质染着性好。易溶于乙醇,热水中呈红色,在酸性水溶液和碱性溶液中将变色。红曲色素是一种传统色素,主要产于福建、广东,以福建古田最为有名。红曲米品质以红透、质酥、陈旧、无虫蛀、无异味为好,要放置在通风干燥的地方防止霉变。红曲米常用于香肠、酱肉、粉蒸肉、火腿、红豆腐乳加工中,从而使其产生喜人的红色。红曲色素常用于烹制樱桃肉、红烧肉,也用于在人造蟹肉、番茄酱、甜酱、辣椒酱中提色。它还可起到保鲜防腐的作用。运用时用量应少,否则色泽太浓,有时还会产生酸味,但可加糖调和。

2)叶绿素

叶绿素是绿色植物体内的光合色素,在活细胞中叶绿素与蛋白质结合形成叶绿体。细胞死亡后叶绿素即从叶绿体中释放出来。游离的叶绿素很不稳定,对光、热、酸、碱都很敏感。叶绿素不溶于水,易溶于乙醇。叶绿素可通过工业生产从绿色植物、蚕沙中用乙醇或丙酮提取出来,此粉末易溶于水,对光、热稳定,略有氨臭气,可长期保存,使用方便。这是市售叶绿素的形式。最大使用量为 0.5 kg。一般情况下,可现取现用,其方法有二:一是少量取用时,将少量绿色叶菜洗净剁细,用纱布裹住,用力挤汁,直接调和到原料中使用;二是大量取用时,向榨出的绿色汁液中加入一定的碱性物质,用力搅拌后,让汁液静放 20~30 min,取其澄清的绿色汁液使用。叶绿素常用于菜肴、面点的绿色点缀、染色,如菠面、双色鱼丸、菠饺、白菜烧卖等。还可用于一些大型展台、拼盘中的水面、荷叶等造型装饰的染色。

3)姜黄色素

姜黄色素是姜科植物姜黄根状茎中所含成分,纯品为橙黄色粉末。有胡椒样芳香,稍有苦味。不溶于水,溶于乙醇、丙二醇;在碱性溶液中呈红褐色,在中性、酸性溶液中呈黄色;耐氧化还原,染着性强,尤其是对含蛋白质丰富的原料的着色力强,但不耐光和热。姜黄色素是我国和东南亚地区传统的天然色素,主要运用形式是姜黄粉,常用于腌渍菜、果脯蜜饯和糕点制作中,尤其在咖喱粉的调制中,不仅增色,而且有增香和增辣味的作用。因其有辛辣风味,所以在糕点制作中用量要少。

4)可可色素

可可色素是可可豆及其外皮中存在的色素,是可可豆发酵、焙烤时由其所含的儿茶素、花白素、花色苷等化学物经氧化或缩聚后形成的色素。它是一种水溶性的棕褐色色素,味微苦,耐光、热、氧化还原和酸碱,着色力强,对蛋白质和淀粉类原料的着色效果好。运用形式有可可粉和纯可可色素,主要用于糕点、调味汁的着色和蛋糕的表面点缀及装饰。

5)β-胡萝卜素

胡萝卜素可分为 α、β、γ 3 种,都呈橙红色,以 β-胡萝卜素最重要。β-胡萝卜素广泛存在于植物的叶和果实中,如胡萝卜、西红柿、辣椒、南瓜等,在鸡蛋、脂肪和牛乳等动物性原料中也存在。β-胡萝卜素是具有营养价值的脂溶性色素,其成品为紫色或暗红色的结晶粉末,略有臭味,对酸、光、氧均不稳定,低浓度呈黄色、橙黄色,高浓度呈橙色,对油脂性食品着色性能良好。在烹饪中常用于人造奶油(最大使用量为 0.1 g/kg)、奶油、膨化食品(0.2 g/kg)、面包、蛋糕、饮料、糖果等食品的着色。用于油炸食品时,将 30 g β-胡萝卜素溶解于 100 g 植物油中稀释后即可使用,如 100 g 油液中 β-胡萝卜素的使用量多增加 0.06~0.2 g,可使制品颜色加深。β-胡萝卜素是主要的维生素 A 原,在人体中可转化为维生素 A。因此,β-胡萝卜素还有营养强化的作用。

6)胭脂虫红

胭脂虫红来源于寄生在仙人掌植物上的雌性胭脂虫体内的色素,是从雌虫干粉中用水提取出来的红色素,具有明亮的红色调。其着色物质是胭脂虫红酸,属于蒽醌类物质。在胭脂虫中含 10%~15%。纯品胭脂虫红酸为红色棱状结晶,难溶于冷水,而溶于热水、乙醇、碱水与烯酸中。色调随溶液的酸碱度变化,酸性时呈橙黄色,中性时呈红色,碱性时呈紫红色,对光、热均稳定。胭脂虫红广泛地存在于秘鲁、智利、玻利维亚和墨西哥。胭脂虫红一直被古代墨西哥人珍藏,直到 16 世纪后被运到欧洲。胭脂虫红目前是国内外认为最安全的天然色素,产品有液体、水溶性粉末、色淀和胶囊等形式,应用于乳制品、奶酪、冰激凌、果酱、沙司、糖果、肉制品、焙烤食品和含酒精的饮料中。

7）焦糖色素

焦糖色素又称酱色、糖色,是蔗糖、饴糖、淀粉水解产物等在高温下发生不完全分解并脱水聚合而形成的红褐色或黑褐色的混合物,有液体或固体两种形式。味微甜或略苦,有焦糖香味,易溶于水,水溶液红棕色,对热、光、酸碱很稳定。可采取普通生产法自行制作,将原料糖与少量植物油在160~180 ℃下加热使之焦化,掺入适量水稀释成液体进行运用。工业生产中使用加铵生产法,是以铵盐作催化剂生产的,有一定毒性,最大规定用量为0.1 g/kg。烹饪中常现制现用,根据菜肴具体品种和菜肴具体要求控制焦糖的反应程度,故口味和色泽有所不同。合理使用焦糖色素能使菜肴色泽红润光亮、风味别致,因此常用在炸、红烧、煨、扒、卤、酱制的菜肴中。还用于可口可乐饮料、酱油、食醋、糖果、咖啡饮料、布丁、罐头、肉汤、啤酒等的生产中。焦糖色素虽然安全性高,但用量不要过度。它在汤汁极少时长时间加热,会产生苦味,或进一步发生焦糖化反应,导致色泽变褐变黑。

11.3.2 膨松剂

膨松剂别名膨胀剂、疏松剂,是使菜点膨胀、柔软或酥松的一类食品添加剂,主要用于面点的制作。通常是在加热前掺入烹饪原料或和入面团中,经加热后,因其受热分解,产生大量气体,从而使原料或面坯起发,在内部形成致密均匀的多孔组织,而使菜点具有膨松、酥脆的特点。常用的膨松剂包括碱性膨松剂、复合膨松剂和生物膨松剂。

1）碱性膨松剂

碱性膨松剂是化学性质呈碱性的一类无机化合物。碱性膨松剂在菜点制作中的作用主要如下:产生二氧化碳气体,使面团多孔、膨胀,对菜品具有膨胀、松软或疏松的作用;在面点中起到助涨发、去酸味的作用,如在面点中加入酵母或碱性膨松剂,可以中和醋酸菌等产生的酸味,使面点口味正常;可在某些干货原料涨发时起加快涨发速度的作用,增强干货中蛋白质的吸水能力;在加热过程中和在酸性条件下,蔬菜很容易失去绿色,碱性膨松剂可帮助绿色蔬菜保持鲜艳的色泽;众多的烹饪原料由于组织纤维粗糙而老韧,碱性膨松剂能刺激纤维涨发软化,改善畜禽肌肉纤维的质感,如杭椒牛柳中可加入适量小苏打使牛肉嫩滑;不少原料外表有较重的污垢和油腻,如油发干料表面,而碱液能分解油脂,具有脱脂去污的作用。

碱性膨松剂主要包括碳酸氢钠、碳酸钠、碳酸氢铵等。

（1）碳酸氢钠

碳酸氢钠别名小苏打,呈白色结晶形粉末,无臭,味微咸。在潮湿空气或热空气中缓慢分解,产生二氧化碳。易溶于水,溶液呈弱碱性。

碳酸氢钠主要用于面点制作,如小吃、糕点、饼干的制作,也可用于菜肴的制作,对菜肴起到膨松、软化的作用,如制作油条、麻花、杭椒牛柳、蚝油牛肉等。烹饪中使用碳酸氢钠,应先用水溶解后,再和入面团充分揉和,以免因直接加入而分布不均,出现黄色斑点。单独使用,易使面团发黄,一般与碳酸氢铵共同使用。

（2）碳酸钠

碳酸钠别名纯碱、苏打，呈白色粉末或细粒状，无臭，碱味，易溶于水，易潮解。

碳酸钠主要用于某些干货制品的涨发，如鱿鱼干、墨鱼干、鲍鱼干等，促使结构改变，蛋白质分子最大限度地吸收水分，而使原料膨胀、柔软。另外，也用于面点中的发酵面团，起酸碱中和作用。在面条制作中，可增加面条的弹性和延伸性。

（3）碳酸氢铵

碳酸氢铵别名碳铵、臭碱，是将二氧化碳通入氨水中，饱和后结晶而制成的一种食用碱。碳酸氢铵呈白色粉状结晶，有氨臭气，对热不稳定，在空气中易风化，易溶于水而呈碱性溶液，受热易分解。

碳酸氢铵膨松能力强，膨松速度快，很少单独使用，否则易造成面制品过于松软，光泽较差。因而，常与碳酸氢钠配合使用。生成的二氧化碳和氨均易挥发，起促使原料膨松、柔嫩的作用，如油条、海蜇、牛肉等烹饪原料加工时常会用到。但加入碳酸氢铵的面点及菜肴常有氨味，影响菜品风味，故应适当控制其使用量。

2）复合膨松剂

复合膨松剂是由两种或两种以上起膨松作用的化学成分混合制成的膨松剂。

（1）发酵粉

发酵粉别名发粉、泡打粉、焙粉，是由碳酸氢钠、明矾和淀粉等物质混合配制的一种化学膨松剂。发粉呈白色粉末，易溶于水，遇水即迅速产生二氧化碳。使用时，一般直接与面粉拌和均匀后再加入水揉和，这样膨松效果更好。

在烹饪中，主要用于面点制作，起膨松、发酵的作用，如馒头、包子及部分糕点的制作。特别适合于油炸食品。

（2）明矾

明矾别名钾矾或钾明矾，是明矾石经煅烧、萃取、结晶而制成的一种硫酸钾和硫酸铝的含水复盐。为无色透明结晶体，无臭，味微甜，有酸涩味。稳定性较好，熔点较高，溶解于水，不溶于乙醇，在甘油中缓慢溶解，溶解度随温度升高而增大。具有收敛性，使组织致密，既防腐又使食品易于煮烂。

明矾一般与碱配合使用，用于油条、馓子等油炸食品中起膨松、酥脆的作用。因明矾带有酸涩味和化学残留物，在使用时应控制用量，过多后味发涩，以 30 g/kg 为限。另外，在食品加工中，明矾还可用于防止果蔬变色，腌制海蜇、银鱼等水产品。

3）生物膨松剂

生物膨松剂是指含有酵母菌等发酵微生物的食品添加剂。在烹饪中，常用的生物膨松剂主要是酵母和面肥。

（1）酵母

酵母菌是微小的单细胞微生物，属于真菌类。酵母菌是一类重要的发酵微生物，在养料、温度和湿度适合的条件下能迅速生长繁殖。在发酵过程中，酵母菌首先利用面粉中原来含有的少量的葡萄糖、果糖和蔗糖等进行发酵。在发酵的同时，面粉中的淀粉酶促使面粉中的淀粉分解而产生麦芽糖,麦芽糖的存在又为酵母菌提供了可利用的营养物质,使其得以连续发酵。酵母菌将糖转化为二氧化碳、乙醇、醛及一些有机酸等。

生物膨松剂是传统的发酵面点膨松剂,能使面团变得疏松多孔,富有弹性,达到涨发、松软或酥脆的目的,并具有去酸作用。多用于糖和油脂含量较多的糕点制品。

目前,市场上供应的酵母有鲜酵母、干酵母和液体酵母3种,常用的有鲜酵母和干酵母。鲜酵母的外观呈淡黄色或乳白色,具有鲜酵母特殊气味,无酸味,不粘手,无杂质。干酵母则呈颗粒状,色泽淡黄。使用鲜酵母,应用温水调开后加入面粉中揉和均匀使其发酵;使用一般干酵母,可用温水调开后稍放置,再与面粉揉和均匀使其发酵;急发干酵母可直接与面粉揉和发酵;使用液体酵母直接与面粉揉和发酵。酵母的用量越多,发酵作用越强,发酵所需时间越短;相反,发酵作用缓慢,发酵所需时间较长。因此,控制酵母的用量是发酵的关键之一。

酵母多用于面包和馒头的发酵。其发酵力强,发酵速度快,效果好。因其不含乳酸菌、醋酸菌,所以不会产生酸味,不用加碱中和。另外,无化学残留物,制品易消化,营养价值高。因此,酵母是一种良好的膨松剂。

(2)面肥

面肥别名发面、老面、面引子等,是微生物在含糖的面团中,大量通气,加上温度适宜,使之繁殖,在一定时间内培养出大量酵母菌,成为一种带有酸性,含乙醇、二氧化碳的酵母面团。面肥多应用于普通家庭,应用历史悠久,范围广,是民间传统的面点膨松剂。

面肥一般都是由厨师自行制作,有意留下发酵面团。使用时,将面肥加水调稀,加适量面粉和匀后,盖好放置一段时间让其发酵。常用于各类发酵面点食品,如馒头、包子、花卷等,使制品具有膨胀、松软的特点。但因其含有醋酸菌、乳酸菌等产酸微生物,面团发酵后会有酸味,所以还需加入食用碱中和去酸。另外,在贮存和使用时,应注意防止发霉变质,而影响质量。

11.3.3 增稠剂

增稠剂别名黏稠剂,是指用于增加菜点的黏稠度或使菜点形成凝胶状,并赋予菜品黏滑适口之质感的食品添加剂。黏稠剂主要用来改善菜点的物理性质,增加其黏稠度,丰富菜品的色泽、味感、触感和韧性等感官性状,在利于菜点造型的同时可以形成独特的风味。

增稠剂的种类很多,按其来源主要分为植物性增稠剂和动物性增稠剂两大类。植物性增稠剂是自身含有多糖类黏质物,是从含有淀粉的粮食、蔬菜或含有海藻多糖的海藻中制取的,如琼脂、果胶、淀粉等;动物性增稠剂是从富含蛋白质的动物性原料中提取的,如明胶、蛋白胨、皮冻、酪蛋白等。

1)植物性增稠剂

(1)淀粉

淀粉别名芡粉,是烹饪中进行挂糊、上浆、勾芡等的重要食品添加剂。它能增强菜肴的感官性能,保持菜肴的鲜嫩,改善菜肴的光泽和品质。另外,在肉制品加工中加入改性淀粉后,又可增强肉制品的口感质地。因此,淀粉在烹饪上的应用极为广泛。

淀粉是由许多葡萄糖缩合而成的多聚糖,为白色粉末,无味,手感滑爽,质地细嫩。不溶于冷水,在热水(55~60 ℃)中能溶胀,膨胀成为有黏性的半透明凝胶或胶状溶液,即淀粉的糊化。烹饪中的挂糊、上浆、勾芡过程不同程度地利用了淀粉的糊化性质。

烹饪中常见的有玉米淀粉、马铃薯淀粉、绿豆淀粉、小麦淀粉、木薯淀粉、豌豆淀粉、改性淀粉等。

①玉米淀粉:目前烹饪中使用最普遍、用量最大的一种淀粉。用玉米加工而成,颜色洁白,粉质细腻,吸水性较低,黏度差,凝胶力强,透明度较差。在使用中,宜用高温使其充分糊化,以提高黏度和透明度。

②马铃薯淀粉:由马铃薯的块茎加工制成的淀粉,主产于我国东北、西北和内蒙古等地。色泽洁白,有光泽,粉质细滑,黏性较大,涨性一般,是淀粉中的上品。

③绿豆淀粉:色洁白、细腻、黏度高,稳定性和透明度均好,胶凝强度大,涨性好,宜作粉丝、粉皮、凉粉等的原料。

④小麦淀粉:用面粉制作面筋的副产品。色白,黏性差,凝胶能力强,透明度低。多为湿淀粉,在烹饪中使用较多。

⑤木薯淀粉:由亚热带灌木木薯的块根加工而成,主产于我国广西、广东、湖南、江西等地。粉质细腻、色泽雪白、黏度好、涨性大、杂质少。值得注意的是木薯中含有亚麻仁苦苷,可在酶的作用下水解生成毒性很强的氢氰酸,必须用水久浸并煮熟破坏其毒性后才能食用。

⑥豌豆淀粉:用豌豆种子加工而成的。色白质细,手感滑腻,杂质少,无异味,黏性好,涨性大。在烹饪中,用于勾芡效果最好。

⑦改性淀粉:别名变性淀粉。作为肉品添加剂,最好使用改性淀粉,如可溶性淀粉、交联淀粉、酸(碱)处理淀粉、氧化淀粉、磷酸淀粉和羟丙基淀粉等。这是由天然淀粉经过化学处理和酶处理等而使其物理性质发生改变,以适应特定需要而制成的淀粉。

改性淀粉不仅能耐热、耐酸碱,还有良好的机械性能。常用于西式肠、午餐肉等罐头、火腿等肉制品,还可广泛应用于汤羹、腌渍料、各种调味汁、调味粉中。其用量按正常生产需要而定,一般为原料的3%~20%。优质肉制品用量较少,且多用玉米淀粉。淀粉用量不宜过多,否则会影响肉制品的黏结性、弹性和风味。故许多国家对淀粉使用量作出规定,如日本在灌肠中最高添加量为5%以下,混合压缩火腿为3%以下;美国用谷物淀粉为3.5%;欧盟为2%。

(2)琼脂

琼脂又称洋菜、冻粉、琼胶,是从海藻石花菜中提取的海藻多糖类物质,其组成成分是琼脂糖及琼脂胶。琼脂对人体无任何营养价值,不易被消化吸收。其产品形状有条状、薄块、粉状或颗粒状多种。条状琼脂,呈细长条状,末端缩成十字形,淡黄色,半透明,表面皱褶,微有光泽,质地轻软而有韧性,完全干燥后则脆而易碎。粉状琼脂,为鳞片状粉末,无色或淡黄色。琼脂不溶于冷水,但可吸水膨胀成胶状;柔软、透明、富有弹性;加热后会溶于水,冷却后凝结成胶冻。琼脂凝结能力很强,1%的琼脂溶液在42 ℃时即可凝结成胶体状,凝结后稳定性好,即使加热至90 ℃也不会熔化。

琼脂在烹饪中运用较广,常用于甜菜、冷拼盘、果冻及工艺菜肴和面点的制作。口感滑韧爽口,可任意调色调味。条状琼脂可作为凉拌菜食用;因具有凝胶性质,可用于制作胶冻类菜肴,增加肉冻的韧性;还可熔化后添加适量色素浇在盘底,冷却后用于花式工艺菜的制作。在制作一些风味小吃如小豆羹、芸豆糕等凉点时,常用琼脂作为增稠剂和凝固剂。另外,将琼脂与糖液混合后作为蜜饯、沙琪玛等食品的糖衣,可增强风味特色。

（3）果胶

果胶是广泛存在于水果和蔬菜以及其他植物细胞壁间的一种多聚糖,是由半乳糖醛酸的长链缩合而成的产物。因在植物细胞内以胶态与纤维素结合在一起,故称果胶物质。一般选用富含果胶的柑橘皮、山楂、苹果皮等原料,用水漂洗去部分糖类及其他可溶性物质,加水及酸,经加温、过滤、减压浓缩和冷却,再用70%酒精溶液经过提取、过滤、洗涤等工序加工成为粉末状的果胶粉。果胶为白色或淡黄色粉末,稍有特殊气味。不溶于乙醇等有机溶剂;易溶于水,溶于20倍的水则成黏稠状液体,在水中的溶解度随分子量的增大而降低;对酸性溶液稳定,在稀碱或果胶酶的作用下易水解形成甲醇与游离果胶酸。果胶形成的凝胶,甲酯化程度越高,凝胶的强度越大,凝胶速度越快。

根据果胶在酸碱溶液中的稳定性不同,果胶形成胶冻,不用低温冷却就可形成。若将果胶溶解于水中后,调节其溶液的pH值为2～3.5,溶液中蔗糖含量为60%～65%,果胶含量为0.5%～0.7%时,即使在室温下的溶液,甚至在接近沸腾的温度下也能形成胶冻。为使果胶达到一定的酸甜度,并且容易凝固,一般水与果胶粉的比例为1:(0.02～0.03),再加入柠檬酸,使溶液的pH值达到3.5左右,趁热倒入模盘中,稍经冷却便可形成别具特色的冻制甜食。果胶主要用于制作冻制类的蔬菜、水果等甜食,来提高菜品质量,改善菜点风味,使成品具有透明光亮及形态美观的特点。另外,果胶还可防止糕点硬化和提高干酪的品质等。

2）动物性增稠剂

（1）皮冻

皮冻是一种富含胶原蛋白的凝胶物质。它是选用新鲜猪肉皮制作而成。将去净肥肉的猪肉皮放入锅中加水煮至熟烂,将肉皮用绞肉机绞碎,再放回原汤中加入葱、姜、黄酒,用小火长时间焖煮。去掉浮沫浮油,至汤汁呈稠糊状冷却,凝结后即为皮冻。

皮冻的主要成分是胶原蛋白,其鲜味较淡,制作时可加入老鸡、干贝、火腿、骨头等一同熬煮,以增加其鲜味。根据皮冻含水量的多少,可分为硬冻和软冻两种。硬冻肉皮与水的比例为1:1或1:1.5,软冻肉皮与水的比例为1:2或1:2.5。硬冻宜夏季食用,软冻宜冬季食用。

皮冻是制作汤包等面点时不可缺少的增稠剂。皮冻加入汤包的馅心后,馅心黏稠度提高,使馅心呈稠厚状,方便包捏。当汤包加热至熟时,皮冻由固态变成液态,成为馅汁,口感醇厚、味道鲜美而不油腻,使汤包风味更加独特,如开封灌汤包的制作。

（2）明胶

明胶是用动物的皮、骨、韧带、肌膜等富含胶原蛋白的组织,经部分水解后得到的高分子多肽的多聚物。明胶呈白色或淡黄色,是一种半透明、微带光泽的薄片或粉粒,主要成分是蛋白质、水和灰分等。明胶有特殊的臭味,受潮后极易被细菌分解。不溶于冷水,在冷水中会缓慢吸水膨胀软化,增至自身质量的5～10倍,但加热后会很快溶解,形成具有黏稠度的溶液,在浓度为15%左右即可凝成胶冻。冷却后凝固成固态,成为凝胶。

胶冻柔软而有弹性,口感嫩滑,广泛应用于制作水晶冻菜。水晶冻菜透明凉爽,是夏秋季节的佳肴。明胶在使用时,应避免煮沸时间过久,以免继续水解破坏其中的网状结构,而使溶液冷却后无法再凝结成胶冻,导致菜肴制作失败。

(3)蛋白胨

蛋白胨是一种富含蛋白质的凝胶体,用动物的肌肉组织、骨骼等为原料,先旺火烧开后,再小火长时间焖煮,使原料中的蛋白质尽可能溶出(溶液中蛋白质浓度越大其黏稠度越强),这种蛋白质溶液冷却后即可凝结成柔软而有弹性的蛋白胨。

蛋白胨凝结能力较差,必须经冷藏才会凝固成胶冻。因此,在烹饪中通常要加入肉皮明胶等富含胶原蛋白的原料一起熬煮,来增加其凝固能力。蛋白胨营养丰富,味道鲜美,一般常用于制作年糕、水晶肴肉等冷菜。

11.3.4　嫩化剂

嫩化剂别名致嫩剂、嫩肉剂。通常用于肉类烹饪原料中,以改变肉类组织结构,使肉类组织嫩化的食品添加剂。嫩化剂能将肉中的部分结缔组织及肌纤维中结构较复杂的胶原蛋白和弹性蛋白降解,使其分解为水溶性蛋白质,从而使质地老韧的肉类原料变得柔软多汁、容易成熟、易于咀嚼,提高肉类菜肴的嫩度,改善肉类菜品的口感和风味。因此,嫩化剂在烹饪上使用比较普遍。

目前使用的嫩化剂主要可分为碱性剂和蛋白酶两大类。蛋白酶类嫩化剂,主要有木瓜蛋白酶、菠萝蛋白酶、无花果蛋白酶、猕猴桃蛋白酶等。

1)碱性剂

(1)碳酸钠

碳酸钠溶液呈碱性,具有一定的腐蚀性,能破坏肉类组织结构,提高肉的嫩度,使肉类含水量增加、持水性增强,从而使肉类变得柔软、多汁、有弹性、易成熟。

碳酸钠具有较强的腐蚀性,并有碱味。使用时,应掌握其浓度和浸泡时间,浸泡后要进行漂洗去除碱味。碱液浓度一般控制在1% ~2%。质地较老韧的原料,碱用量可多些或浸泡时间长些。碳酸钠还具有漂白作用,如油发后的蹄筋、肉皮、鱼肚、鸡爪等,用碳酸钠溶液浸漂,一方面可改变其结构而提高爽嫩度,另一方面可去除油腻而使其白净。但浸泡漂洗后的肉类原料,其营养价值和食用价值大大降低。

(2)碳酸氢钠

碳酸氢钠溶液也呈碱性,对肉类原料中的蛋白质也具有腐蚀作用,但其破坏作用要比碳酸钠弱,并且碱味相对较小,少量使用对人体和菜肴影响不大。碳酸氢钠主要用于质地稍老的新鲜肉类,如杭椒牛柳的制作中。用少量碳酸氢钠处理的肉类原料,肉体饱满,口感嫩滑,色泽光亮,有透明感。

2)蛋白酶

蛋白酶是一种可分解蛋白质的酶,广泛存在于植物性果实中。蛋白酶一般在肉类菜肴及肉制品烹饪加工前使用。在使用时,先用温水或调味浆汁将蛋白酶粉末溶解,然后和已切好的肉片或肉丝一起拌和均匀,放置0.5～1 h后,即可用于烹制。对块形较大的原料,可用细长尖物在原料上扎一些深孔,以易于蛋白酶溶液渗入肌肉组织。

蛋白酶不但嫩化效果好,而且因其本身在受热变性后可以被消化吸收,因此安全卫生、无毒无害,是一种良好的肉类嫩化剂。

(1)木瓜蛋白酶

木瓜蛋白酶是从未成熟木瓜果实的白色乳液中提取的一种蛋白质水解酶。白色或浅黄褐色的粉末,微具吸湿性。可溶于水、甘油和70%的乙醇。水溶液为无色至亮黄色的透明溶液。在烹饪中使用时,可直接用温水化开,加入水淀粉,再放入切好的肉片或肉丝拌和均匀,放置1～1.5 h后即可烹饪。

在烹饪中,木瓜蛋白酶主要用于肉类及肉制品的嫩化处理中,如用于蚝油牛肉、黑胡椒牛柳等菜肴的制作,可使菜肴具有柔软嫩滑的特点。

(2)菠萝蛋白酶

菠萝蛋白酶是从菠萝的根茎或果实汁液中提取的一种蛋白质水解酶。在烹饪中,用于肉类原料的嫩化处理。在使用时,先将菠萝蛋白酶粉末用30 ℃温水或调味浆汁溶解,再放入切好的肉类中拌匀,静置0.5～1 h进行烹制。另外,菠萝蛋白酶还可用作酒的澄清剂。

任务评价

学生本人	量化标准(20分)	自评得分
成果	学习目标达成,侧重于"应知""应会" 优秀:16～20分;良好:12～15分	
学生个人	量化标准(30分)	互评得分
成果	协助组长开展活动,合作完成任务,代表小组汇报	
学习小组	量化标准(50分)	师评得分
成果	完成任务的质量,成果展示的内容与表达 优秀:40～50分;良好:30～39分	
总分		

练习实践

1.食用淡水在烹饪中有何作用?

2.食用油脂有哪些种类?举例说明其烹饪应用。

3.膨松剂可分为哪几类?各有哪些特点和作用?

4.举例说明淀粉在烹饪中有何作用?

参考文献

[1] 苏爱国. 烹饪原料与加工工艺[M]. 重庆:重庆大学出版社,2015.

[2] 杨正华. 烹饪原料[M]. 北京:科学出版社,2012.

[3] 赵廉. 烹饪原料学[M]. 北京:中国纺织出版社,2008.

[4] 王克金. 烹饪原料与加工技术[M]. 北京:北京师范大学出版社,2013.

[5] 王向阳. 烹饪原料学[M]. 北京:高等教育出版社,2009.

[6] 孙一慰. 烹饪原料知识[M]. 北京:高等教育出版社,2010.

[7] 崔桂友. 烹饪原料学[M]. 北京:中国商业出版社,1997.

[8] 阎红. 烹饪原料学[M]. 北京:旅游教育出版社,2008.

[9] 王兰. 烹饪原料学[M]. 南京:东南大学出版社,2015.

[10] 冯胜文. 烹饪原料学[M]. 上海:复旦大学出版社,2011.

[11] 陈金标. 烹饪原料[M]. 北京:中国轻工业出版社,2015.

[12] 霍力. 烹饪原料学[M]. 北京:旅游教育出版社,2012.

[13] 董道顺. 烹饪原料[M]. 北京:中国人民大学出版社,2015.

[14] 阎红,王兰. 中西烹饪原料[M]. 上海:上海交通大学出版社,2011.